LES PLANTES INDUSTRIELLES

PAR

GUSTAVE HEUZÉ

MEMBRE DE LA SOCIÉTÉ NATIONALE D'AGRICULTURE
INSPECTEUR GÉNÉRAL HONORAIRE DE L'AGRICULTURE

TOME II

PLANTES OLÉAGINEUSES, TINCTORIALES, SAPONAIRES
TANNIFÈRES ET SALIFÈRES

TROISIÈME ÉDITION — 69 FIGURES

PARIS

LIBRAIRIE AGRICOLE DE LA MAISON RUSTIQUE

26, RUE JACOB, 26

LES PLANTES

INDUSTRIELLES

II

TYPOGRAPHIE FIRMIN-DIDOT ET Cⁱᵉ. — MESNIL (EURE).

LES PLANTES INDUSTRIELLES

PAR

GUSTAVE HEUZÉ

MEMBRE DE LA SOCIÉTÉ NATIONALE D'AGRICULTURE
INSPECTEUR GÉNÉRAL HONORAIRE DE L'AGRICULTURE

TOME II

Plantes Oléagineuses, Tinctoriales, Saponaires, Tannifères et Salifères.

TROISIÈME ÉDITION. — 69 FIGURES

PARIS

LIBRAIRIE AGRICOLE DE LA MAISON RUSTIQUE

26, RUE JACOB, 26

1893

AVANT-PROPOS.

Sous le titre de PLANTES INDUSTRIELLES on comprend tous les végétaux annuels ou vivaces, herbacés ou ligneux dont les produits sont principalement destinés aux arts et aux industries. Quand ils concourent à l'alimentation de l'homme, ils n'y participent que d'une manière secondaire.

La présente édition a été revue et notablement augmentée. Elle comprend quatre volumes renfermant les cultures des plantes suivantes :

TOME I.

Plantes textiles ou filamenteuses. — Plantes de sparterie et de vannerie. — Plantes à carder.

Lin, chanvre commun, cotonnier, corètes, ramie, chanvre d'Australie, de Manille et du Mexique, alfa, papyrus, agave, aloès, roseau canne, bambou, rotang, osier, cardère ou chardon à foulon, etc., etc.

TOME II.

Plantes oléagineuses. — Plantes saponaires. — Plantes tinctoriales. — Plantes tannifères. — Plantes salifères.

Colza, navette, cameline, pavot-œillette, arachide, sésame,

ricin, gaude, safran, épine-vinette, garance, curcuma, rocouyer, bois de Brésil, henné, pastel, indigotier, cactus à cochenille, orcanette, arbres à huile et à suif, sumac, écorces à tannin, salicorne, etc., etc.

TOME III.

Plantes aromatiques. — Plantes à parfums. Plantes à épices et condimentaires.

Houblon, anis, coriandre, fenouil, angélique, rosier, jasmin, tubéreuse, cassis, héliotrope, géranium rosa, menthe, lavande, vanille, benjoin, citronnelle, myrrhe, vétivert, patchouly, bois de santal, eucalyptus, poivrier, cannellier, giroflier, muscadier, moutarde, etc., etc.

TOME IV.

Plantes narcotiques. — Plantes pseudo-alimentaires. — Plantes sacchariféres. — Plantes gommo-résineuses. — Plantes médicinales. — Plantes funéraires.

Tabac, pavot à opium, bétel, café, chicorée à café, thé, cacaoyer, coca, canne à sucre, betterave saccharine, gomme, camphrier, baumes, cachou, gingembre, sandaraque, caoutchouc, noix d'arec, réglisse, rhubarbe, absinthe, guimauve, quinquina, jalap, camomille, cardamome, aloés, ipecacuanha, salsepareille, immortelle d'Orient, coïx lacryma, etc., etc.

Les plantes mentionnées dans cet ouvrage sont très nombreuses ; elles complètent celles décrites dans les volumes portant les titres suivants : *les Prairies et les herbages, les Plantes fourragères et les Plantes alimentaires.*

Versailles, le 15 février 1893.

TABLE DES CHAPITRES

DU TOME II.

PREMIÈRE PARTIE

LES PLANTES OLÉAGINEUSES

PREMIÈRE DIVISION

DEUXIÈME DIVISION

TROISIÈME DIVISION

DEUXIÈME PARTIE

TROISIÈME PARTIE

PLANTES TINCTORIALES

PREMIÈRE DIVISION

DEUXIÈME DIVISION

TROISIÈME DIVISION

QUATRIÈME DIVISION

QUATRIÈME PARTIE

PLANTES TANNIFÈRES

CINQUIÈME PARTIE

PLANTES SALIFÈRES

FIN DE LA TABLE DES CHAPITRES DU TOME II.

LES

PLANTES INDUSTRIELLES

PREMIÈRE PARTIE.

PLANTES OLÉAGINEUSES.

Les plantes oléagineuses sont celles dont les semences ou les fruits contiennent une matière grasse fluide ou concrète.

J'ai divisé ces végétaux en trois grandes classes :

1. Les *plantes herbacées bisannuelles :* colza, navette, julienne.

2. Les *plantes herbacées annuelles :* œillette, cameline, ricin, sésame, arachide, etc.

3. Les *végétaux ligneux.*

La troisième division renferme :

1° Les *arbres à huile* qui appartiennent à l'Europe, à l'Afrique et à l'Asie : élaïs, argania, bancoulier, ben oléifère, margousier, etc.

2° Les *arbres à matière grasse concrète* qu'on rencontre en Amérique, dans l'Asie, en Océanie et en Afrique : bassia, mangoustan, chigomier, arbre à suif, béref, touloucouma, caraïpe, etc.

Les graines oléagineuses donnent lieu à des transactions commerciales très importantes.

PREMIÈRE DIVISION.

PLANTES BISANNUELLES.

CHAPITRE PREMIER

COLZA D'HIVER.

BRASSICA OLEIFERA, D. C.   BRASSICA ARVENSIS, T.
BRASSICA OLERACEA, Lam.   BRASSICA CAMPESTRIS, L.

Plante dicotylédone de la famille des Crucifères.

Anglais. — Rape, cole-seed.   *Hollandais.* — Koolzaad.
Allemand. — Raps.   *Polonais.* — Rzcpak.
Égyptien. — Selgâm.   *Italien.* — Colza fredda.

Historique. — Climat. — Végétation. — Composition. — Variétés. — Terrain. — Quantité d'engrais à appliquer. — Semis à la volée, en lignes et en pépinière. — Étendue de la pépinière. — Propagation par boutures. — Transplantation. — Espacement des lignes et des plants. — Opérations qui suivent la mise en place. — Soins d'entretien. — Écimage. — Insectes et oiseaux nuisibles. — Maladie. — Maturité. — Récolte. — Nettoyage et conservation des graines. — Rapport de la paille et des siliques à la semence. — Poids de l'hectolitre. — Rendement en graines, en paille. — Emploi des produits. — Quantité d'huile et de tourteau par 100 kil, de graines. — Valeur commerciale. — Prix de revient.

Historique.

Le colza est cultivé depuis longtemps en Allemagne et en Flandre. Il y a un siècle, il n'était pas connu dans les autres parties de la France comme plante oléagineuse. L'ouvrage de Duhamel, publié en 1762, ne le mentionne pas. En 1774, Rozier a publié un mémoire sur la meilleure manière de le cultiver et d'extraire l'huile que contient sa graine. Cet ouvrage a beaucoup contribué à sa propagation.

D'après Dupuy-Demporte, on ne cultivait, en Flandre, en 1762, que le *colza de mars*, auquel on donnait le nom de *colza chaud*. C'était seulement aux environs de Lille qu'on rencontrait le *colza d'hiver*, que l'on nommait alors *colza froid*.

De nos jours, les Flamands donnent le nom de *colza chaud* à une variété hivernale précoce et celui de *colza froid* à une variété plus tardive.

En 1818, la culture de cette plante était déjà répandue en Angleterre, en Lombardie, dans les États de Venise et dans plusieurs provinces de la région septentrionale de la France.

Cette plante est aussi cultivée en Allemagne, dans les Pays-Bas, en Russie et dans l'Inde.

Cette crucifère couvre annuellement, de nos jours, des surfaces étendues dans les départements du Nord, de l'Est, du Centre et de l'Ouest. Depuis quelques années, on la cultive dans plusieurs contrées de la région du Sud-Ouest et du Sud-Est. Les départements qui possèdent les plus grandes cultures de colza, sont : le Nord, le Pas-de-Calais, le Calvados, la Somme, la Seine-Inférieure et Seine-et-Oise.

En 1840, le colza occupait en France 173,506 hectares, et il produisait 2,279,362 hectolitres ayant une valeur de 51,126,700 fr. Cette production, quoique très élevée, ne suffit pas aux besoins du commerce. En 1891, on a importé de l'Allemagne, d'Angleterre, etc., 19,835,000 kilogr. de graines.

Le mot colza vient de *kool-zaat*, nom flamand qui signifie graine de chou.

Climat.

Le colza demande un climat tempéré. Il redoute les lon-

Fig. 1. — Colza en fleurs.

gues sécheresses et les chaleurs brûlantes lorsqu'il arrive à maturité. C'est pour ces causes qu'il occupe annuellement une faible surface dans le Midi.

Enfin, il craint, dans les contrées du Nord, s'il végète sur des sols humides, les gelées et les dégels successifs, et lorsqu'il est en fleur, les froids tardifs et intenses, et les transitions brusques de température lui sont souvent très nuisibles.

Végétation.

Cette crucifère (fig. 1), a une racine ramifiée, forte et pivotante, une tige rameuse, glabre, glauque, et haute de 1^m à $1^m,50$; ses feuilles sont glabres et glaucescentes : les radicales sont pétiolées et découpées en lyre ; les caulinaires sont sessiles, lancéolées et entières ; ses fleurs, jaunes, forment une grappe lâche ; ses siliques (fig. 2) sont bosselées, terminées par une pointe presque quadrangulaire à la base et à valves convexes. Quant aux graines, elles sont globuleuses et noires lorsqu'elles sont complètement mûres, et leur albumen jaune foncé renferme de nombreuses gouttelettes d'huile.

Cette plante croît spontanément, d'après M. Rouchet, sur les côtes de la Normandie.

Suivant de Gasparin, le colza d'hiver exige pour mûrir 1700 à 1800° de chaleur totale, après le renouvellement de la végétation printanière.

Composition.

La paille du colza est riche en soude et en carbonate et hydrochlorate de chaux. A l'état normal, elle contient, d'après M. Boussingault :

Eau	12,80
Azote	0,75

Fig. 2. — Colza en graines.

La graine renferme beaucoup de potasse et une proportion assez forte de phosphate de chaux. Elle contient, à l'état normal :

Eau 0,10
Azote 3,31

Quand elle a été bien récoltée, elle donne en moyenne 30 p. 100 d'huile.

Voici deux analyses complètes faites par Ramelsberg :

	Graines.	Paille.
Potasse........................	25,18	8,13
Soude	»	19,32
Chaux.........................	12,91	20,01
Magnésie	11,39	2,56
Peroxyde de fer	0,52	2,56
Acide phosphorique............	45,95	4,76
— sulfurique..............	0,53	7,60
— carbonique..............	2,30	16,31
— chlorhydrique	0,11	17,91
Silice........................	1,11	0,84
	100,00	100,00

Ces analyses démontrent la nécessité de cultiver le colza sur des terres contenant des sels alcalins.

Variétés.

On cultive aujourd'hui plusieurs variétés de colza d'hiver.

1° *Colza parapluie.* — Cette variété que l'on appelle quelquefois *colza parasol,* a des tiges latérales et des siliques retombantes (fig. 4), qui lui permettent de mieux supporter les pluies violentes qui surviennent à l'époque de la formation des siliques et de leur maturité que celles du colza ordinaire (fig. 3) ; en outre, elle est très productive. Elle est répandue en Normandie ; aux environs de Caen, on l'appelle *colza à rabat.* On doit choisir avec soin les porte-graines, car elle a une tendance à dégénérer. Cette variété est plus tardive, mais plus productive que le colza ordinaire.

2° *Colza à fleur blanche*. — Cette variété a été importée d'Allemagne en Flandre en 1758 et 1759. On la cultive

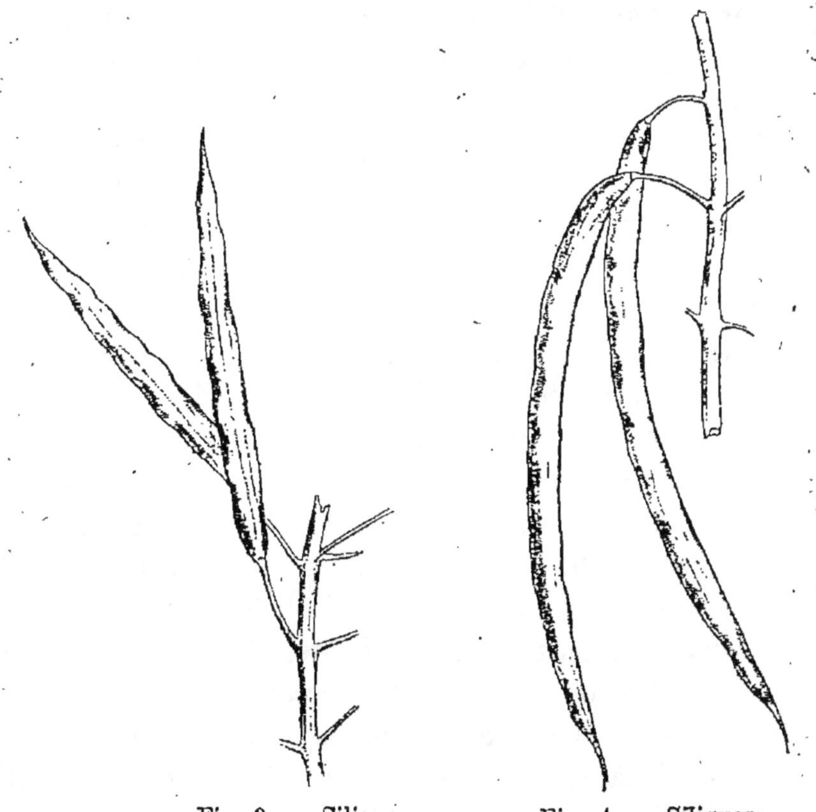

Fig. 3. — Siliques
de colza ordinaire.

Fig. 4. — Siliques
de colza parapluie.

dans les départements du Nord et de l'Aisne ; elle est productive, mais sa graine est souvent plus petite, plus rougeâtre que la semence du colza ordinaire. Elle est aussi plus tardive, plus exigeante, plus difficile à battre mais moins exposée à s'égrener.

3° *Colza nain de Hambourg*. — Cette race est plus trapue, plus ramifiée que le colza ordinaire ; elle est aussi plus vigoureuse et plus productive.

Terrain.

NATURE. — Le colza demande de préférence, comme la plupart des espèces du genre chou, un sol un peu argileux, profond et frais, c'est-à-dire des terres silico-argileuses, argilo-siliceuses, argilo-calcaires, à sous-sols perméables, dites *bonnes terres à froment*. Il redoute beaucoup, surtout pendant les temps de gelée, les sols humides, les terrains à sous-sols imperméables. Cultivé sur des sols sains, il supporte sans souffrir — 10 à — 12° de froid. Lorsque la neige l'abrite sur un tel terrain, il résiste très bien aux froids de 15 à 18 degrés au-dessous de zéro.

Il est utile que la couche arable reste un peu fraîche pendant les mois de mai et de juin.

Le colza ne réussit bien sur les terres légères, graveleuses ou caillouteuses, que lorsqu'elles sont fertiles ou qu'elles ont été marnées ou chaulées et bien fumées.

PRÉPARATION. — Cette crucifère réclame un sol très bien préparé. Selon la plante qui la précède, on donne à la couche arable deux ou trois labours, plusieurs roulages et hersages. Quelquefois, on fait précéder le premier labour par un déchaumage exécuté au moyen d'un extirpateur ou d'un scarificateur. Cette opération a l'avantage d'ameublir superficiellement la terre et de déraciner les plantes à racines vivaces sans les enterrer. Lorsque celles-ci sont sèches, on les rassemble à l'aide d'une herse ou d'un râteau à cheval, et on les incinère afin qu'elles ne végètent pas de nouveau en infestant encore le sol.

En résumé, la terre consacrée à la culture du colza doit avoir été parfaitement ameublie et débarrassée des plantes nuisibles auxquelles elle a donné naissance.

Lorsque la couche arable est saine, perméable, on la laboure à plat ou en grandes planches. Quand, au con-

1.

traire, elle est humide ou qu'elle repose sur un sous-sol imperméable, on doit la labourer en petites planches ou en larges billons. En Flandre, le sol est divisé en planches de trois à quatre mètres.

FERTILITÉ. — Le colza exige une terre riche et abondamment fumée. Cette fécondité est indispensable parce qu'il est très épuisant. Il produit peu lorsque les terres sont encore dans la période fourragère. Ordinairement, on ne le cultive que sur les terrains appartenant à la période céréale ou commerciale.

On peut le cultiver avec avantage sur des prairies naturelles ou artificielles nouvellement défrichées, sur des fonds d'étangs ou de marais non graveleux et assainis ou sur des terrains argileux conquis sur la mer.

Quantité d'engrais à appliquer.

Le colza est très épuisant, probablement parce que ses feuilles, à cause de l'enduit cireux qui couvre leur page supérieure, empruntent peu de parties alimentaires à l'atmosphère.

D'après de Gasparin, il faut appliquer, par chaque 100 kilog. de graine que le sol peut fournir, 2.870 kilog. de bon fumier de ferme. Ainsi, pour obtenir une récolte de 25 hectolitres, ou 1,700 kil. de graines par hectare, il faudrait fumer la terre à raison de 48.500 kilog. Cette quantité de fumier n'est pas celle que la pratique applique ordinairement, quoiqu'un excès d'engrais ne lui nuise pas.

La fumure qu'il est nécessaire d'enfouir sur un hectare est de 1.040 kil. par chaque 100 kil. de graines, ou 720 kil. par chaque hectolitre qu'on espère récolter.

Crud a indiqué 1,328 kil., et de Woght 1,421 kil. de fumier. Ces quantités sont encore trop élevées.

A Grignon, où l'on applique pour les deux soles qui terminent la rotation, 30,000 kil. de fumier par hectare, on obtient en moyenne sur la même superficie :

Colza	24 hectolitres qui absorbent	17,600 kil. de fumier.
Froment 25	— —	11,100 —
	Total	28,800 kil.

Le tourteau de colza est appliqué à la dose de 1,000 à 1,200 kilog. par hectare ; il remplace une fumure ordinaire.

L'un des assolements adoptés à Roville se terminait aussi par un colza et un blé pour lesquels on appliquait seulement 16,000 kil. de fumier à l'hectare. Voici les produits moyens que Mathieu de Dombasle a obtenus :

	hect.		
Colza	12,78 qui absorbaient	9,200 kil. de fumier.
Froment	14,32 —	6,400 — —
	Total......	15,600 kil.

C'est donc à la faible fumure qu'il faut attribuer les produits très ordinaires obtenus par ce célèbre agriculteur.

Ainsi, d'après ce qui précède, 100 kil. de fumier produisent environ 10 kil. de graines.

En Flandre, souvent on répand un engrais liquide aussitôt qu'un semis en place et en lignes a été exécuté dans le but de hâter le développement des jeunes plantes.

Semis.

Le colza se sème en place ou en pépinière.

Autrefois, on exécutait de préférence les semis en pépinière ; aujourd'hui on a renoncé, sur beaucoup d'exploitations, à ce mode de culture, pour adopter le semis en lignes et en place qui est plus économique. Toutefois, on a reconnu que, pour semer le colza à demeure, il fallait le faire précéder par une récolte fourragère pouvant être fauchée ou pâturée sur place au mois de juin, ou au plus tard vers la mi-juillet. Lorsque le colza suit un froment d'hiver ou une céréale de mars, on est forcé d'adopter les semis en pépinière, puisque la terre ne devient libre qu'au mois d'août, époque trop tardive pour que les semis puissent être exécutés d'une manière convenable.

En Égypte, les semis se font en place après la crue du Nil. Le colza ainsi cultivé est récolté au bout de trois mois.

En général, les plants provenant de pépinières bien faites, résistent mieux aux gelées et produisent davantage que les colzas semés en place.

ÉPOQUE. — Dans le Nord, le Centre et l'Est, les semis se font vers le 15 de juillet ou dans les premiers jours d'août; dans la région du Sud-Ouest, on les exécute du 15 août à la mi-septembre. Dans l'Ouest, on les pratique en juin lorsqu'on répand les graines sur des terres ensemencées en sarrasin ou blé noir.

Dans les contrées du Nord, on ne doit pas les exécuter après le 15 août ou, au plus tard, avant la fin de ce mois, à moins qu'il ne soit question de semis en place faits sur des sols riches. Ordinairement, on profite des pluies qui surviennent à l'époque de la canicule ou dans la première quinzaine d'août. On ne doit pas non plus les pratiquer avant la mi-juillet, parce qu'alors on est exposé à voir fleurir un certain nombre de pieds avant l'hiver.

Ainsi, en semant trop tôt, les plantes peuvent être trop développées à l'époque de la plantation; en semant trop tard, on court le risque d'avoir à cette époque des plantes trop faibles pour résister aux froids rigoureux de l'hiver.

SEMIS EN PLACE. — 1° *Préparation du sol.* — Lorsque le sol sur lequel le semis doit être fait est libre, on donne un labour et un hersage, on conduit le fumier et on l'enterre par un second labour. Avant d'exécuter le semis, on roule et on herse, afin que la superficie du sol soit aussi meuble que possible. Quand on remplace le fumier par un engrais pulvérulent, on répand celui-ci sur le dernier labour, et on l'incorpore au sol par un hersage ou un léger coup de scarificateur.

Il est utile de bien exécuter cette préparation, afin que la couche arable soit parfaitement ameublie dans toute son épaisseur.

2° *Exécution des semis.* — Les semis en place se font de deux manières : à la volée et en lignes.

Pendant longtemps, on a semé de préférence le colza à la volée ; on croyait que ce mode d'ensemencement remédiait aux ravages des pucerons, et qu'il était économique. Aujourd'hui, on l'a presque complètement abandonné, parce que, quoique simple en apparence, il est coûteux à cause de la difficulté que présentent les binages.

Les semis en lignes parallèles se font avec un *semoir à brouette* ou au moyen d'un *semoir à cheval*. Dans le premier cas, on rayonne le sol et on couvre les graines avec une herse. Ce hersage est aussi nécessaire lorsque le semoir à cheval ne recouvre pas suffisamment les graines qu'il répand.

Lorsqu'on prévoit une sécheresse après la semaille, on fait suivre le semoir ou la herse par un rouleau. Ce plombage, en concentrant plus de fraîcheur dans le sol, favorise la germination des graines.

La rareté et la chèreté de la main-d'œuvre ont conduit beaucoup d'agriculteurs, dans la Flandre, à renoncer à la culture par transplantation pour adopter les semis en place et en lignes, procédé qui est aussi économique que possible, quand les terres sont fertiles.

Semis en pépinière. — 1° *Préparation du sol.* — La terre que l'on consacre à une pépinière de colza doit être parfaitement préparée, c'est-à-dire très bien divisée par des labours, roulages et hersages. On doit commencer cette préparation en juin.

En outre, il est nécessaire que la terre soit naturellement

riche et fraîche, si cela est possible, et qu'elle ait été ferti-
lisée avec des engrais appliqués dans une forte proportion,
afin que les plantes trouvent dans le sol une suffisante
quantité de substances alimentaires. On doit éviter, dans
cette circonstance, d'employer des engrais qui manifestent
leur action très lentement. Ainsi il faut renoncer à appliquer des fumiers longs ou peu décomposés, des chiffons,
des tourteaux, etc., et préférer à ces matières fertilisantes les
excréments de mouton ou le *parcage*, la *poudrette*, la *chair de
cheval desséchée*, etc., substances qui agissent presque immédiatement après leur application.

2° *Exécution des semis.* — Ces semis se font aussi à la
volée, en lignes ou en rayons à deux ou trois reprises différentes, afin d'avoir en automne des plants à planter successivement.

Le mode de semis le plus en usage consiste à répandre les
graines à la volée et très régulièrement. Cette semaille permet aux jeunes plantes de mieux résister à l'attaque des
insectes et de se défendre de l'apparition des mauvaises
herbes.

Lorsque le sol a été bien préparé et fumé, et que la germination des graines a été favorisée par une température
à la fois chaude et humide, il n'est pas ordinairement nécessaire de pratiquer pendant le développement des plantes
des sarclages ou des binages.

Les pépinières doivent être semées en lignes, lorsqu'elles
sont établies sur des terrains peu fertiles, mal fumés, et
sujets à être envahis par un grand nombre de mauvaises
herbes. Alors on leur donne un ou deux sarclages et binages, afin que le sol soit propre, et que les plantes puissent
végéter librement et rapidement.

QUANTITÉ DES GRAINES. — Lorsque les semis se font en
place, on répand par hectare : à la volée, 7 à 8 litres ; en
lignes, 3 à 4 litres.

Un hectare de pépinière exige : à la volée, 8 à 10 litres ; en lignes, 4 à 6 litres.

On doit éviter de semer trop dru, afin que les plantes ne s'étiolent pas, et pour éviter un ou deux éclaircissages.

TREMPAGE DES SEMENCES. — On a proposé de faire tremper les graines, pendant six heures environ, dans un mélange de suie et de sel marin, et de les saupoudrer ensuite de cendres de bois. On pensait que par ce moyen on rendrait la germination plus prompte, et que leurs cotylédons ne seraient pas ravagés par les altises. L'expérience a prouvé que ce moyen n'avait pas l'efficacité qu'on lui avait attribuée. C'est bien à tort qu'on a proposé de couvrir les graines d'huile et de les saupoudrer ensuite de plâtre en poudre.

GERMINATION DES GRAINES. — La graine de colza germe très promptement. Quand il survient une pluie après la semaille, ou que celle-ci a été exécutée sur une terre encore fraîche, on voit ordinairement apparaître les cotylédons à la surface du sol au bout de six à huit jours.

Les cotylédons du colza ressemblent beaucoup à ceux du moutardon (SINAPIS ARVENSIS, L.) et de la ravenelle (RAPHANUS RAPHANISTRUM, L.).

ESPACEMENT DES LIGNES. — Les lignes des *semis en place* doivent être espacées de $0^m,30$ à $0^m,45$, suivant que les binages doivent être faits à bras ou à la houe à cheval.

Les lignes des *semis en pépinières* sont toujours écartées de $0^m,20$ à $0^m,25$.

Étendue de la pépinière.

Quelle est l'étendue que doit avoir une pépinière, eu égard à la surface qui doit être plantée ?

La surface que les pépinières doivent avoir varie chaque année suivant la réussite des semis, la végétation des plantes et le nombre de pieds que l'on repique par hectare. Quand une pépinière a été établie sur un sol parfaitement préparé et bien fumé, et qu'elle est bien garnie de bons plants, elle fournit le nombre de pieds nécessaire pour planter une étendue de terrain cinq à six fois plus grande que la superficie qu'elle occupe. En pratique, on compte, afin de ne pas manquer de plants à l'époque du repiquage, qu'il faut un hectare de pépinière pour quatre à cinq hectares consacrés à cette culture.

Propagation par boutures.

En Normandie, on propage quelquefois le colza par boutures. Celles-ci sont des pieds allongés privés de leurs racines. On coupe ces boutures avec la faux et on les enfonce dans le sol, sans l'aide du plantoir, jusqu'au collet. Leur reprise est presque toujours assurée ; elle est complète vingt à trente jours environ après leur mise en place. Alors, on remarque à leur base un bourrelet d'où part une houppe épaisse de jeunes racines qui s'étendent dans plusieurs directions. Ce mode de propagation ne peut être avantageux que lorsque le colza est cultivé sur des terres riches et fraîches et sur une faible étendue.

Ce genre de multiplication prouve qu'on ne doit pas rejeter, à l'époque de la transplantation, les bons plants privés de racines ou qui en ont fort peu, parce qu'ils ont été mal arrachés.

Transplantation.

La transplantation du colza a l'avantage d'éviter de faire précéder la culture de cette plante par une jachère ou fourrage annuel. Il est vrai que ce mode de culture augmente les dépenses, mais il permet aux plants d'acquérir plus de rusticité et de donner de meilleurs produits. La robusticité des plants provient du temps d'arrêt que l'on observe dans leur végétation après leur mise en place, et du plus grand nombre de ramifications que les plants présentent au printemps suivant. Les colzas qui proviennent de semis faits en place sont toujours, à conditions égales dans la nature et la fertilité de la terre, plus grêles, moins vigoureux et moins branchus.

ÉPOQUE. — On exécute la transplantation vers la fin de septembre ou dans le courant d'octobre. Il faut éviter, dans les régions du Nord et de l'Est, de planter pendant le mois de novembre. On ne peut exécuter des repiquages aussi tardifs que dans les régions de l'Ouest et du Sud-Ouest.

PRÉPARATION DU SOL. — Lorsque la plantation doit avoir lieu sur un champ qui a porté une céréale d'hiver ou de printemps, on *déchaume* au moyen d'un scarificateur, d'une charrue ordinaire ou d'un polysocs. Cette opération est faite dans le but : 1° d'ameublir le sol ; 2° de déraciner les plantes à racines vivaces ; 3° de faciliter la germination des graines qui ont été produites par les plantes nuisibles qui végétaient associées au blé. Si la couche arable était infestée de *chiendent* (TRITICUM REPENS), d'*agrostis traçante* (AGROSTIS STOLONIFERA), il faudrait rassembler leurs tiges et leurs racines et les incinérer. On exécute cette opération à l'aide d'une herse, de la herse-Bataille ou d'un râteau à cheval.

Quand il s'est écoulé quelques semaines depuis le moment où le labour de déchaumage a été pratiqué, on herse le sol et on le laboure aussi profondément que le permet l'épaisseur de la couche arable. Quinze jours environ après cette dernière opération, on conduit le fumier et on l'enterre par un troisième labour.

Lorsque les terres sont propres et qu'elles ont été fertilisées par le parcage des bêtes à laine, on ne donne souvent que deux labours.

Nonobstant, dans les deux cas, on ne doit pas faire suivre le dernier labour par un hersage si la plantation doit être faite au plantoir.

Lorsque les terres sont perméables, on les laboure à plat. Quand elles reposent sur un sous-sol imperméable, il faut les disposer en planches étroites.

Dans la Flandre, les planches ont 2^m,50 à 3 mètres de largeur, et parfois elles ont une forme un peu convexe. Ces planches sont formées de 10 à 12 bandes de terre.

ARRACHAGE DES PLANTS. — Quand le moment d'exécuter la plantation est arrivé, on procède à l'arrachage des plants qui existent dans la pépinière. Cette opération se fait ordinairement à la main, si on opère par un temps humide ou après une pluie. Lorsque le sol est sec et dur, on se sert d'une houe fourchue, d'une bêche ou d'une fourche à dents plates pour soulever les plants. Quand on les arrache à la main, on doit avoir le soin de les saisir par leur base et de les tirer verticalement, afin de ménager les racines et les feuilles et de ne pas rompre les tiges. Chaque ouvrier doit réunir en bottes les plants qu'il a arrachés; il se sert de liens de paille pour exécuter cette mise en paquets.

Quand la plantation est confiée à des tâcherons, l'arrachage des plants qu'ils doivent repiquer est exécuté par des femmes ou des enfants dont le salaire est à leur charge.

On ne coupe ni la racine, ni les feuilles.

QUALITÉ DES PLANTS. — Un plant de colza, pour être bon, doit être court, trapu, ou bien développé (fig. 5). Les plants qui ont une tige allongée ou très effilée, sont considérés à bon droit comme mauvais, parce qu'ils sont toujours moins rustiques que les premiers et qu'ils sont sujets à être altérés par les froids intenses.

Fig. 5. — Plant de colza.

Les plants faibles, chétifs, étiolés avant l'hiver, donnent presque toujours de faibles récoltes.

EXÉCUTION DE LA TRANSPLANTATION. — La mise en place du colza s'exécute de cinq manières différentes :

1º *Au plantoir simple.* — Lorsque la mise en place a lieu au moyen du plantoir ordinaire, on dépose çà et là des paquets de plants, et des femmes ou des enfants distribuent ces plants sur le terrain labouré, en ayant soin de bien suivre le rayage et de placer les pieds aussi régulièrement que possible, suivant les distances qui leur auront été indiquées.

Alors l'ouvrier, tenant le plantoir dans sa main droite, fait un trou en l'implantant dans le sol, saisit avec la main gauche un des plants placés sur la terre et l'introduit dans l'ouverture qu'il vient de faire, de manière que le collet soit aussi rapproché de terre que possible ; ensuite il le consolide en frappant la terre contre les racines avec le plantoir, ou il implante de nouveau celui-ci à quelques centimètres du trou dans lequel il a placé le plant, afin de le *borner.* Une fois ce plant mis en place, il avance un peu, il en repique un second et ainsi de suite.

La plantation au plantoir simple est peu expéditive sur les sols très pierreux, mais elle est très utile sur les terres légères ou de consistance moyenne.

Pour que les lignes soient droites et régulières, on se trouve dans la nécessité de planter sur l'arête d'une bande de terre ou dans l'angle rentrant formé par deux tranches.

Les Flamands labourent les terres qu'ils destinent au colza en planches étroites, et ils exécutent la mise en place des plants en travers de chaque planche.

Un ouvrier habile peut, s'il est aidé par une femme ou un enfant, planter par jour de 10 à 12 ares ou de 6,000 à 7,000 plants.

La plantation faite au plantoir simple, y compris l'arrachage, est payée 25 à 35 fr. l'hectare.

Dans les terres fortes, on remplace quelquefois le plantoir ordinaire par une *truelle* analogue à celle qu'emploient les maçons.

2° *Au plantoir double.* — Le plantoir double (fig. 6) se compose de deux branches en bois longues de 0^m,85 à 0^m,90, unies l'une à l'autre par une traverse inférieure située au-dessus des douilles en fer, et d'une barre supérieure aussi en bois, présentant deux poignées. L'ouvrier qui s'en sert appuie fortement le pied droit sur la traverse inférieure, et il exerce en même temps une pression avec les mains sur la traverse supérieure, afin que les deux pointes en fer pénètrent dans le sol et ouvrent deux trous. Cet outil exige beaucoup de force, et il ne permet pas d'éloigner ou de rapprocher à volonté les trous ou les pieds de colza. Ces inconvénients ont conduit beaucoup d'agriculteurs à lui préférer la béquille.

La mise en place des plants se fait de la même manière que lorsqu'on emploie le plantoir appelé *béquille*.

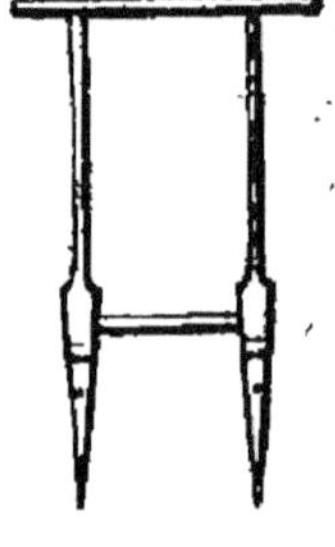

Fig. 6.
Plantoir à deux branches.

3° *A la béquille.* — Ce plantoir se compose d'une seule douille, d'un manche et de deux poignées ; sa hauteur est semblable à celle du plantoir double. L'ouvrier chargé de l'employer, saisit la traverse avec les deux mains, l'élève au-dessus du sol et le laisse tomber avec force pour qu'il pénètre dans la terre labourée jusqu'à 0^m,15 ou 0^m,20 de profondeur ; ensuite, il le fait vaciller sur la pointe pour élargir un peu le trou, le retire et l'implante de nouveau dans le sol, en suivant l'un des rayons ou sillons que présente le labour. Il est nécessaire que cet ouvrier soit habitué à manier cet outil, afin que les trous soient également espacés et situés sur des lignes bien parallèles.

Au fur et à mesure que les ouvriers ouvrent les trous, des femmes déposent dans chaque ouverture un des plants qu'elles tiennent sous leur bras gauche, et des enfants pressent la terre contre les racines avec le talon ou la pointe du pied, en ayant soin que les trous soient bien fermés. Les uns et les autres vont ordinairement pieds nus.

Un ouvrier exercé au maniement du plantoir à deux branches ou de la béquille, peut ouvrir environ 30,000 trous par jour. En Flandre, une femme et 2 enfants plantent jusqu'à 30 ares par jour.

En Flandre, on accorde par hectare, quand la plantation se fait à la tâche, 9 à 12 fr. à l'ouvrier qui fait les trous, et 10 à 14 fr. aux deux ouvriers chargés de garnir les trous de plants et de consolider ceux-ci dans le sol. On compte qu'il faut par hectare 4 journées d'ouvriers et 15 journées de femmes et d'enfants.

Les frais d'arrachage et de mise en paquets varient de 8 à 10 fr. l'hectare ; ils ne sont pas compris dans les chiffres qui précèdent.

4° *A la bêche.* — Lorsque les plants sont très allongés, on exécute leur mise en place avec la bêche. Ce moyen permet de rapprocher davantage leur collet de la surface du sol. Voici comment on opère : un ouvrier implante profondément le fer d'une bêche dans la couche arable, et, pour que l'entaille soit évasée par le haut, il imprime à l'outil un mouvement de balancement. Alors il retire l'instrument et ouvre un autre trou, et ainsi de suite. L'enfant qui l'accompagne place deux plants aux extrémités de chaque entaille restée béante, et il la ferme avec le pied en exerçant une pression sur les deux plants.

Un homme aidé par un enfant peut planter de 8 à 10 ares par jour.

5° *A la charrue.* — Dans les grandes exploitations et dans les contrées où les ouvriers n'ont pas l'habitude de manier l'un des plantoirs que je viens de mentionner, ou lorsque les plants sont effilés ou très longs, on exécute la plantation à la charrue, quand on pratique le dernier labour.

Voici comment on procède :

La charrue commence par faire un *endos* bien droit, c'est-à-dire par détacher et renverser l'une contre l'autre deux bandes de terre épaisses de $0^m,15$ à $0^m,20$. Lorsqu'elle a fait cet endos, elle continue son travail; mais des hommes ou des femmes, se distribuant à la suite du laboureur, déposent çà et là des plants sur le revers des deux tranches, en les inclinant légèrement pour qu'ils ne tombent pas dans les raies ouvertes par la charrue. Quand les deux bandes ont été garnies de plants, les ouvriers cessent leur travail jusqu'à ce que la charrue ait renversé une ou deux bandes de terre contre les plants. Lorsque la plantation a lieu toutes les deux raies, la charrue doit labourer deux planches alternativement afin que les ouvriers soient sans cesse occupés. Il est important que les poseurs aient le soin d'examiner, tout en travaillant, les lignes plantées, et de découvrir les pieds que la charrue a trop enterrés.

Un des deux animaux qui composent l'attelage, celui qui marche dans le fond de la raie, déplace quelquefois les plants ou en écrase un certain nombre. On évite cet inconvénient en les attelant de file et en les faisant marcher sur la terre à labourer.

La transplantation à la charrue est simple, facile, économique et expéditive, mais elle est bien moins parfaite que la mise en place exécutée avec le plantoir.

On a constaté que le colza planté toutes les raies ne produisait que 27 hect. alors que son rendement s'élevait à 32 hect. quand il était planté toutes les deux raies.

Une charrue peut en un jour planter en moyenne, avec le même attelage, 50 ares, et 65 ares si on relaie les animaux vers midi; elle doit être desservie par 6 à 9 ouvriers, selon la longueur du rayage.

Espacement des lignes et des plants.

Pendant longtemps, on a espacé les lignes de colza transplanté à $0^m,60$, et les plants sur ces lignes à $0^m,33$. Depuis quelques années, on a reconnu que ces distances étaient trop considérables, et qu'il fallait les diminuer pour se rapprocher de la culture flamande. Dans cette province, où le colza donne annuellement d'excellents produits, les plants sont à $0^m,25$ en tous sens les uns des autres, quand ils ont été repiqués au plantoir, et à $0^m,33$ lorsque leur mise en place a été faite avec la charrue.

Cet éloignement explique pourquoi on se borne maintenant, sur un grand nombre d'exploitations où la culture du colza est bien comprise, aux espacements suivants:

Lignes : $0^m,45$ à $0^m,50$.   Pieds : $0^m,25$ à $0^m,30$.

Ces distances permettent de planter par hectare, déduction faite de la surface des dérayures, de 60,000, à 70,000 plants, au lieu de 40,000 à 45,000, que l'on plantait il y a quarante ans. En Flandre, où les planches sont très étroites et séparées par des rigoles de $0^m,30$ à $0^m,40$ de largeur, chaque hectare contient environ 120,000 à 130,000 pieds de colza.

Les lignes espacées à $0^m,50$ permettent d'exécuter les binages avec la houe à cheval.

Travaux complémentaires de la plantation.

Le colza, une fois planté, n'est pas toujours abandonné à lui-même. Dans plusieurs contrées, on exécute après cette opération des travaux qui contribuent puissamment à sa réussite.

PALOTAGE, AUGELAGE, RIGOLAGE OU RUOTAGE. — En

Flandre et sur quelques fermes des environs de Paris, où le sol est disposé en planches de 2^m,50 ou 4 mètres de largeur, lorsque les plants sont bien enracinés, on creuse les *dérayures* ou *ruots* à l'aide d'un louchet ou d'une bêche. La terre que l'on extrait des dérayures est déposée sur les planches à droite et à gauche, entre les pieds ou les rangées de colza. Il faut éviter de diviser les bêchées de terre. Les ouvriers qui marchent en arrière doivent les laisser sous forme de mottes à la surface de la terre. Plus ces bêchées sont grosses et plus elles préservent le colza de l'action du froid pendant l'hiver.

La profondeur que l'on donne aux ruots est ordinairement de toute la longueur du fer de l'instrument que les ouvriers emploient, soit 0^m,25 à 0^m,35. Quant à la largeur, elle est égale ou double de celle d'un fer de bêche ou du louchet, soit 0^m,25 à 0^m,40. Lorsque la rigole doit avoir de 0^m,33 à 0^m,40 de largeur, l'ouvrier enfonce deux fois le louchet; une fois à droite, une fois à gauche.

Cette opération a une importance très grande lorsque les terres sont argileuses, argilo-siliceuses ou argilo-calcaires à sous-sol imperméable et quand on l'exécute par un beau temps. Elle assainit la couche arable, permet au colza de mieux résister aux gelées, et rechausse les plants à la fin de l'hiver. En Flandre, on la pratique depuis un siècle.

Dans les environs de Douai (Nord), on répète une seconde fois cette opération avant les grands froids. Par ce nouveau ruotage, on augmente et la profondeur et la largeur des rigoles qui séparent les planches.

Un ouvrier peut paloter en un jour environ 25 ares lorsque les rigoles égalent en largeur et en profondeur les dimensions d'un fer de bêche.

Lorsque les dérayures sont creusées à deux fers de bêche, un homme ne palote pas au delà de 10 ares.

Dans ces deux exemples, les planches sont supposées avoir

3 mètres de largeur. Ainsi, dans le premier cas, un ouvrier palote 800 mètres de dérayures; dans le second, il ne creuse que 340 mètres environ de longueur.

Quand les rigoles sont éloignées les unes des autres de 3 à 4 mètres, on donne, si les travaux se font à la tâche, de 4 à 7 centimes par mètre courant, suivant la profondeur et la largeur que doivent avoir les dérayures.

APPLICATION D'ENGRAIS. — Lorsque le colza a été transplanté sur des terres médiocrement fumées ou peu fertiles, on répand quelquefois sur toute l'étendue de la couche arable, du purin, de l'engrais flamand, ou du tourteau pulvérisé. Le *purin* et la *courte-graisse* ne peuvent être appliqués que pendant la gelée. (Voir ENGRAIS LIQUIDES.)

Le tourteau doit être placé au pied des plantes avant le palotage ou le premier binage, si ce dernier est exécuté en automne.

Sur diverses exploitations, on répand à la fin de l'hiver de 300 à 1,000 kil. de tourteau, ou 400 à 500 kil. de guano ou 200 à 300 kil. de superphosphate de chaux par hectare. Cette application est toujours suivie par un binage.

Cultures d'entretien.

Les soins d'entretien que l'on donne au colza pendant sa végétation varient selon qu'il a été ou non semé en place.

1° COLZA SEMÉ EN PLACE. — *Premier binage.* — Cette opération se fait à l'aide d'une binette ou de la rasette flamande, lorsque les plantes ont 4 ou 6 feuilles. On l'exécute en août ou dans les premiers jours de septembre.

Quand les ouvriers ne binent que les espaces compris entre les lignes, on leur donne de 10 à 12 fr. par hectare. Un binage complet se paie de 20 à 25 fr. Dans le premier cas, on compte qu'un ouvrier peut biner de 20 à 25 ares par jour; dans le second, il ne bine pas au delà de 8 à 10 ares si le sol présente beaucoup de mauvaises herbes. Dans les circonstances ordinaires, il bine 15 ares par jour.

Éclaircissage. — Lorsque les plants sont trop nombreux, on les éclaircit à la main. Ce dédoublement a lieu en septembre, et quelquefois les ouvriers l'exécutent lorsqu'ils pratiquent le premier binage. Dans ce dernier cas, ils se servent souvent de la binette pour détruire les plants superflus.

Les plants doivent être espacés de $0^m,25$ à $0^m,30$ les uns des autres.

Transplantation sur les parties vides. — Les semis de colza exécutés en place et en lignes ne réussissent pas toujours complètement. Lorsqu'on observe des lacunes sur les lignes, on doit, à l'époque de l'éclaircissage, les garnir de plants. Ce repiquage se fait au moyen du plantoir ordinaire ou de la béquille. On doit avoir soin de bien aligner les plants, afin de ne pas détruire la régularité des rangées.

Deuxième binage. — Cette opération se fait parfois en automne et au moyen de la houe à cheval. Lorsque le sol est propre et que le premier binage a été exécuté tardivement, on se dispense souvent de le pratiquer.

Buttage. — On butte rarement le colza. Cependant cette opération est utile à cette plante quand les terres labourées en grandes planches sont sujettes à être soulevées par les gelées et lorsque les plants ont acquis à la fin de l'automne un grand développement. Elle garantit les pieds élevés de l'humidité, des froids intenses et des alternatives de gels et de dégels. La plupart des colzas cultivés en Alsace, sont buttés avant l'hiver.

On exécute ce chaussage au moyen d'un *buttoir* ou charrue à deux versoirs, et quelquefois avec la *binette.*

Troisième binage. — Cette culture d'entretien se fait à la fin de l'hiver par un beau temps et lorsqu'on n'a plus à craindre de fortes gelées. Il est nécessaire de l'exécuter soit en mars, soit dans la première quinzaine d'avril, c'est-à-dire avant l'époque à laquelle le colza développe ses ramifications, afin que les ouvriers ne brisent pas les extrémités de ces branches.

On le pratique au moyen d'une houe à cheval. Cet instrument permet de biner en un jour de 1 hectare à 1 hectare 50 ares.

On complète le travail de la houe à cheval en faisant biner les intervalles qui existent sur les lignes entre les plants. Ce binage complémentaire se paie de 6 à 8 fr. l'hectare.

Lorsque cette culture d'entretien est entièrement exécutée à bras, on paie de 16 à 20 fr. par hectare, suivant l'espacement des lignes. Elle exige de 8 à 10 journées d'ouvrier.

2° COLZA TRANSPLANTÉ. — Le colza que l'on a repiqué à la charrue ou au plantoir ne réclame pas de nombreuses cultures d'entretien.

Quand la transplantation a été exécutée de bonne heure et que le sol a donné naissance à une foule de mauvaises plantes, on pratique un binage à bras ou à houe à cheval. On se dispense de cette opération, lorsque la mise en place a eu lieu tardivement ou qu'elle a été pratiquée sur des sols propres.

Nonobstant, on bine les colzas en février ou en mars. (Voir *troisième binage*.) Cette opération, en ameublissant et aérant le sol, favorise d'une manière remarquable le développement des tiges et des ramifications.

Écimage ou étêtage.

Autrefois, dans diverses contrées, on supprimait la partie supérieure de la tige principale quand elle commençait à s'élever et qu'elle présentait déjà quelques ramifications et quelques boutons à fleurs un peu apparents. Cet écimage s'exécutait en mars ou avril; on l'opérait avec la main ou un couteau, en coupant la tige à 0^m,15 ou 0^m,20 au-dessous de son sommet. Cette opération, suivant les uns, avait l'avantage de provoquer le développement d'un plus grand nombre de tiges latérales et, selon les autres, elle avait l'inconvénient de rendre la maturité des siliques un peu inégale.

Insectes et oiseaux nuisibles.

INSECTES. — Le colza est attaqué par plusieurs insectes :
1° Le *puceron*, la *puce de terre* ou l'*altise bleue* (ALTICA), attaquent les cotylédons quand ils apparaissent à la surface de la terre. On prévient leurs ravages, qui sont souvent très grands, en répandant, quand ces organes sont encore couverts de rosée, de la cendre et de la chaux en poudre. Ces substances, par leur adhérence sur les feuilles séminales, obligent les altises à s'attaquer à d'autres végétaux. On doit répéter ces saupoudrages toutes les fois que cela est nécessaire.

M. Hintz a inventé un appareil à bras propre à détruire ces insectes. Cette puceronnière (fig. 7) a été perfectionnée par Bella fils. La planche E que cet appareil promène au-dessus des jeunes plantes est enduite de goudron; en avançant elle effraye les altises; alors celles-ci sautent, viennent tomber sur le goudron et y adhèrent. L'ouvrier qui dirige cet appareil le pousse devant lui.

2° La *nitidule bronzée* (NITIDULA ÆNŒA, Fab.) paraît en même temps que les boutons à fleurs qu'elle ronge intérieurement et qu'elle détruit à mesure qu'ils se développent. Ce coléoptère a fait de grands ravages en 1844 dans les cultures de colza de la Bavière rhénane. Villeroy a observé que quand il a paru une fois dans un champ, on l'y revoit ordinairement les années suivantes. Cet insecte est très petit, de forme ovoïde-oblongue et d'un vert bronzé brillant; son corselet et ses pattes sont d'un brun noirâtre.

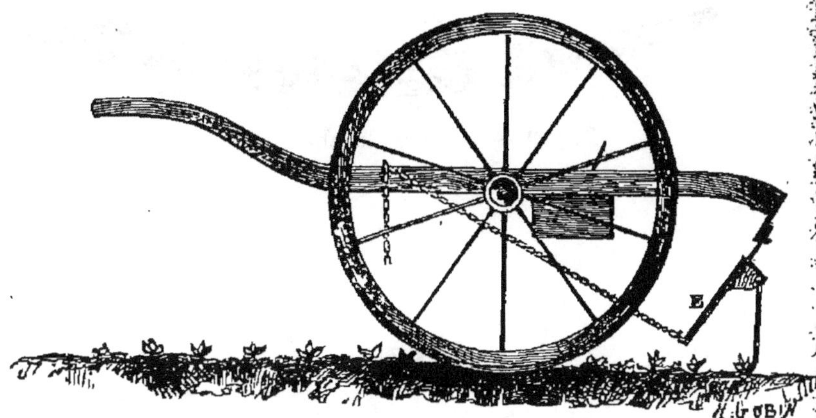

Fig. 7. — Épuceronnière.

Jusqu'à ce jour on n'est pas parvenu à empêcher ses ravages.

3° Le *charançon du colza* (GRYPIDIUS BRASSICÆ, Sch.) se nourrit du parenchyme des graines et occasionne souvent des dégâts considérables. Ce coléoptère (fig. 8) a une tête globuleuse mince, munie d'un bec cylindrique, courbé en dessus et un peu plus développé à son extrémité. C'est à l'aide de son bec qu'il perfore les siliques encore vertes et s'attaque aux graines.

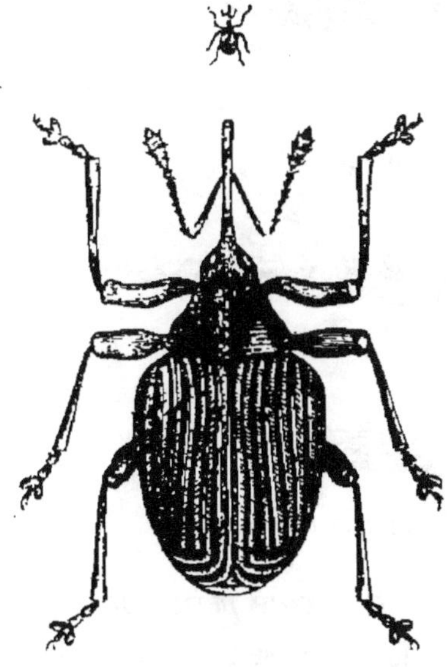

Fig. 8. — Charançon du colza.

Les *larves* (fig. 9) longues de 2 à 3 millimètres sont des ennemies très redoutables; les dégâts qu'elles commet-

tent à l'intérieur des siliques sont souvent considérables.
La *teigne du colza* (YPSOLOPUS XILOSTEI, Fab.) (fig. 10)

Fig. 9. — Larves du charançon.

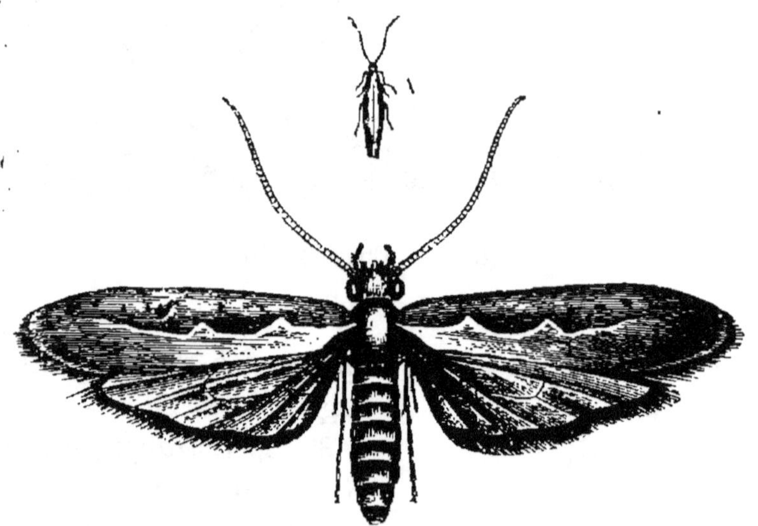

Fig. 10. — Teigne du colza.

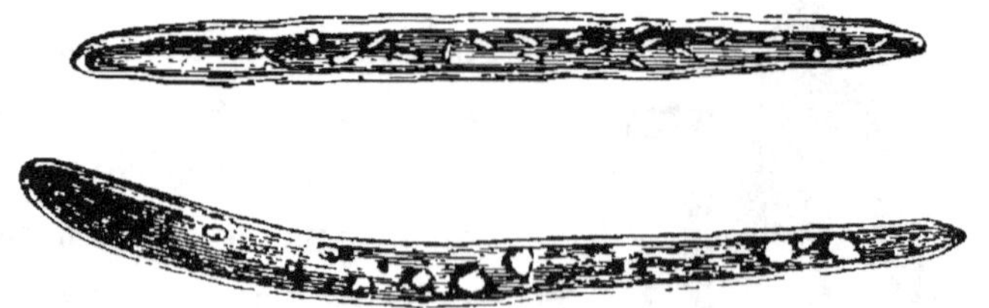

Fig. 11. — Larves de la teigne du colza.

produit une larve que Doyère avait appelé *petit ver blanc*.
Cette larve (fig. 11) vit dans les siliques et se nourrit de leurs
graines. Les siliques attaquées par cet insecte ont leur surface interne plus ou moins brune ou noire.

Le colza est aussi attaqué, pendant sa végétation, par la

petite limace grise (LIMAX HORTENSIS, L.). Ce mollusque s'attaque en automne aux feuilles et détruit souvent un très grand nombre de pieds de colza. Les pluies continues favorisent ses ravages. Quand on redoute cette limace, il faut éviter, si cela est possible, de repiquer des pieds faibles. Les plants forts et vigoureux résistent mieux à son attaque.

OISEAUX. — Le colza a aussi pour ennemis quelques oiseaux. Ainsi, pendant l'hiver, alors que la neige couvre la terre, mais qu'elle n'abrite pas complètement les pieds de colza, les *corneilles*, les *pigeons ramiers* et les *pies* s'attaquent aux feuilles et les déchiquètent. Ces dégâts sont parfois si considérables que les préfets autorisent la destruction de ces oiseaux pendant les temps de neige.

Les *grives*, les *merles*, les *tourterelles* et les *pigeons ramiers* attaquent les siliques lorsque les graines qu'elles contiennent sont presque mûres. L'importance du dommage qu'ils peuvent occasionner est tel, que les cultivateurs doivent faire garder les pièces de colza quand ils constatent leur présence en grand nombre dans la contrée qu'ils habitent.

Maladie.

On a observé, il y a quelques années, que les tiges de colza étaient sujettes à une altération. Cette maladie a été désignée sous le nom de *blanc de colza;* elle est due à un commencement de pourriture qui se montre à l'intérieur de la tige principale et quelquefois des ramifications. Cette altération fait disparaître la moelle. Elle est caractérisée d'une manière apparente par la couleur blanche des tiges qu'elle attaque et le développement d'un champignon nommé *sclerotium varium*. On croit qu'il faut l'attribuer à une humidité surabondante dans le sol et l'atmosphère.

Les graines des pieds ainsi altérés sont moins grosses, moins développées que celles produites par les pieds sains.

Maturité.

Époque. — La récolte a lieu ordinairement dans toute la région septentrionale, vers la fin de juin ou dans les premiers jours de juillet. Dans le Centre, on l'exécute vers la mi-juin. Les cultivateurs du Sud-Ouest l'opèrent à la fin de mai ou au plus tard dans les premiers jours de juin.

Signes de la maturité. — Le colza est mûr quand les tiges et les feuilles sont jaunâtres, lorsque les graines provenant des fleurs qui se sont épanouies les premières sont noires, brunes et libres à l'intérieur des siliques.

On ne doit pas attendre, pour commencer la coupe des tiges, que toutes les siliques soient complètement mûres. Si l'on agissait ainsi, on s'exposerait à perdre une très grande quantité de graines. Il ne faut pas oublier que le colza s'égrène facilement quand il survient, à l'époque de sa maturité, de fortes chaleurs et des vents violents.

Quoiqu'il soit utile de couper un peu prématurément, il est nécessaire cependant de ne pas couper trop tôt. Lorsque la coupe a lieu avant la maturité parfaite du tiers environ des siliques, les graines de la partie supérieure des tiges restent presque rougeâtres ; alors elles ont moins de valeur commerciale, parce qu'elles contiennent moins d'huile ; on dit alors que la graine contient du *rouge*.

Récolte.

Coupe des tiges. — On coupe le colza sans secousses avec une *forte serpette*, une *petite serpe*, une *faucille ordinaire* ou une *faucille volante*, à 0^m,08 ou 0^m,12 de terre. Ces instruments doivent être très tranchants.

Cette opération doit être faite de préférence le soir ou le matin. Il faut éviter de couper pendant le milieu du jour, à moins que les plantes n'aient été humectées par une pluie, ou que le temps soit couvert. On peut agir sans crainte pendant la pluie. Par l'effet de la rosée, du serein ou de la pluie, les siliques restent fermées. Quand on opère par un soleil ardent, un nombre plus ou moins grand de siliques s'ouvrent sous le plus petit choc et laissent échapper les graines qu'elles contiennent. C'est pour éviter la perte qui résulte de l'égrenage qu'on coupe souvent la nuit quand le temps est beau ou que la lune éclaire, si la maturité est avancée. Alors les ouvriers se reposent le jour. Quelquefois ces derniers commencent leurs travaux à 2 ou 3 heures de la nuit pour cesser vers 8, 9 ou 10 heures du matin : ils les reprennent vers 4 à 5 heures du soir pour les continuer jusqu'à la nuit.

Chaque ouvrier agit sur 3 à 5 lignes à la fois, suivant leur espacement, la longueur des tiges et la force des javelles. Il doit commencer le champ de manière à couper perpendiculairement à la direction du renversement des tiges ; ainsi, il faut qu'il se place de manière que cette inclinaison soit à sa droite. A mesure qu'il coupe, il dépose le colza en javelles, en ayant soin de bien réunir la base des tiges et d'orienter celles-ci de façon que leur sommet soit opposé à la direction du vent.

En Flandre, les ouvriers se placent dans les ruots, coupent à droite et à gauche jusqu'au milieu de chaque planche et posent les colzas coupés en javelles, en ayant soin que leurs pieds affleurent avec le bord de la rigole. Après l'opération, les tiges sont déposées sur des lignes par brassées ou *javelles*. La grosseur de celles-ci doit être telle qu'un ouvrier puisse, à l'époque du battage, les saisir très aisément entre ses mains seulement.

Lorsque la coupe du colza est donnée à tâche, on est

obligé de surveiller sans cesse les ouvriers afin qu'ils évitent d'égrener les siliques.

On paie, pour cette opération, de 14 à 16 fr. par hectare.

Un ouvrier peut couper par jour de 15 à 20 ares selon le développement des tiges. Quand celles-ci sont couchées et enchevêtrées, l'ouvrier qui agit de manière que l'égrenage soit aussi faible que possible, ne coupe souvent que 10 à 12 ares.

JAVELAGE. — Le colza reste en javelle sur le sol jusqu'à la maturité complète des siliques ; ordinairement, ce javelage dure environ six à huit jours.

Si, pendant ce temps, il survenait des pluies abondantes et continues, il faudrait profiter des alternatives de beau temps pour retourner les javelles, afin d'empêcher la germination des graines. Cette opération doit être faite avec précaution pour que les semences ne s'échappent pas des siliques.

Le javelage trop prolongé et mal surveillé occasionne une perte qui s'élève quelquefois au cinquième de la récolte.

MISE EN MEULE. — En Flandre et sur plusieurs points de la Normandie, les colzas sont mis en meules avec tout le soin possible 24 heures après qu'ils ont été coupés. Par cette méthode, on soustrait les siliques à l'action si nuisible des orages, de la grêle, des oiseaux et des alternatives de pluie et de beau temps, et les graines gagnent en volume et en qualité.

Le seul reproche qu'on puisse faire à ce procédé, c'est qu'il exige un plus grand nombre d'ouvriers.

Chaque meule ou *mont* varie de forme et de grosseur suivant les localités. L'ouvrier chargé de construire une meule de colza est appelé *emmoyeur ;* il est assisté d'un aide et de deux autres ouvriers chargés de lui apporter les brassées de colza. Il place la base des tiges en dehors, afin que le centre soit plus élevé que la circonférence. Quand la meule est cylindrique, on lui donne de 4 à 5 mètres de diamètre et 3 à 4 mètres de hauteur. On l'établit sur un endroit un peu élevé où l'on a placé un lit de paille et au centre duquel s'élève une perche de 3 à 4 mètres qui assure la solidité de son sommet et l'empêche d'être renversée lorsque le vent est violent. Les javelles y sont placées de manière que les siliques n'apparaissent pas à l'extérieur. On la termine en lui donnant supérieurement la forme d'un cône. Alors, quand on est prêt de la finir, on croise un peu les extrémités des javelles vers le centre afin de diminuer graduellement son diamètre et de donner aux tiges une pente du dedans au dehors. Lorsque la meule est terminée on couvre sa partie supérieure de paille afin de la garantir de la pluie et des oiseaux. On remplace souvent la paille par des tiges battues l'année précédente. Ces pailles ou bottes sont fixées sur la meule à l'aide de bâtons munis d'un crochet et qu'on appelle *aiguilles*. Le colza y est porté au moyen de toiles ou *bâches* ou de civières contenant 7 à 8 javelles.

On a calculé que la construction d'une semblable meule exigeait 12 ouvriers pendant 5 à 6 heures, et qu'elle contenait la récolte de 50 ares environ.

En Flandre, le colza reste en meule au milieu des terres pendant quatre à six semaines et quelquefois deux mois, afin que ses graines deviennent plus noires et plus oléifères, sous l'influence de la légère fermentation qui s'établit dans la masse.

Quand le battage doit avoir lieu huit à quinze jours après le faucillage, on construit des meules de dimensions beaucoup plus petites. Dans ce dernier cas, on opère comme lorsqu'il est question de construire des moyettes de céréales.

Dans les environs de Lille, on arrache les pieds dès que le colza a été mis en meule, et on combe à la houe les raies qui séparent les planches ou les billons et on aplanit le sol, si cela est nécessaire.

Battage.

Le battage a lieu aussitôt la dessiccation des plantes et la maturité des graines renfermées dans les siliques supérieures. On l'opère avec le fléau, soit sur une grande toile étendue sur le champ même où le colza a été cultivé, soit dans une grange.

SUR PLACE. — On arrache d'abord les pieds de colza, on enlève les pierres pour éviter qu'ils ne percent la toile ou la *bâche* sous les coups des fléaux et on unit le sol à l'aide d'une bêche. Quand ces travaux sont terminés, on étend la toile de chanvre sur la surface préparée, on relève ses bords au moyen d'un bourrelet de paille et on la fixe à des piquets fichés en terre à l'aide de bouts de ficelle. Une bâche ordinaire a de 12 à 15 mètres de côté; elle exige une *bretelle* de huit à neuf ouvriers. Une telle toile suffit pour une étendue de 10 hectares de colza. Elle doit être déplacée trois à quatre fois pendant l'opération.

Lorsque la bâche a été ainsi étendue, quatre ouvriers portant des civières (fig. 12) garnies intérieurement d'un drap ou d'une toile, apportent continuellement des tiges; un cinquième, armé d'une fourche les étend sur l'aire et les trois ou quatre autres toujours marchant exécutent le battage. Au fur et à mesure que les *batteurs* avancent, le cinquième ouvrier, que l'on nomme *poseur*, retourne les tiges; quand celles-ci ont été battues de nouveau, il les secoue et les jette ensuite en dehors de la bâche.

Lorsque la toile est en partie remplie de siliques, l'ouvrier chargé de disposer le colza sur l'aire doit les enlever afin qu'elles n'amortissent pas les coups des fléaux. Alors, saisissant un râteau en bois à dents longues et écartées (fig. 13), il rassemble une partie des siliques ou *cossettes* ou *écalots* et les jette en dehors sur un endroit donné, en ayant soin qu'elles n'entraînent pas de graines. Il répète cette opération trois à cinq fois par jour, selon que le produit du

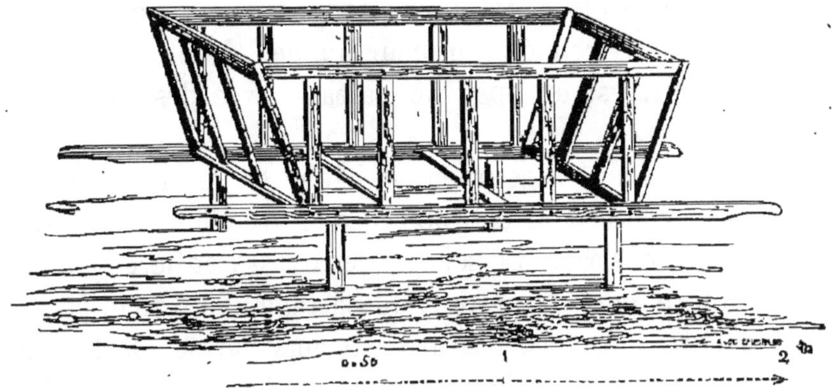

Fig. 12. — Civière à colza.

battage est plus ou moins élevé et l'accumulation des siliques plus ou moins grande.

On ne procède au battage que quand le temps est beau

Fig. 13. — Râteau pour enlever les cossettes.

et certain. Une *battière* ou *bretelle* se compose de 4 batteurs et de 4 ouvriers chargés d'apporter le colza.

Les *porteurs* varient en nombre selon la distance qu'il faut parcourir à chaque voyage. On les diminue en ayant des civières à cadres supplémentaires et en faisant charger ces ustensiles par des femmes ou *ramasseuses* intelligentes. En Flandre où l'emmeulage du colza est chaque année en usage, le transport des tiges à battre est confié à de jeunes filles ; celles-ci apportent le colza sur leurs têtes après l'avoir enveloppé dans une toile.

Dans quelques localités, les batteurs se servent de gaules de 3 mètres environ de longueur au lieu de fléaux. Dans d'autres contrées, on opère le battage avec des fourches en bois.

Quand, pendant la journée, la bâche ou *banne* est trop chargée de graines, on nettoie celles-ci avec le râteau et on les met dans des sacs. Le soir on débarrasse entièrement la toile et on rapporte le produit du battage à la ferme.

Le salaire qu'on accorde aux ouvriers varient de 1 fr. à 1 fr. 50 par hectolitre de graines nettoyées, selon le rendement du colza. Une bretelle de huit hommes bat ordinairement 24 hectolitres de colza par jour, soit 3 hectolitres par chaque ouvrier.

Quand les tiges du colza ne sont pas très fortes, on peut très bien les égrener avec la machine à battre le colza construite par M. Bodin (fig. 14). Ce battage a lieu dans le champ même. Cette machine mobile est mise en mouvement par un manège.

En grange. — On peut aussi battre le colza sur l'aire d'une grange. Cette opération est moins rapide, moins économique que le battage en plein air, mais elle permet de récolter des graines ayant plus de qualité quand le colza est rentré dans une grange bien saine depuis un certain temps. On peut aussi effectuer cet égrenage à l'aide d'une machine à battre ordinaire quand le colza a été semé sur place à la volée.

Les voitures qui transportent les tiges de colza non battues du champ à la ferme doivent être garnies intérieurement d'une grande bâche.

BOTTELAGE DE LA PAILLE. — Dès que le battage est terminé ou à mesure qu'on l'exécute, on procède au bottelage des tiges.

Fig. 14. — Machine à battre le colza.

Ces bottes se font avec un lien de paille de seigle ; on les fait ordinairement de 6 à 8 kilog.

Ce bottelage se paie 1 fr. les 104 bottes. Un ouvrier fait environ 300 bottes par jour; il confectionne les liens dont il a besoin.

Après le battage on arrache à la pioche ou à l'aide d'un labour les *tronçons* ou *étots*. Ces pieds sont quelquefois utilisés comme combustible lorsqu'ils sont bien secs.

Conservation et nettoyage des graines.

On doit rapporter les graines des champs avec 1/3, 1/4

ou 1/5e de siliques. Celles-ci, mêlées aux semences, empêchent que ces dernières s'échauffent, fermentent et perdent de leur qualité ; elles permettent aussi de les déposer en couche un peu plus épaisse dans les greniers ou dans les granges.

Lorsque les graines ont été nettoyées ou criblées sur le champ, elles doivent être déposées dans les magasins en couche mince.

Dans les deux cas, il faut les remuer plusieurs fois pendant les premières semaines qui suivent le battage, soit à l'aide d'une pelle, soit au moyen du râteau.

Les graines qui s'échauffent dans les greniers prennent une teinte blanchâtre et une odeur de moisi qui les font déprécier par les huiliers parce qu'elles donnent toujours moins d'huile.

On ne peut rentrer les graines complètement nettoyées que lorsque les tiges ont séjourné en meules avant le battage, ou qu'elles ont été récoltées dans une contrée où l'air est sec et chaud.

Lorsque les graines sont sèches ainsi que les siliques, on procède à leur séparation. On exécute cette opération au moyen d'un crible à larges opercules. La graine passe au travers des ouvertures et les siliques restent sur la peau ou la toile métallique du crible.

On complète ce nettoiement avec un tarare muni d'un petit grillage. Cette opération permet de séparer la poussière et les graines chétives des bonnes semences. On remplace quelquefois le tarare par un crible à opercules beaucoup plus petits que la grosseur des graines ordinaires de colza.

Une fois ce nettoiement opéré, on conserve les graines en tas de 0m,30 à 0m,50 d'épaisseur. Il est utile de temps à autre, tous les mois, par exemple, de les soumettre à un nouveau tararage ou criblage. Cette opération empêche les insectes de nuire à la qualité de la graine.

Les graines que l'on conserve pendant trois ou quatre mois après la récolte, perdent environ $1/15^e$ à $1/10^e$ de leur volume. C'est ce déchet qui oblige les cultivateurs à vendre le plus tôt possible les graines qu'ils ont récoltées.

La graine de colza conservée dans les greniers est attaquée par un insecte acarien que l'on désigne sous le nom de *mite*. Suivant Focillon, cette mite vit des débris pulvérulents que produisent les semences malades ; elle a donc l'inconvénient de salir la graine et d'altérer sa qualité. On prévient cette altération en soumettant de temps à autre les semences à un tararage ou à un criblage.

Rapport de la paille et des siliques à la semence.

Il est utile de connaître les quantités de paille et de siliques que l'on doit obtenir par chaque 100 kilog. de graines récoltées. Ces données servent à établir des calculs de prévision.

PAILLE. — La paille est plus ou moins abondante selon la fertilité du sol et la végétation des plantes. Voici les chiffres que l'on a observés :

De Gasparin..	100 kil. de graines proviennent de	165 kil. de paille
Boitel........	100 —	—	150 —
Grignon......	100 —	—	190 —
	Moyenne..........	168 kilogr.	

Ainsi, 1 hectare qui produirait 24 hectolitres, ou 1,600 à 1,700 kil. de graines, devrait donner de 2,700 à 2,900 kil. de tiges ou de paille.

SILIQUES. — Les siliques sont abondantes. Elles sont à la graine : : 10 : 1.

Ainsi, 1 hectare qui produirait 24 hectolitres de graines doit donner environ 240 hectolitres de siliques.

Un hectolitre de siliques pèse de 4 à 4 kilog. 500.

Poids de l'hectolitre.

Un hectolitre de bonne graine de colza pèse en moyenne de 68 à 70 kilog. C'est accidentellement que ce poids atteint 72 kilog.

Les graines mal nourries, avortées, piquées par le charançon du colza, ne pèsent souvent que 62 à 65 kilog.

En général, le poids de l'hectolitre est en raison directe de la beauté, du volume et de la dessiccation des semences.

Un litre de graines de première qualité contient de 150,000 à 180,000 graines.

Rendement.

Le colza donne plus ou moins de graines et de paille selon la richesse des terres où il est cultivé et les accidents qu'il éprouve pendant sa végétation.

EN GRAINES. — La statistique de 1882 et celle de 1891 ont enregistré les produits moyens suivants :

1882		1891	
Nord...........	24 hect.	Nord.............	26 hect.
Manche.........	23 —	Manche.........	25 —
Seine-Inférieure..	22 —	Seine-et-Oise.....	24 —
Pas-de-Calais....	20 —	Oise.............	23 —
Aisne...........	19 —	Ille-et-Vilaine....	22 —

Le froment est toujours plus productif que le colza. Voici les résultats moyens que la statistique générale a enregistrés en 1840 :

		Colza		Blé.	
Nord	par hectare	19 hect.	34	20 hect.	74
Seine-Inférieure	—	19 —	05	18 —	25
Seine-et-Oise	—	18 —	85	19 —	05
Pas-de-Calais	—	14 —	10	16 —	51
Moyennes........		17 hect.	83	18 hect.	64

Ainsi, le colza, à conditions égales de culture, est un peu moins productif que le froment ; c'est par exception que l'on observe le contraire. Des faits analogues à ces résultats ont été observés à Grignon, de 1829 à 1855.

	Colza.		Blé d'hiver.	
Première rotation.....	18 hect.	25	21 hect.	00
Seconde —	21 —	96	23 —	10
Troisième —	24 —	48	25 —	00
Quatrième —	21 —	34	26 —	40
Moyennes.....	21 hect.	50	23 hect.	87

De 1832 à 1842, on a obtenu à Hohenheim, où l'on a adopté, comme à Grignon, un assolement alterne de sept années, 21 hect. 31 litres de colza par hectare et 25 hect. 92 litres de blé d'hiver.

Je compléterai ces données sur le rendement du colza en inscrivant les produits moyens que l'on a signalés comme maxima et minina :

	Hect.			Hect.
Rendu *Flandre*......	35	Martine, *Aisne*..........	26,00
Pluchet, *Trappes*......	32	Ducouytes, *Lot-et-Garonne*.	24,00
Cordier, *Flandre*	30	Lecouteux, *Versailles*......	20,40
Morière, *Plaine de Caen*.	30	Boussingault, *Alsace*........	18,70
Dailly, *Trappes*......	38	Mettray, *Touraine*.......	16,90
Moyenne	31,40	Moyenne......	21,20

Ainsi, d'après ces divers produits, c'est bien à tort qu'on adopterait, comme on l'a proposé, le chiffre 30 pour établir un budget de prévision concernant la culture du colza. Une bonne récolte de colza donne en moyence de 25 à 30 hecto-litres par hectare. C'est par exception et sur des terrains très fertiles qu'on récolte par hectare 35 à 40 hectolitres.

Les binages bien exécutés exercent une très grande in-fluence sur le produit de cette plante. Voici des résultats obtenus par M. le Barillier, qui confirment cette influence :

	Colza non biné.	Colza biné.
1839.......	23 hect. 80	39 hect. 20
1840	14 — 40	21 — 80
1841	24 — 60	33 — 70
1842	27 — 10	36 — 20
1843	21 — 30	27 — 90
Moyenne...	22 hect. 20	31 hect. 80

Les colzas non binés avaient été plantés toutes les raies ; les autres étaient séparés par deux bandes de terre. Dans les deux cas, les plants, sur les lignes, étaient espacés de $0^m,20$ à $0^m,25$.

EN PAILLE. — Le colza produit une quantité de tiges sèches à peu près égale à celle que donne le blé. Voici les productions que l'on a obtenues par hectare :

	Produit des graines.	Produit en paille.
Boitel..............	2,590 kil.	4,250 kil.
Grignon	1,500	3,280
Pluchet	2,240	3,000
Dailly.............	1,960	3,000
Mettray	1,180	2,850
Hohenheim	1,520	2,000
Moyennes........	1,883 kil.	3,060 kil.

D'après ces résultats la graine est donc à la paille comme 100 : 160.

EN RACINES. — Boitel a pesé les racines munies d'un fragment de tige de $0^m,15$ environ, que contient un hectare de colza. Il a trouvé que la quantité s'élevait en moyenne, à l'état frais, à 3,300 kilog., quand la production en paille avait atteint 4,200 kilog. Les racines desséchées ont pesé 820 kilog. Ainsi la

Paille : racines fraîches :: 100 : 76
Paille : racines sèches :: 100 : 19

Ces rapports varient naturellement suivant la richesse

du sol, c'est-à-dire la vigueur avec laquelle les plants de colza se sont développés.

Emplois des produits.

GRAINES. — Les graines de colza fournissent une huile qui sert à l'éclairage et que l'on emploie aussi dans la fabrication des savons noirs, l'apprêt des cuirs, etc. Cette huile est ordinairement jaune et elle a une odeur forte qui est caractéristique. Lorsqu'elle est vieille ou qu'elle reste exposée à l'air, elle blanchit, sa viscosité augmente et elle devient impropre à l'éclairage. Sa densité est de 0,9136. Elle ne se solidifie que sous un froid de 10 à 12 degrés au-dessous de zéro.

L'huile de colza se vend épurée ou non épurée, en tonnes qui contiennent un peu plus de 1 hectolitre et qui pèsent 91 kilog. L'huile épurée par l'acide sulfurique est moins colorée, mais elle a perdu de sa densité.

SILIQUES. — On emploie les siliques ou cossettes de colza dans l'alimentation des animaux domestiques. On les donne de préférence aux vaches et aux bêtes à laine quand on leur fait consommer des racines : betteraves, carottes, etc. Les agriculteurs qui ont une distillerie de betteraves mêlent les pulpes qui proviennent de cette opération avec des siliques. Ces cossettes tempèrent avantagensement l'action de l'humidité que possèdent ces aliments, sur la vie des animaux. Quand on les destine à l'alimentation, il faut les rentrer aussitôt que le battage est terminé et les conserver dans des endroits secs. On exécute leur transport au moyen de sacs, de grands tombereaux ou de charrettes garnies intérieurement d'une toile.

Les cultivateurs qui ont suffisamment de fourrages, les brûlent lentement sur place et répandent les cendres qui résultent de cette opération avant de procéder au déchaumage du champ.

Paille. — La paille de colza est employée comme litière dans les étables et les bouveries où elle sert pour former des *soutraits* sous les meules de grains ou de foin, ou pour les couvrir. Quand on l'emploie comme litière on doit la laisser séjourner plusieurs jours et même une semaine sous les animaux, afin qu'elle absorbe le plus possible de déjections liquides. Cette paille sert à fabriquer d'excellent fumier, parce qu'elle contient beaucoup de substances salines, mais elle est peu absorbante.

On la place quelquefois dans les cours et sur les chemins.

On doit la conserver en meule. Si on la laissait longtemps exposée à l'action des pluies, elle prendrait une teinte brune et perdrait de ses qualités.

Produits fournis par la graine.

La graine de colza fournit deux produits : de l'huile et du tourteau.

Huile. — La graine de colza contient environ 50 p. 100 d'huile quand elle est de première qualité, mais elle n'en rend ordinairement que 35 à 40 p. 100. Un hectolitre du poids moyen de 67 kilog. fournit donc de 24 à 27 kilog. d'huile.

En fabrique, on compte qu'il faut écraser et presser de 325 à 425 litres, ou 218 à 285 kilog. de graines, pour remplir une tonne d'huile de 91 kilog.

Ainsi, en moyenne, il faut 4 hect. 50 de graines pour produire un hectolitre d'huile.

Un hectare qui produit 21 hectolitres ou 1,400 kilog. de graines, fournit par conséquent de 490 à 560 kilog. d'huile.

Tourteau. — Le résidu qui reste dans la presse constitue ce qu'on appelle le *tourteau de colza*. Ce tourteau est mince, assez friable ; sa couleur chinée est noire, rouge et jaune ; son odeur rappelle un peu celle de l'huile de colza. Il ne conserve ses qualités que quand il a été emmagasiné dans un local très sain ou exempt d'humidité.

100 kilogr. de graines donnent de 45 à 50 kil. de tourteau. 1 hectol. du poids de 67 kilog. de 30 à 33 —

On l'emploie comme engrais ou on le donne aux animaux comme substance alimentaire.

Ce tourteau est riche en azote. D'après MM. Payen et Boussingault, il contient à l'état normal 10,5 pour 100 d'eau et 4,92 d'azote. Quelque sec qu'il soit, il renferme environ 14 pour 100 d'huile. Voici sa composition :

Eau	13.20
Huile	14.10
Matières organiques	66.20
Sels	6.50
	100.00

M. Meurin y a trouvé 5,30 d'azote et 5,88 d'acide phosphorique.

Chaque tourteau pèse, en moyenne, un kilogr.

Valeur commerciale.

GRAINES. — La graine de colza se vend à l'hectolitre. Son prix varie suivant l'abondance des produits et les besoins des huileries et du commerce ; il est en moyenne de 22 à 25 fr. l'hectolitre ou de 25 à 30 fr. les 100 kilogr. En général il ne descend pas au-dessous de 18 fr. et il ne s'élève pas au-dessus de 30 fr.

Pour qu'une graine soit de première qualité, il faut qu'elle soit ronde, noire et dure, et qu'écrasée elle offre une chair jaune foncé qui graisse beaucoup. Les semences rougeâtres sont moins recherchées et moins estimées par le commerce et les huiliers.

En Flandre, les graines que l'on regarde comme les meilleures sont celles que l'on récolte à Cambrai, à Douai, et à Hazebrouck. Celles des environs de Lille sont plus grosses, mais elles sont un peu moins oléagineuses. Ainsi, la statistique générale constate que le prix moyen des premières est de 25 fr. 60 l'hectolitre, et que les secondes se vendent en moyenne 24 fr. 75.

Voici deux analyses, l'une faite par M. Boussingault et l'autre par M. Moride, qui démontrent que la valeur oléifère des graines de colza varie suivant la provenance de ces semences.

	Graines d'Alsace.	Graines de Bretagne.
Huile	50,00	38,50
Matières organiques....	35,10	55,44
Sels divers...........	3,90	3,50
Eau	11,00	2,56
	100,00	100,00

Tout porte à croire que les graines récoltées en Bretagne, avaient été presque complètement desséchées, car en général ces semences contiennent plus de 2 à 3 pour 100 d'humidité.

TOURTEAU. — Le tourteau de colza se vend au poids. Les 100 kilog. valent en moyenne 12 à 15 fr.

Prix de revient.

La culture du colza engage par hectare un capital un peu élevé. Voici deux extraits de la comptabilité de Grignon et de Versailles (1). Le premier concerne huit années de culture et près de 240 hectares cultivés en colza; le second embrasse 2 années d'exploitation et 98 hectares.

(1) Cultures de l'ancien Institut agronomique.

	Grignon.		Versailles.	
Dépenses par hectare............	430 fr.	70	346 fr.	95
Produit brut —	535	80	485	42
Bénéfices —	105	10	138	45
Prix de revient de l'hectolitre	20	58	17	03
Prix de vente —	25	60	23	83
Bénéfice par hectolitre...........	5	18	6	80

M. F. Pigeon a inscrit dans sa comptabilité les moyennes suivantes, résultat de dix années de culture :

Produit, 20 hectol.; dépenses, 466 fr.; recettes, 580.; bénéfices, 114 fr.

Tous ces chiffres démontrent qu'on ne peut pas compter réaliser par hectare, à l'aide de la culture du colza, un bénéfice de 449 fr., ainsi que l'a avancé de Gasparin. Il faudrait, pour obtenir un tel produit net, récolter en moyenne 40 hectolitres ayant une valeur de 1 000 fr. De tels rendements ne s'obtiennent que très accidentellement.

Si la culture de cette oléagineuse a occasionné, à Roville, de 1825 à 1835, une perte de 4 fr. 69 par hectare, cela tient à ce que Mathieu de Dombasle ne fumait pas assez les terres qu'il lui consacrait. Si, au lieu d'appliquer seulement par hectare 15 000 à 17 000 kilog. de fumier, il en eût fait répandre 30 000 kilog., le produit moyen aurait été très certainement de 23 hectolitres au lieu de 11 hectolitres 50, les dépenses eussent atteint 340 fr. 97 au lieu de 259 fr. 85, les recettes se seraient élevées à 510 fr. 32 au lieu de 255 fr. 16, et au lieu d'une perte il aurait réalisé un bénéfice de 162 fr. 35.

La culture du colza dans la plaine de Caen engage de 550 à 600 fr. par hectare. Son produit brut varie entre 750 et 800 fr.

CHAPITRE II

NAVETTE D'HIVER.

BRASSICA NAPUS, L.   BRASSICA ASPERIFOLIA, Lam.

Plante dicotylédone de la famille des Crucifères.

Anglais. — Winter rape.   *Espagnol.* — Nabina.
Allemand. — Rübsamen.   *Italien.* — Ravizzone.

Climat. — Végétation. — Terrain. — Semis. — Éclaircissage. — Soins d'entretien. — Insectes nuisibles. — Récolte. — Rendement. — Rapport des semences à la paille. — Poids de l'hectolitre. — Quantité de l'huile et de tourteau par 100 kil. de graines. — Usages des produits. — Valeur commerciale. — Prix de revient.

La navette, appelée quelquefois *ravette* ou *rabette*, était cultivée en France au temps où vivait Olivier de Serres. Suivant La Chesnaye Desbois, sa culture, en 1751, était répandue dans la Normandie, la Brie, la Flandre et en Hollande, localités où sa graine donnait lieu à un commerce important. De nos jours on la cultive très en grand dans les provinces de l'Est, dans le Holstein, la Silésie, en Allemagne, en Autriche, etc.

Cette plante est aussi cultivée en Italie sous les noms de *ravizone* et de *ravi da olio*.

Climat.

Cette oléagineuse est rustique ; dans les sols sains, elle supporte très bien les froids rigoureux des hivers de la ré gion septentrionale. Si au printemps les neiges tardives lui sont plus nuisibles qu'au colza, parce qu'elles brisent souvent ses tiges, elle redoute moins que cette plante oléagineuse le vent et la sécheresse.

Végétation.

La navette n'atteint jamais un développement aussi grand que le colza d'hiver. Dans les bonnes terres ses tiges ont un mètre de hauteur. Ses feuilles inférieures sont pétiolées, lyrées et hérissées ; ses feuilles supérieures sont glabres, glaucescentes, lancéolées, cordiformes et munies de deux oreillettes embrassantes. Ses fleurs sont d'un jaune foncé et ses siliques, au lieu d'être horizontales comme celles du colza, sont redressées sur les pédoncules. Ses graines sont plus petites que celles de cette oléagineuse.

Les ramifications de la navette partent ordinairement près du collet ; celles du colza se développent sur la tige principale.

Terrain.

NATURE. — La navette réussit très bien sur les terrains légers et calcaires ayant une moyenne profondeur. Craignant l'humidité, on doit éviter de la semer sur les terres à sous-sols imperméables. En général, on ne la cultive que sur les sols calcaires-argileux, calcaires-siliceux ou silico-calcaires perméables. Elle vit assez bien dans les sols pierreux.

PRÉPARATION. — Les terrains consacrés à la navette d'hiver ne demandent pas une préparation aussi parfaite que celle que l'on donne aux terres qui doivent être semées ou plantées en colza. Ordinairement on déchaume le sol aussitôt que la moisson est terminée, et on complète cette opération par un labour et plusieurs hersages exécutés à l'époque où les semailles doivent être faites.

Fertilité. — La navette d'hiver est moins exigeante et moins épuisante que le colza d'hiver. Cependant, il est utile de ne la cultiver que sur des terres de bonne qualité. Quand elle végète sur des sols pauvres, ses produits sont faibles, et leur valeur ne dépasse pas toujours les dépenses. Le plus ordinairement, on ne l'adopte comme plante oléagineuse que lorsque la terre appartient à la période céréale, c'est-à-dire produit de bonnes récoltes de froment ou d'abondantes récoltes de seigle. A fertilité égale dans les terres secondaires, ses produits dépassent ceux du colza. C'est pour cette raison qu'elle est toujours cultivée sur des terres d'une richesse très moyenne.

Quand la terre n'est pas assez fertile, on applique par hectare la moitié ou au plus les deux tiers de la fumure qu'exige le colza.

Semis.

Époque. — Cette crucifère se sème dans le mois de septembre et quelquefois à la fin d'août. Autrefois, on ne pratiquait les semis qu'en octobre, mais l'expérience a prouvé qu'il fallait confier les graines à la terre beaucoup plus tôt. Les plantes qui proviennent de semis exécutés en septembre, ont plus de force pour résister pendant l'hiver à des gelées très intenses ou à un excès d'humidité.

On ne doit pas semer la navette aussitôt que le colza. Semée en juillet, elle serait trop forte, trop élevée à la fin de l'automne. Les pieds courts, trapus, forts, bien garnis de feuilles, sont ceux qu'il faut regarder comme les plus rustiques et les meilleurs.

Procédé. — On a proposé : 1° de semer la navette d'hiver en pépinière et d'exécuter sa transplantation à l'époque où l'on opère la mise en place des plants de colza ; 2° de pratiquer les semis en lignes. Le premier mode de culture, en usage en Angleterrre, il y a bientôt un siècle, occasionne des dépenses qui ne sont pas en rapport avec la valeur du produit en graines de la navette; le second n'est nécessaire que lorsqu'on cultive cette plante, ce qui ne doit pas avoir lieu, sur des terres envahies par des plantes nuisibles à racines traçantes ou susceptibles de produire un grand nombre de mauvaises herbes.

On doit répandre la graine à la volée et à demeure. Ce mode d'ensemencement est celui que l'on a adopté dans la Picardie, la Champagne, la Normandie, etc. L'expérience a prouvé qu'il ne laisse rien à désirer quand il a été bien exécuté.

QUANTITÉ DE SEMENCES. — On répand par hectare de 6 à 8 litres de graines.

RECOUVREMENT DES GRAINES. — On recouvre les semences par un hersage. La graine de navette est trop volumineuse pour qu'on puisse l'enfouir par un roulage. On doit l'enterrer de $0^m,02$ à $0^m,03$ de profondeur.

Éclaircissage.

Lorsque les graines ont bien germé et qu'elles ont donné naissance à un très grand nombre de pieds, il faut détruire ceux qui sont superflus, à la fin de septembre ou pendant le mois d'octobre, c'est-à-dire quand la navette a développé 4 à 5 feuilles.

On n'exécute pas cet éclaircissage à la main ou au moyen de la binette. On le pratique à l'aide d'une herse. Ainsi, par un beau temps, on fait traîner une herse légère par un cheval sur les endroits où les plants sont trop épais. Les dents de cet instrument déracinent un nombre plus ou moins grand de pieds suivant la manière dont il a été réglé.

On ne doit nullement s'effrayer du travail de la herse si le hersage a été bien exécuté, car il restera sur la terre assez de plants pour que la couche arable soit complètement abritée à la fin de l'automne par la navette.

Cette manière d'éclaircir les semis de navette trop drus est très économique. J'ai dit, en parlant de la culture des navets sur un chaume de céréales, qu'on les éclaircissait de cette manière. (*Voir* PLANTES FOURRAGÈRES.)

On a proposé d'éclaircir les semis trop drus en traçant des allées avec un extirpateur auquel on a laissé seulement les socs placés sur la traverse postérieure du bâtis. Ce moyen est imparfait puisqu'il oblige à éclaircir les plants qui restent sur le sol.

Soins d'entretien.

La navette ne réclame aucune culture d'entretien si la terre a été bien préparée et si elle est propre.

Si l'on constatait en octobre, qu'un certain nombre de pieds de *moutardon* (SINAPIS ARVENSIS, L.), de *ravenelle* (RHAPHANUS RHAPHANISTRUM, L.), se sont développés en même temps que la navette, il faudrait les enlever en exécutant un à deux sarclages. Si l'on hésitait à détruire les plants superflus avec la herse, il faudrait les enlever à la main.

Animaux nuisibles.

La limace grise fait souvent beaucoup de dégâts aux champs de navette pendant les automnes pluvieux. On amoindrit ses ravages en répandant de la poudre de chaux sur les plantes qu'elle attaque.

Récolte.

ÉPOQUE. — La navette d'hiver se récolte en juin, dans les provinces du Nord et de l'Est, et à la fin de mai, dans les contrées du Midi. En Angleterre, cette plante n'arrive à maturité qu'en juillet.

Elle mûrit toujours un peu avant le colza d'hiver.

MATURITÉ. — Cette plante est arrivée à maturité quand les tiges et les siliques ont pris une teinte jaunâtre et lorsque les graines des premières siliques sont noires ou très brunes. On ne doit procéder à la récolte ni trop tôt, ni trop tard. Dans le premier cas, les graines conservent une teinte rougeâtre; dans le second, on perd beaucoup de semences par l'égrenage.

PROCÉDÉ. — On procède à la récolte de trois manières : 1° on arrache les tiges ; 2° on les coupe avec la faucille ; 3° on les sépare avec la faux.

1° *Arrachage.* — Lorsque les terres sont légères, on arrache les tiges et on les dépose en javelles par poignées sur le sol. Cette opération est expéditive. On peut la confier à des femmes ou des enfants.

2° *Faucillage.* — Lorsque la navette végète sur des sols argileux ou un peu compacts, et qu'on opère la récolte par un temps sec, on coupe les tiges avec une faucille bien tranchante. Dans de telles conditions, l'arrachage n'est pas possible, à moins de se résigner à supporter la perte qui en résulterait.

3° *Fauchage.* — On peut remplacer la faucille par la faux. Cet instrument permet d'agir promptement. Toutefois, comme il égrène plus que la faucille, on se trouve dans la nécessité, lorsqu'on s'en sert, d'opérer de préférence le matin, quand les plantes sont encore couvertes de rosée, le soir ou pendant la nuit.

La *faux* est *nue* ou *armée* d'un *crochet* ou d'un *playon*, suivant la hauteur des tiges et leur degré de maturité.

JAVELAGE. — La navette une fois arrachée ou coupée reste en javelles sur le sol jusqu'à ce que les siliques et leurs graines soient complètement mûres.

La durée du javelage varie entre trois et six jours, suivant la latitude où la navette est cultivée et selon aussi les degrés de dessiccation qu'elle avait atteints avant la récolte.

On peut renoncer au javelage et mettre les tiges, liées ou non, en petites meules ou moyettes.

Battage. — L'égrenage des siliques se fait sur une bâche établie en plein champ ou à l'intérieur d'une grange. (*Voir* Colza d'hiver, *battage.*)

En Angleterre, le battage de la navette constituait, vers 1780, une des scènes les plus remarquables que puisse présenter l'agriculture. Les jours où il se pratiquait étaient considérés comme des jours de fête publique, et une foire ne présentait pas plus d'animation. Les ouvriers étaient divisés en *ramasseurs, porteurs, étendeurs, batteurs, retourneurs, enleveurs, râteleurs, cribleurs, remplisseurs* et *porteurs.* Cette opération se répétait dans toute la vallée du Yorkshire toutes les fois que la navette était cultivée sur une étendue de 8 à 12 hectares. Cette scène champêtre et pittoresque a été très bien décrite par Marshall.

On peut aussi battre la navette sur place ou à l'intérieur des bâtiments, au moyen d'une machine à battre. Ses tiges, bien moins développées que celles du colza d'hiver, passent facilement entre le batteur et le contre-batteur, si surtout la mobilité de ce dernier a permis de l'éloigner des battes plus que de coutume.

Les graines de navette, après avoir été déposées dans un grenier avec une certaine quantité de siliques, sont remuées deux ou trois fois par semaine, afin qu'elles ne s'échauffent pas. Quand elles sont sèches, on les nettoie à l'aide d'un tarare et d'un crible. (Voir *Nettoyage du colza.*)

Les graines que l'on conserve dans les greniers demandent les mêmes soins que les semences de colza.

Rendement.

La navette d'hiver, cultivée seule sur des terres à froment, donne de bons produits. L'expérience permet de dire que ce rendement est sensiblement égal à celui que fournit le colza. Voici les produits moyens que l'on a obtenus par hectare :

Gaujac	(Seine-et-Marne)........	31	hectolitres.
Bella	(Seine-et-Oise)	20	—
Risler	(Bas-Rhin)	20	—
De Dombasle	(Meurthe)	16	—
Thaër	(Basse-Saxe)	29	—
Marshall	(Angleterre)..........	28	—
Burger	(Autriche)...........	27	—
Podwills	(Carinthie)...........	25	—
	Moyenne..................	24 hect. 50	

Dans le Holstein, on récolte en moyenne, suivant Rixen, 44 hectolitres. Ce produit doit être regardé comme un rendement tout à fait exceptionnel.

Dans les circonstances ordinaires les cultures les mieux conduites, ne donnent pas, en moyenne, au delà de 25 hectolitres par hectare.

La graine de navette est un peu moins pesante que celle du colza. Lorsqu'elle est de belle qualité, elle pèse de 65 à 68 kilog. l'hectolitre.

Cette graine est plus petite que celle du colza. Un litre en contient de 220,000 à 235,000.

La navette d'hiver, ayant des tiges plus grêles et moins élevées que le colza, produit moins de paille par hectare.

D'après les faits constatés à Grignon, les graines sont à la paille : : 100 : 12.

Ainsi, lorsqu'un hectare produit 20 hect. de graines, on peut compter récolter environ 1,600 kilog. de tiges sèches.

Huile et tourteau fournis par les graines.

La graine de navette fournit moins d'huile que la semence de colza. On en obtient ordinairement environ 33 kilog. par 100 kilog. de graines.

Ainsi, 1 hectolitre de semences pesant 66 kilog. doit donner 23 kilog. d'huile.

La navette fournit plus de tourteau que le colza. On a reconnu que 100 kilog. de graines fournissent 62 kilog. de tourteau, et 1 hectolitre, de 40 à 42 kilog.

Emplois des produits.

HUILE. — L'huile de navette est aussi employée pour l'éclairage, la fabrication des savons mous, le foulage des étoffes, la préparation des cuirs, etc. Elle se vend le même prix que l'huile de colza.

GRAINES. — Les graines de cette plante atteignent rarement le prix que l'on accorde aux semences de colza.

Le commerce préfère les graines récoltées dans la plaine de Caen, et après celles-ci, celles qui proviennent des environs de Rouen. Les graines récoltées dans la Lorraine et la Franche-Comté sont moins estimées.

TOURTEAU. — Le commerce n'établit pas de différence entre le tourteau de navette et celui de colza. Tous les deux se vendent le même prix.

TIGES. — Les tiges de navette, toujours plus blanchâtres que celles du colza, sont employées comme litière. Cette paille absorbe assez facilement les urines.

SILIQUES. — On peut employer les siliques dans la nourriture du bétail.

CHAPITRE III

RUTABAGA.

BRASSICA RUTABAGA.

Plante dicotylédone de la famille des Crucifères.

Anglais. — Swedish turnip.   *Allemand.* — Swedische rübe.

Le rutabaga, dont j'ai décrit la culture comme plante fourragère, a été proposé comme oléifère.

Cultivé en 1817 par Vilmorin, sur des terres légères, il a fourni 2,000 kilog. de graines par hectare, soit environ 30 hectolitres.

Ce résultat est remarquable ; mais il ne me permet pas de proposer cette crucifère comme plante oléagineuse. J'ai dit, qu'elle redoutait pendant l'hiver les sols humides et que sa racine était sujette à pourrir du collet durant cette saison quand elle végétait sur de tels terrains. J'ajouterai que les vents violents détachent et renversent souvent les tiges alors qu'elles sont chargées de siliques. Enfin, si le rutabaga était cultivé pour ses graines, il faudrait renoncer aux racines si précieuses qu'il fournit quand on le cultive sur des terres de qualité très ordinaire.

Quoi qu'il en soit, le rutabaga peut donner par hectare, suivant Gaujac, les produits moyens suivants :

Graines 1,950 kil.; huile 650 kil.; tourteau 1,216 kil.

Ainsi 100 kilogr. de graines fournissent 33 kilog. d'huile et 62 kilogr. de tourteau.

Cette crucifère est bien bisannuelle.

CHAPITRE IV

JULIENNE.

HESPERIS MATRONALIS, L.

Plante dicotylédone de la famille des Crucifères.

Anglais. — Rocket.   *Italien.* — Giuliana.
Allemand. — Fauennacht viole.   *Espagnol.* — Violo matronal.

Cette oléagineuse est bisannuelle. On la cultive dans les jardins comme plante d'ornement. Ses fleurs ont beaucoup de rapport avec celles de la giroflée blanche et simple.

On la sème au mois de septembre ou d'octobre. Les semis doivent être faits en lignes. La graine se répand à raison de 3 à 5 kil. à l'hectare.

La julienne (fig. 15) a été expérimentée par un grand nombre d'agriculteurs, et presque toujours on a reconnu qu'elle donnait de très beaux produits.

Ces résultats, obtenus à l'aide de cultures faites malheureusement sur de petites surfaces et dans des terres très riches, n'ont pas été confirmés lorsqu'on a cultivé la julienne en grand.

Vilmorin a reconnu que son produit en graines laissait à désirer, et Gaujac a constaté que ses semences donnaient seulement 350 kilogr. d'huile par hectare, soit 18 pour 100. Ce rendement est évidemment trop faible pour qu'on puisse la recommander comme une bonne plante oléagineuse.

L'huile que fournit la julienne est très acre et amère. Lorsqu'on la brûle, elle produit une fumée abondante qui noircit le linge des personnes qui travaillent à la lumière de cette huile.

C'est le chanoine Delys qui a extrait le premier, en 1787,

Fig. 15. — Julienne.

de l'huile des graines de la julienne. Voici les résultats qu'il obtint et qui l'engagèrent à en recommander la culture :

Graines, 8 kil. 800 ; huile, 7 lit. 78 ; soit 50 pour 100.

Sonini de Mononcourt expérimenta aussi cette plante et il constata, comme l'abbé Delys, que ses graines donnaient plus d'huile que celles de la navette. Ces faits n'ont pas été confirmés.

Je mentionne ici cette crucifère, qu'on ne cesse chaque année, depuis cinquante ans, de préconiser, afin qu'on sache bien qu'elle n'a aucun mérite comme plante industrielle oléifère.

DEUXIÈME DIVISION

PLANTES ANNUELLES.

CHAPITRE PREMIER

PAVOT OU ŒILLETTE.

(Du celtique *papa*, bouillie; allusion à l'aliment qu'on préparait autrefois avec les graines.)

PAPAVER SOMNIFERUM, L.

Plante dicotylédone de la famille des Papavéracées.

Anglais. — Poppy.
Allemand. — Mohn.
Hollandais. — Meutzaad.
Suédois. — Valmo.

Portugais. — Dormidiera.
Espagnol. — Dormidera.
Italien. — Papavero oleifero.
Polonais. — Mak.

Historique. — Climat. — Végétation. — Variétés. — Composition. — Terrain. — Quantité d'engrais nécessaire. — Semailles. — Germination. — Soins d'entretien. — Insectes, animaux et agents atmosphériques nuisibles. — Récolte de l'œillette ordinaire. — Récolte du pavot aveugle. — Nettoiement et conservation des graines. — Rendement. — Huile contenue dans les graines. — Emploi des produits. — Valeur commerciale des produits.

Historique.

La culture du pavot n'est pas très ancienne; elle prit naissance en France dans les premières années du dix-huitième siècle; mais pendant longtemps l'huile que ses graines fournissaient fut seulement employée dans l'industrie et les arts, car on la regardait comme nuisible pour la vie humaine.

En 1717, le lieutenant-général de police consulta la Fa-

culté de médecine afin de savoir si elle contenait un narcotique, ainsi que le disaient ceux qui demandaient qu'elle
ne fût pas vendue pure ; mais quoique la Faculté eût dé-
claré que cette huile ne renfermait rien qui pût altérer la
santé, et que l'usage devait en être permis (1), une sentence
du Châtelet, en date du 17 janvier 1718, fit défense à tous
les marchands d'huile de pavot de mêler celle-ci à l'huile
d'olive, sous peine d'une amende de 3,000 livres. Cet arrêt
n'empêcha pas les huiliers de continuer leur mélange.

De nouvelles plaintes ayant été adressées au chef de la
police, celui-ci obtint du Châtelet, le 11 mars 1735 et le
6 juillet 1742, de nouveaux arrêts, qui ordonnaient aux marchands de comestibles de jeter dans chaque baril d'huile
d'œillette 500 grammes d'essence de térébenthine. Ces arrêts furent confirmés, le 22 décembre 1754, par des lettres-
patentes que le parlement enregistra le 29 janvier 1755.
Ces lettres, qui étaient contraires à l'avis que la Faculté de
médecine avait donné le 28 juin 1717, puisqu'elles portaient que l'*huile de pavot* dite huile d'œillette avait été re-
connue de tout temps d'un usage pernicieux, frappèrent
vivement l'abbé Rozier.

Convaincu que ces arrêts avaient été rendus sur la demande de personnes intéressées, il entreprit une suite d'expériences dans le but de bien constater que l'huile de pavot ne contenait rien de narcotique, rien de dangereux, et
lorsque, en 1773, il eut acquis la certitude qu'elle était
très salubre, il s'adressa au lieutenant de police, et lui demanda que la Faculté fût de nouveau consultée. Cette compagnie rendit, le 12 février 1774, un décret qui confirma
l'avis qu'elle avait donné cinquante-sept ans auparavant,
et la décision rendue le 16 septembre de l'année précédente

(1) Cum sensuissent doctores nihil narcotici an sanitati inimici in
se continere ver ipsius usum tolerandum esse existimaverunt. (*Registres
de la Faculté*, t. XVIII, p. 150.)

par le collège des médecins de Lille. Cette sentence donna à Rozier l'occasion de demander de nouveau le retrait des arrêtés qui défendaient l'usage de l'huile de pavot. A force de démarches et de sollicitations, il obtint des lettres-patentes permettant la fabrication et la vente de cette huile sans la mélanger avec d'autres substances. Les félicitations que Rozier reçut des agriculteurs, le dédommagèrent des persécutions dont il fut l'objet de la part de ceux auxquels les lois fiscales et de prohibition qu'il avait renversées, permettaient de réaliser d'immenses bénéfices au détriment de l'agriculture.

C'est sous l'empire de ces arrêts que la culture du pavot s'introduisit dans l'Artois, l'Alsace et la Lorraine ; avant cette époque, elle n'était pratiquée qu'en Flandre. En 1820, année durant laquelle périrent un si grand nombre d'oliviers dans le midi de la France, la Société nationale d'Agriculture de France lui imprima une impulsion remarquable, en proposant des prix de 2,000 et 1,000 francs aux cultivateurs qui la pratiqueraient dans les localités où elle était encore inconnue. Cette Société pensait avec juste raison que la culture des plantes oléifères, usitée dans le nord de la France, est bien insuffisante pour nous dispenser, quand la récolte des olives n'est pas abondante, de tirer des huiles de l'étranger, et que l'huile de pavot remplace, mieux qu'aucune autre, celle de l'olivier.

Voici quelles ont été les importations de l'huile d'olive :

	Importation.	Valeur.
1840.......	36,500,000 kil.	29,500,000 fr.
1855.......	29,599,000	36,300,000
1891.......	25,672,000	25,672,000

Les exportations pendant ces trois années ne se sont pas élevées au delà de 8,152,000 kilog.

La France a importé, en 1855, 1,586,000 kilog. de pavot œillette, ayant une valeur de 461,000 fr.

4.

Les froids intenses et tout à fait extraordinaires qui ont
eu lieu en janvier 1855, dans les contrées du Midi, ont gelé

Fig. 16. — Pavot-œillette.

un grand nombre d'oliviers. On sait que la plupart périrent
en 1789, année durant laquelle le thermomètre descendit
pendant dix-neuf jours à 15°,63 au-dessous de 0.

Ces désastres déplorables et l'importance des importations d'huile d'olive nous engagent à vivement insister pour que le pavot, cet olivier du Nord, comme l'appelait Royer, soit désormais plus cultivé qu'il ne l'a été jusqu'à ce jour; quand sa culture réussit, il donne un bénéfice net qu'il est difficile d'obtenir par l'intermédiaire du colza. Cette plante a en outre l'avantage de pouvoir remplacer cette dernière oléifère quand elle a été détruite par les gelées ou les alouettes.

Le pavot œillette est cultivé dans les départements du Nord, du Pas-de-Calais, de l'Aisne, de la Somme, de la Meuse et de la Seine-Inférieure; elle occupe aussi des surfaces importantes en Alsace, en Allemagne et dans les Pays-Bas.

Climat.

Le pavot peut être cultivé sous tous les climats. On le multiplie en Carinthie, à plus de 1,000 mètres au-dessus de la mer. Toutefois, s'il résiste bien aux gelées à glace, il redoute un excès d'humidité et surtout les dégels. C'est pourquoi on le sème de préférence au printemps dans les contrées du nord de la France. Mais comme il craint, lorsqu'il est jeune, le printemps et principalement les étés secs, on se trouve dans la nécessité, dans les provinces du midi de l'Europe, de pratiquer les semailles en automne. Ainsi cultivé, il supporte très bien, dans le Midi et en Algérie, les fortes chaleurs de mai et de juin.

On cultive le pavot œillette comme plante oléagineuse en Égypte et dans l'Inde. Sa culture existe dans les districts de Behar, Patna et Malavah jusqu'à 3,000 mètres au-dessus du niveau de la mer.

En 1891, la France a importé 18,016,000 kilog. de graines d'œillette. La même année, elle a exporté 1,205,000 kilog. d'huile fournie par ces graines.

Fig. 17. — Fleur de pavot-œillette.

Végétation.

Le pavot appartient à la famille des papavéracées ; sa racine est pivotante ; sa tige est droite, lisse, cylindrique, rameuse ou ramifiée à 2 ou 3 décimètres du sol, et haute de 1 mètre à 1^m,50 ; ses feuilles sont larges, embrassantes, alternes, incisées, dentées, glabres et glauques ; les fleurs (fig. 17) chiffonnées dans le bouton, sont grandes et à

Fig. 18. — Capsule de pavot-œillette.

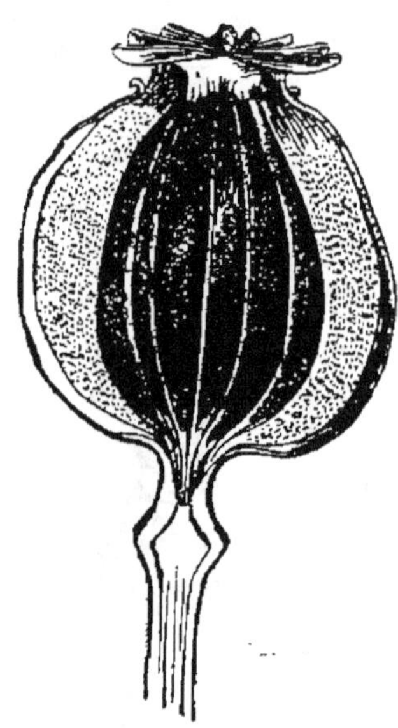

Fig. 19. — Coupe d'une capsule.

quatre pétales planes ; les fruits, appelés *têtes de pavot* ou capsules (fig. 18), sont presque globuleux et couronnés d'un stigmate sessile et étoilé par douze à treize rayons ; à leur intérieur (fig. 19), on remarque des cloisons papyracées qui se fendent à la maturité, et qui forment alors autant de lames ou fausses cloisons que le stigmate offre de rayons ou de divisions.

Lorsque les plantes sont vertes, elles ont une forte odeur vireuse peu agréable, et les tiges et les capsules sont gonflées d'un suc propre ordinairement laiteux.

Sous le climat de Paris, les boutons apparaissent en juin et les fleurs s'épanouissent en juillet.

Dans le Midi, c'est en mai, qu'a lieu la floraison.

En général, les jeunes plantes ont une jeunesse lente, mais lorsqu'elles ont atteint de $0^m,20$ à $0^m,30$ de hauteur, elles montent vite, surtout si l'atmosphère est à la fois chaude et humide, et elles fleurissent ordinairement vers le quatrième mois qui suit la germination. Quant à la récolte, elle a lieu six semaines ou deux mois après la floraison. Ainsi, les plantes qui proviennent de semis pratiqués à la fin de l'hiver, accomplissent toutes leurs phases d'existence dans un laps de temps qui varie entre le 5e et le 6e mois.

D'après les remarques de Gasparin, le pavot exige pour mûrir ses graines 2,300 degrés de chaleur totale depuis l'apparition des cotylédons à la surface de la terre ; la fève en exige 2,500.

Variétés.

On cultive deux variétés de pavot.

Pavot œillette ordinaire. — Cette variété est la plus cultivée ; on la nomme *oliette, pavot gris, pavot à fleurs pourprées, pavot rouge, pavot noir, pavot à capsules ouvertes* (PAPAVER SOMNIFERUM, L.). Elle a des fleurs lilas, blanc rosé avec une tache violet noirâtre à la base des pétales. C'est par erreur que Tessier indique que la fleur est rouge.

Les capsules (fig. 18) possèdent à la maturité des opercules ou simples spores sous le disque stigmatifère, et elles prennent une teinte légèrement violacée ou bleuâtre ; c'est pourquoi on désigne quelquefois cette variété sous le nom de *pavot bleu.* Thaër dit que le stigmate se détache de lui-même lorsque les semences sont mûres ; ce fait n'a lieu que très accidentellement. Le plus ordinairement il reste attaché à la capsule sur laquelle il forme une sorte de toit, dans le but de préserver les graines de l'action des pluies.

Les semences sont très petites et nombreuses, et de couleur gris perle foncé. On a souvent dit que ces graines étaient noires ; cette coloration n'est pas celle que présentent les graines qui ont été bien récoltées.

A cause des opercules que possèdent les têtes de cette variété, il faut, autant que possible, qu'elle soit cultivée dans des champs abrités contre les vents très violents.

Pavot aveugle. — Cette variété, à laquelle on a donné les noms d'*œillette aveugle*, *pavot gris sans opercules*, *pavot à capsules fermées* (PAPAVER SOMNIFERUM INAPERTUM), n'est cultivé qu'en Alsace et en Allemagne, et la culture du pavot décrite par Thaër la concerne exclusivement.

Cette variété diffère de la précédente en ce que ses fleurs sont plus foncées, ses capsules plus grosses, et que ces dernières n'offrent pas de valvules ou opercules sous le disque stigmatifère.

(*Voir* pour la culture du *pavot blanc* et du *pavot à opium*, les PLANTES NARCOTIQUES.)

Suivant de Gasparin, les graines de pavot contiennent 3,05 d'azote, et les tiges 0,50.

Analysées par M. Boussingault, les graines ont donné :

Huile...............................	41,0
Matières organiques non azotées....	13,7
— — azotées........	17,5
Ligneux	6,1
Phosphates et sels	7,0
Eau	14,7
	100,0

Terrain.

Il est peu de plantes agricoles qui soient aussi difficiles que le pavot sur la nature et la préparation du sol sur lequel il peut être cultivé.

Nature. — Il demande une terre très propre, profonde, un peu légère, douce, calcaire-argileuse, calcaire-siliceuse et substantielle ; il réussit très bien sur les alluvions riches. Dans les sols légers, il ne trouve pas assez de fraîcheur pendant les fortes chaleurs, et presque toujours il y manque de fixité. Mais ces terres ne sont pas les seules sur lesquelles sa réussite soit très incertaine ; les sols à sous-sols imperméables, les terrains humides et les sols très argileux lui sont aussi peu favorables. A Hohenheim, on a cessé de le cultiver à cause de la nature forte des terres labourables.

Préparation. — Quelle que soit la nature des terrains sur lesquels le pavot doit être cultivé, il est indispensable que la couche arable soit parfaitement préparée. On donne ordinairement aux terres un labour d'hiver, et cette opération est suivie après les gelées à glace par un second et même un troisième labour, si la nature du sol l'exige.

En général, les terres qui ont supporté précédemment une récolte de betteraves, de carottes, de chanvre ou de tabac, peuvent être très bien préparées par deux labours, si le premier a été exécuté en automne, aussitôt après les ensemencements des céréales d'hiver.

Comme la terre doit être très meuble ou aussi pulvérulente que possible à l'époque des semailles, à cause de la finesse de la graine, on n'exécute le dernier labour que vers la fin de février, en ayant soin de le pratiquer par un temps sec. Cette opération est suivie par un ou deux hersages exécutés aussi par un beau temps. C'est en préparant ainsi la terre que l'on parvient à ameublir le plus possible sa surface.

Dans le nord de la France, on regarde comme essentiel pour la réussite de l'œillette, d'ameublir complètement la superficie des terres, tout en laissant le fond ferme, probablement dans le but de permettre aux plantes d'avoir, par l'intermédiaire de leurs racines, une plus grande fixité, et de mieux résister par conséquent à l'action des vents violents.

FERTILITÉ. — Le pavot a été regardé par plusieurs agriculteurs comme une plante peu épuisante. Les faits que la pratique a permis de recueillir ne confirment pas cette observation ; ils obligent au contraire de dire qu'il faut le considérer comme très exigeant par rapport à la fertilité du sol. C'est pourquoi on ne doit le cultiver que sur des terres douces et fertilisées par de bonnes fumures. Dans les sols pauvres, la valeur de son produit excède bien rarement les dépenses que nécessite sa culture.

Quantité d'engrais nécessaire.

Selon Crud, 100 kil. de graines enlèveraient au sol 909 kil. de fumier, et 1 hectolitre du poids de 66 kilog. 600 kil. MM. Girardin et Dubreuil adoptent ces derniers chiffres, et croient qu'une fumure de 13,200 kil. doit produire une récolte de 22 hectolitres par hectare. De Gasparin considère le pavot comme très épuisant. D'après ses observations, c'est 3,990 kilog., qu'il faudrait appliquer pour obtenir 100 kilog. de graines. Si l'hectare pouvait produire 30 hectolitres, la fumure à répandre sur cette superficie s'élèverait donc à 68,840 kilogr. ; sur cette quantité, le pavot enlèverait seulement 18,580 kilogr., et il resterait dans le sol 50,260 kilog. de fumier.

Dans la pratique, la fumure que l'on applique pour cette

oléagineuse est bien moins considérable. En Flandre, on répand par hectare, quand on n'emploie pas de fumier et d'engrais flamand, 1,500 kilogr. de tourteau de colza. Comme cette fumure permet d'obtenir 1,000 kilogr. de graines, il en résulte que 100 kilogr. peuvent être produits par 125 kilogr. de tourteau dosant, d'après M. Soubeiran, 5,55 d'azote et équivalent à 1,387 kilogr. de fumier.

A Grignon, le pavot vient après une fumure de 30 hectol. ou 2,100 kilogr. de poudrette, et produit en moyenne, par hectare, 16 hectol. 50 ou 1,000 kilogr. de graines. Comme la poudrette contient en moyenne 1,77 pour 100 d'azote, cette fumure doit être regardée comme équivalente à 9,300 kilogr. de fumier dosant 0,40 d'azote. Cette quantité explique pourquoi les récoltes de pavot, à Grignon, ne sont pas plus élevées.

On a dit qu'avec 1,000 à 1,200 kil. de tourteau, on pouvait compter sur une récolte de 18 hectol. par hectare : une telle fumure serait certainement insuffisante si la terre n'était pas fertile. Je reste convaincu qu'il faut appliquer 1,100 kilogr. de fumier par chaque 100 kilogr. de graines que la nature du sol permet d'espérer. Ainsi, pour obtenir une récolte de 20 hectolitres ou 1,300 kilogr., la fumure devrait être de 14,000 kilogr. de fumier. Dans le cas où cette culture serait suivie, comme cela a souvent lieu, par un froment d'hiver pouvant produire 24 hectolitres ou 1,920 kilogr. par hectare, la quantité de fumier à répandre serait de 27,000 à 30,000 kilogr.

Toutes choses égales d'ailleurs, l'engrais à appliquer doit être riche en azote, et on doit éviter d'employer ceux qui se décomposent très lentement, parce que la végétation du pavot s'accomplit entièrement dans l'espace de six mois environ. Le superphosphate de chaux est un excellent complément des fumiers à demi décomposés.

Semailles.

ÉPOQUE. — Les semis de pavot se font vers la fin de février, en mars, et en dernier lieu dans la première quinzaine d'avril, dans la région septentrionale de la France.

Crud conseille de répandre la graine sur la neige ; cette méthode, proposée aussi par Thaër, réussit bien rarement. On a dit qu'on pouvait exécuter les semailles jusqu'en mai ; mais des semis faits à une époque aussi tardive sont presque toujours incertains.

En général, les semis hâtifs sont ceux qu'il faut pratiquer de préférence, parce que les plantes sont toujours plus développées quand arrivent les grandes chaleurs, et qu'elles donnent, en outre, plus de graines ; mais on se tromperait si on pensait, avec Mathieu de Dombasle, qu'il faut de toute nécessité semer le pavot avant le 1er mars.

Dans le Midi et en Algérie, les semis se font en octobre ou dans les premiers jours de novembre. Si on les pratiquait à la fin de l'hiver, les plantes n'auraient pas assez de force pour résister aux hâles ou aux sécheresses de mars ou d'avril.

EXÉCUTION. — Il y a quelques années on semait encore les pavots à la volée ; aujourd'hui, sur un grand nombre d'exploitations, la graine est répandue en lignes parallèles, distantes les unes des autres de $0^m,40$ à $0^m,60$. En pratiquant ainsi les ensemencements, on rend les cultures d'entretien plus faciles à exécuter et moins dispendieuses.

Les semis en lignes se font au moyen : 1° d'un semoir à cheval ; 2° d'un semoir à brouette ; 3° d'une bouteille (fig. 20) ; 4° de la main.

Quand les graines doivent être répandues à l'aide d'un semoir à brouette ou avec la main, on doit rayonner préalablement le sol. Ce travail s'exécute à l'aide d'un rayonneur traîné par un cheval ou au moyen d'un cordeau et d'un traçoir. Toutefois, comme la graine de pavot est très fine, et qu'elle doit être légèrement recouverte, il est utile de ne tracer que des sillons petits et superficiels.

Souvent, pour rendre les semailles à la main plus faciles et plus régulières, on mêle les semences à deux ou trois fois leur volume de sable, de terre sèche tamisée ou de cendres de foyer. Ces semis doivent être faits par un temps calme,

Fig. 20. — Semis à la bouteille.

afin que la graine ne tombe pas au delà des rayons qui doivent la recevoir.

On fait une bonne opération toutes les fois qu'on peut répandre un engrais pulvérulent, d'une prompte solubilité, concurremment avec les graines. Cet engrais a ce grand avantage qu'il excite la végétation des jeunes plantes et les rend plus aptes à résister aux premières chaleurs ou sécheresses du printemps et à l'envahissement du sol par les mauvaises herbes.

RECOUVREMENT DES GRAINES. — Lorsque les graines sont semées à l'aide d'un semoir à cheval, il n'est pas nécessaire ensuite de les recouvrir, puisque les tubes les conduisent jusque dans la couche arable. Il n'en est pas de même pour les semis faits avec le semoir à brouette de Dombasle, à l'aide de la main ou d'une bouteille ; il faut pratiquer après le semis un hersage léger, un râtelage ou un roulage. On peut aussi faire passer sur toute la surface ensemencée un fagot d'épines ou une herse milanaise (fig. 21).

Quand on prévoit, après la semaille, une pluie prochaine, ce qui est très rare, parce que les semis doivent être faits

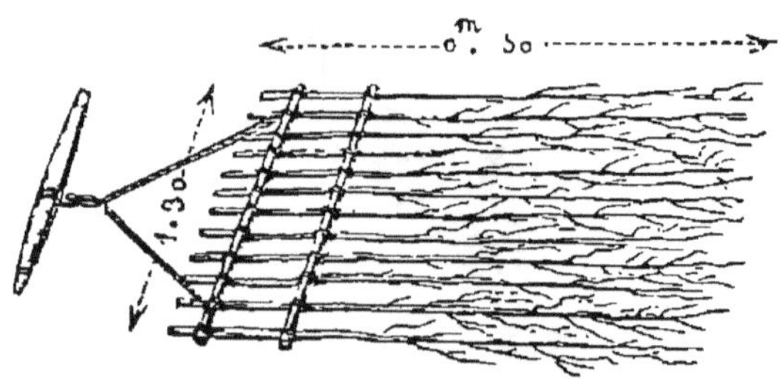

Fig. 21. — Herse milanaise.

par un très beau temps et lorsque la terre est très meuble et sèche, on peut se dispenser de couvrir les graines.

QUANTITÉ DE GRAINES. — Lorsque les semis ont lieu à la volée, on répand par hectare 4 à 5 litres ou 2 à 3 kilog. de semences.

Les semailles en lignes exigent moins de graines. On doit en répandre de 2 à 2 kilog. 500 ou environ 3 litres.

Schwertz recommande d'employer aussi peu de graines que possible, 168 à 338 grammes par hectare ; cette faible quantité non seulement est insuffisante, mais il serait presque impossible de la répandre avec régularité.

M. Vilmorin fils a constaté que 1 litre de pavot œillette du poids de 620 grammes contient un million de graines.

Les cotylédons du pavot apparaissent à la surface du sol quand la température est en moyenne à 10° au-dessus de zéro, au bout de quinze à vingt jours. Comme toutes les plantes agricoles dicotylédonées à cotylédons très étroits, la première végétation du pavot est très lente. Ce n'est qu'un mois environ après l'apparition des feuilles séminales que les plantes commencent véritablement à se développer.

Les cotylédons ont 8 millimètres de longueur et un millimètre de largeur; ils sont pointus à leurs extrémités; leur couleur est vert sombre; ils rappellent ceux de la carotte.

Soins d'entretien.

PREMIER BINAGE. — Quand les plantes ont de trois à cinq feuilles, ou $0^m,05$ à $0^m,08$ de hauteur, on leur donne un premier binage. Cette opération est très difficile à exécuter; mais elle est indispensable, car le pavot redoute les mauvaises herbes. Elle doit être sans cesse surveillée et confiée à des ouvriers habiles et intelligents; et il importe beaucoup que ceux-ci ménagent les jeunes plants. C'est que le pavot a une racine très délicate, qu'il languit et meurt lorsque cet organe a été attaqué par le fer des outils que l'on emploie pour pratiquer les binages, et que, supportant très difficilement la plantation, on ne peut pas remplacer les pieds qui ont été détruits, ou combler les lacunes que peuvent offrir çà et là les lignes.

Ce premier binage est le travail qui a le plus d'importance; c'est de son exécution que dépend presque toujours la réussite de la culture.

Lorsque les lignes sont espacées de $0^m,40$ et les plantes

de 0^m,18 à 0^m,25, on paie ordinairement le premier binage 30 à 35 fr. par hectare.

DEUXIÈME BINAGE. — On opère le deuxième binage quand les tiges commencent à s'élever.

Cette opération est payée de 15 à 18 fr.

ÉCLAIRCISSAGE. — Lorsque les plants ont de 0^m,10 à 0^m,12 d'élévation, on procède à l'enlèvement des pieds superflus. Cet éclaircissage est nécessaire si on veut obtenir des pieds bien branchus et des capsules plus grosses et mieux remplies. Quand les plantes sont nombreuses, qu'elles se touchent toutes, les pieds se développent très difficilement, et ils donnent ordinairement de très petites têtes. C'est souvent lorsqu'on pratique le deuxième binage que l'on exécute cette opération, qui se fait à l'aide d'une binette. Pratiquée à la main, elle serait très longue et très coûteuse.

L'éloignement des pieds varie entre 0^m,16 et 0^m,25. En Alsace, on les espace les uns des autres de 0^m,30 environ.

En général, l'espacement entre les pieds est d'autant plus grand que la couche arable est plus fertile ; mais il y a bien peu de cultivateurs qui éclaircissent les pavots de manière que les pieds soient éloignés les uns des autres de 0^m,40 à 0^m,50, ainsi que plusieurs auteurs l'ont recommandé.

Les plantes trop espacées sont plus sujettes à être renversées par les vents.

TROISIÈME BINAGE. — Quant au troisième binage, qu'il faut regarder comme une opération accidentelle, parce que les deux premiers suffisent ordinairement pour détruire les herbes qui pourraient nuire aux pavots, on doit l'exécuter avant que les plantes aient plus de 0^m,40 à 0^m,50 de hauteur, afin que les ouvriers ne brisent pas les ramifications.

BUTTAGE. — Souvent, lors du dernier binage, soit le deuxième ou le troisième, on butte légèrement les pavots dans le but d'augmenter leur fixité et pour qu'ils résistent mieux aux vents violents, et on arrache les pieds maladifs, ceux qui ont une couleur jaunâtre.

Insectes et agents atmosphériques nuisibles.

Les pavots sont quelquefois attaqués, pendant leur développement, par le *cloporte* (*Oniscus asellus*, L). Les racines ont un ennemi dans le *ver blanc*, ou *larve* du *hanneton*, qui les ronge et occasionne alors la mortalité des pieds qu'il a attaqués. Dans certaines années, cette larve fait assez de mal aux cultures.

Les *perce-oreille* sont à redouter ; ils s'introduisent dans les capsules par les opercules et mangent les graines ; aussi est-il utile de procéder le plus tôt possible au battage des têtes.

Suivant M. le Docte, le grand ennemi du pavot serait le mulot ; cet animal rongerait les tiges à leur base et les ferait ainsi tomber pour s'attaquer ensuite aux capsules. Ce fait, déjà signalé par Schwertz et Thaër, n'a pas encore été observé par les cultivateurs des départements du Nord, comme ayant de fâcheuses conséquences. Jusqu'à ce jour, en effet, on n'a pas dit que les mulots causassent des dégâts dans les cultures de pavots de la Flandre et de l'Artois.

Les pigeons et les tourterelles ne s'attaquent jamais aux pavots, quoiqu'on ait avancé le contraire.

Les vents violents, lorsqu'ils se font sentir à l'époque de la maturité des graines, sont toujours très pernicieux : ils renversent les tiges ou les agitent fortement, et font sortir alors beaucoup de graines des capsules quand on cultive la variété ayant des têtes munies d'opercules. En 1830, des vents impétueux venus quelques jours avant la récolte occasionnèrent à M. Rousseau, cultivateur à Angerville (Seine-et-Oise), des pertes telles, qu'il récolta à peine 8 hectolitres de graines à l'hectare. On évite souvent de semblables pertes en arrachant les tiges avant leur maturité complète.

Récolte.

ÉPOQUE. — La récolte du pavot a lieu en août dans les contrées du Nord et de l'Est, et en juin dans celles du Midi.

EXÉCUTION. — Toutes les têtes ne mûrissent pas en même temps ; néanmoins on arrache, quand les capsules qui proviennent des premières fleurs, et qui sont les plus supérieures, sont en partie sèches ; alors, les feuilles sont flétries, les tiges sont desséchées et jaunâtres, et les graines sont libres et résonnent dans les têtes lorsqu'on agite celles-ci.

Cordier recommande de laisser les plantes sur pied jusqu'à ce que les graines soient grises ; ce conseil ne doit pas être suivi. Si l'on attendait pour opérer les récoltes que les opercules de toutes les capsules fussent ouvertes, on pourrait perdre beaucoup de graines par l'égrenage. On ne peut agir ainsi que lorsqu'on cultive l'œillette aveugle.

Lorsqu'on opère trop tôt, les graines restent presque toujours un peu rougeâtres.

1° **Œillette ordinaire**. — 1. *Arrachage des tiges*. — Quand on cultive le *pavot à capsules ouvertes*, on examine d'abord les parties du champ sur lesquelles la maturité est plus avancée, et c'est sur ces endroits que l'on doit de préférence commencer l'arrachage. Les ouvriers qui exécutent ce travail portent suspendue à leur côté gauche, au moyen d'une petite corde ou d'une lanière de cuir, de la paille de seigle humectée, afin qu'elle forme des liens moins cassants. Cette paille doit avoir de $0^m,60$ à $0^m,70$ de longueur.

Alors les ouvriers saisissent par la main droite toutes les tiges provenant d'un même pied aux deux tiers de sa hauteur, et arrachent ce dernier aussi verticalement que possible. Lorsque la terre est légère ou qu'elle a été détrempée par des pluies, cet arrachage se fait très facilement ; il n'en est pas de même quand le sol est un peu argileux ou qu'il a été durci par le soleil; alors on se trouve dans la nécessité, après avoir saisi toutes les tiges, de donner un coup de pied à la partie inférieure de la plante que l'on veut arracher. Comme le pavot est presque sec, ce coup casse la tige principale au collet, et évite que la main de l'ouvrier ne facilite la chute d'une certaine quantité de graines. On comprend combien il est utile que l'opérateur évite, pendant cette rapide cassure, d'incliner ou de secouer violemment les capsules. C'est en roidissant son bras qu'il parvient à maintenir les tiges très droites ou verticales.

Au fur et à mesure que l'ouvrier opère, il maintient, à l'aide de son bras gauche, tous les pieds contre lui-même. Lorsque les plantes arrachées forment une forte poignée, il prend celle-ci à l'aide de ses deux mains, l'appuie sur le sol, saisit trois à quatre brins de paille, lie toutes les tiges au-dessous des capsules les plus inférieures, et remet ensuite la botte à l'aide qui l'accompagne.

Cet aide est chargé de la confection des *faisceaux* ou des *chaînes*. Il seconde ordinairement deux ou trois ouvriers arracheurs.

2. *Dessiccation des tiges.* — Dans ces derniers temps, on a beaucoup insisté pour que les poignées ou petites bottes fussent disposées suivant des lignes dirigées selon la longueur ou la largeur du champ, et que l'on formerait en appuyant deux poignées l'une contre l'autre, de manière qu'elles présentassent une section analogue à un A. Cette disposition est mauvaise et doit être abandonnée. Si elle a l'avantage de permettre au soleil et à l'air de mieux agir sur les tiges et les capsules, et de rendre la maturité plus rapide, elle a d'abord l'inconvénient d'être difficile à exécuter, parce qu'il n'est pas facile de maintenir inclinés deux poignées sans autre appui que celui qu'elles trouvent sur le sol, ensuite parce qu'elle résiste bien rarement à l'action du vent. Aussi se trouve-t-on souvent dans la nécessité,

quand on suit ce procédé, de relever chaque jour un nombre plus ou moins grand de poignées que le vent a renversées, et qui ont laissé échapper une partie des graines que leurs capsules renfermaient.

La méthode la plus facile et la plus prompte, celle qui offre au cultivateur le plus de sécurité, consiste à disposer les poignées en *faisceaux* ou en *monts*. Pour confectionner un faisceau, on place trois poignées sur un endroit donné du champ, de manière que leurs têtes s'appuient mutuellement, et que leurs bases soient éloignées les unes des autres de $0^m,65$ environ. On peut remplacer ces trois poignées par un pieu implanté dans le sol. Une fois les trois petites bottes disposées en forme de trépied, on adosse contre elles d'autres poignées en les disposant de manière qu'elles forment des rangées concentriques et obliques à la ligne de terre. Cette obliquité est nécessaire pour que les poignées formant la rangée la plus externe ne soient pas renversées par le vent. On leur donne plus de solidité encore en entourant les faisceaux d'un grand lien, ou en jetant avec une bêche un peu de terre au pied des poignées qui limitent leur diamètre. On peut ainsi réunir jusqu'à 60, 80 et même 100 petites bottes de pavot si le temps est beau.

Dans les années pluvieuses, les faisceaux ayant un très grand diamètre ne sont pas toujours très avantageux, car les tiges conservent plus longtemps l'humidité, ce qui empêche le battage d'avoir lieu aussitôt.

Lorsque tous les pavots ont été arrachés et mis en faisceaux on les abandonne à eux-mêmes. Je dois faire oberver qu'il n'est pas rare, quand les pavots offrent de grandes différences dans leur végétation, qu'on soit obligé de faire l'arrachage en deux ou trois fois.

On paie par hectare, pour l'arrachage et la mise en faisceaux, de 15 à 16 fr.

3. *Premier battage.* — Le battage (fig. 22) a lieu huit à

quinze jours après l'arrachage. Pour exécuter cette opé-

Fig. 22. — Battage du pavot-œillette ordinaire.

ration, qui ne doit être faite que par un beau temps et
après la disparition de la rosée, on place près d'un des

faisceaux une cuve à lessive; alors un ouvrier reçoit d'une femme ou d'un enfant une poignée, l'*incline,* la *plonge* dans le cuveau et la frappe de petits coups secs avec un bâtonnet de 0ᵐ,40 à 0ᵐ,50 de longueur et de 0ᵐ,03 environ de diamètre, en ayant soin pendant cette opération, qui dure peu, de la retourner sur elle-même plusieurs fois. Quand il ne sort plus de graines par les opercules, l'ouvrier remet la poignée à l'aide et en reçoit une autre pour la battre comme la première.

Pendant que l'ouvrier bat cette seconde poignée, l'aide doit placer celle battue sur un endroit un peu éloigné du faisceau, mais à sa portée. C'est que, vu l'impossibilité d'extraire par un seul battage toutes les graines que contiennent les têtes, on se trouve dans la nécessité de mettre de nouveau toutes les tiges en tas pour les battre une seconde fois quelque temps après. On ne peut se soustraire à cette manière d'opérer qu'en renonçant aux graines qui adhèrent encore aux fausses cloisons des capsules.

Quand, pendant le battage, les graines remplissent à moitié le cuveau, il faut les enlever et les mettre dans des sacs. Si la cuve n'était vidée que lorsque les graines la remplissent presque complètement, l'ouvrier ne pourrait plus abaisser assez bas la tête de la poignée, et une partie de la graine tomberait sur le sol.

Les ouvriers habitués à cette opération ne se servent pas toujours d'un bâton pour faciliter la sortie des graines des capsules; souvent ils saisissent deux poignées, une par chaque main, les *plongent* dans les cuves, appuient leurs parties inférieures entre leurs côtés et leurs bras, et les frappent l'une contre l'autre. Cette manière d'agir est plus expéditive, mais elle demande, de la part des ouvriers qui la pratiquent, plus d'habitude et de dextérité.

Lorsque les bottes composant le premier faisceau ont toutes été battues et remises en tas, les ouvriers transportent la cuve près du faisceau suivant à l'aide d'une civière ou d'une brouette ordinaire à claire voie, et continuent le battage.

A défaut de cuves à lessive, on peut se servir de civière à colza, dont l'intérieur a été garni d'un drap ou d'une toile.

Il est utile, dans les temps orageux, de munir les ouvriers de bâches, afin qu'ils puissent garantir d'une pluie intempestive les graines mises en sac et celles qui existent dans les cuves.

Schwertz conseille d'agir autrement. Ainsi il recommande de prendre des sacs et d'y secouer les têtes les plus développées et les plus mûres. Une fois cette opération terminée, on arracherait les tiges et on les mettrait en tas pour qu'elles y achèvent leur maturation. Ce procédé peu pratique, à cause de la rigidité des tiges, ne peut être adopté que lorsque l'œillette est cultivée sur une petite étendue. Il avait été, du reste, proposé par Yvart, qui a aussi recommandé de couper les têtes arrivées à maturité, et de les transporter à couvert dans des sacs pour les vider en les secouant et en les brisant. Ce procédé n'est pas plus pratique que le précédent.

Le battage du pavot œillette est payé à raison de 1 fr. 25 à 1 fr. 50 l'hectolitre.

4. *Deuxième battage.* — Quand les faisceaux reformés sont restés pendant six à huit jours exposés à l'action de l'air et du soleil, on procède à un nouveau battage. Cette seconde opération est beaucoup plus expéditive que la première ; ce fait résulte de ce que les capsules ne contiennent que très peu de graines et qu'il n'est plus nécessaire de remettre les poignées en tas.

Le deuxième battage fournit souvent plus de 2 hectolitres par hectare dont la valeur suffit, et bien au delà, pour payer les ouvriers.

2° Œillette aveugle. — La récolte du *pavot à capsules fermées* est beaucoup plus simple. Quand les pieds sont arrivés à maturité, on les coupe ou on les arrache sans aucune précaution, on les lie en bottes et on les met en tas. Aussitôt que toutes les têtes sont sèches, on les rentre à la ferme, après avoir retranché tout ce que l'on peut de la partie inférieure des tiges, et on les entasse dans des bâtiments secs et aérés et à l'abri des souris où on peut les conserver pendant plusieurs mois.

Pour procéder à l'extraction des graines, opération que l'on peut réserver pour les mauvais jours de l'automne et de l'hiver, et faire exécuter par des femmes ou des hommes âgés, on ouvre les capsules à l'aide de la main ou d'un couteau, et on les secoue dans une caisse ou dans un panier garni intérieurement d'une toile. Schwertz ne veut pas que ces capsules soient soumises à un battage, parce qu'il est difficile, dit-il, de séparer les parties terreuses qui se trouvent mêlées à la graine. Cette recommandation n'a aucune valeur, et M. Vilmorin a raison d'engager les cultivateurs à battre les têtes de cette variété au fléau, méthode expéditive et qui n'a aucun inconvénient si on possède les ustensiles nécessaires pour nettoyer la graine. On peut renoncer au fléau, placer un certain nombre de capsules sur un madrier ou un billot situé sur une bâche et les écraser d'un seul coup à l'aide d'un battoir semblable à celui qu'on emploie dans le lavage du linge ou au moyen d'un maillet.

Nettoiement et conservation des graines.

En arrivant à la ferme, les graines d'œillette ordinaire doivent être conduites dans un grenier où on les étend aussitôt en une couche de 0^m,15 à 0^m,25 d'épaisseur. On ne doit pas les réunir en couche plus épaisse, dans la crainte qu'elles ne s'échauffent et qu'elles ne perdent de leur qualité. Leur réunion en tas volumineux ne peut avoir lieu que quand elles sont entièrement sèches. Ces graines sont ensuite remuées une ou deux fois par semaine, selon leur degré de siccité.

Lorsqu'elles sont sèches ou qu'elles doivent être vendues, on les soumet à l'action d'un crible dont les trous sont un peu plus grands que leur diamètre. Cette opération a pour but de les séparer des débris de feuilles, de tiges et de capsules qui y sont mêlés et qui restent sur la peau ou sur la toile métallique du crible.

La graine, qui a passé à travers les trous ou les mailles du crible, n'est pas définitivement nettoyée, car elle retient ordinairement une certaine quantité de poussière. Pour la séparer de celle-ci il faut la tararer. A défaut de tarare, on peut se servir d'un van.

Quand on emploie le tarare, il faut adapter à l'auget la passoire la plus fine et tourner la manivelle plus vivement que s'il était question de nettoyer des graines de seigle, parce que celles de pavot, à cause de leur finesse, traversent les grillages très rapidement.

La graine de pavot est bien nettoyée quand elle est exempte de débris de la plante qui l'a produite et de poussière ou de terre.

Si la graine devait être conservée en magasin pendant plusieurs mois, il faudrait de temps à autre, tous les quinze ou vingt jours par exemple, la soumettre à un tararage ou à un pelletage, afin d'empêcher les mites de l'attaquer et de s'y multiplier.

On a proposé de laisser la graine dans les sacs dans lesquels on la met après le battage. Ce moyen ne doit pas être adopté, car la graine quand les étés sont humides, peut se détériorer en s'échauffant.

Un hectolitre de graine de pavot œillette bien nettoyée pèse 60 à 65 kilog. Son poids moyen est de 62 kilog.

Rendement.

Le produit du pavot œillette varie suivant la nature, la fertilité et surtout la propreté du sol et le mode de culture. On obtient par hectare, d'après :

Bonnet	(Provence).......	24 à 25	hectolitres.
Schwertz	(Alsace).........	20 à 25	—
Thiriot	(Lorraine)	20 à 25	—
Rendu	(Flandre)	20 à 30	—
Dailly	(Seine-et-Oise)...	18	—
Cordier	(Flandre)	18	—
	Moyenne	20 à 26	hectolitres.

Suivant M. de Gasparin, 100 kilog. de graines sont produits par 256 kilog. de tiges. Pour la même quantité de graines, M. Dailly en a obtenu 233 kilog.

Ainsi, en supputant un rendement de 20 hectolitres par hectare, on pourrait donc compter, d'après la moyenne de ces produits, qui est 245 kilog., un rendement en tiges de 3,000 kilog., ou 500 bottes de 6 kilog. par hectare.

D'après la statistique française, les rendements moyens les plus élevés ont varié comme suit, en 1891 :

Département du Nord	19	hect.	56
— de la Seine-Inférieure	19	—	04
— de l'Oise...................	17	—	00
— du Pas-de-Calais	14	—	73
— de l'Aisne	14	—	30

La production moyenne, la même année, a été pour toutes les cultures de 14 hect. 33 par hectare.

La graine de pavot est très riche en huile; elle en renferme, quand elle est sèche, suivant M. Moride de Nantes, 43 p. 100. Toutefois, en fabrique, elle n'en fournit que 28 à 35 p. 100. On obtient en huile, suivant :

	Par 100 kilog.	Par hectol.
De Gasparin	35 kilog.	20 kilog.
Moll	35 —	25 —
Schwertz	39 —	22 —
Payen	31 —	22 —
Bonnet	30 —	»
Moyenne	34 kilog.	23 kilog.

La graine de pavot contient dans l'Inde 56 p. % d'huile blanche.

Un litre d'huile de pavot œillette pèse 0 kil. 9245.

Emplois des produits.

HUILE. — Lorsque cette huile a été extraite à froid, elle est très fluide; sa saveur est douce, agréable, et rappelle un peu celle de la noisette; son odeur est à peine sensible, et sa couleur est légèrement citrine ou jaune d'or; elle supporte 10 à 12 degrés de froid sans se figer, et n'a aucune tendance à la rancidité; elle ne se congèle qu'à — 18°. Cette huile est très édule et la meilleure après celle d'olive. On la désigne dans le commerce sous le nom d'*huile blanche*, et aujourd'hui, comme en 1717, on la mélange avec l'huile d'olive dans le but de réaliser, par cette mixtion, de plus grands bénéfices.

L'huile de pavot est la seule pour ainsi dire que l'on consomme dans le nord et l'est de la France et de l'Europe.

Quand elle a été fabriquée à chaud, elle a une couleur jaune brunâtre et est très siccative; on lui donne le nom d'*huile rousse*. On l'emploie dans la peinture, l'éclairage, la fabrication du savon à pâte ferme.

Cette huile a la propriété du mousser quand on l'agite vivement dans un flacon. L'huile d'olive ne possède pas cette propriété.

Il faut 4 hectolitres de graines pour obtenir un hectolitre d'huile.

Tourteau. — En fabrication, on obtient ordinairement, par 100 kil. de graines, de 52 à 56 kil. de tourteau d'œillette ou par hectolitre 32 à 35 kilogr.

Ce résidu est grisâtre et aussi friable que celui du colza. D'après MM. Soubeiran et Girardin, il contient :

Huile	14,2
Matières organiques	62,3
Sels minéraux	12,5
Eau	11,0
	100,0

Il renferme, d'après ces observateurs, 7 p. 100 d'azote à l'état normal, et il est, sous ce rapport, le plus riche des tourteaux. M. Décugis y a trouvé 5,81 d'azote et 2,38 pour 100 d'acide phosphorique.

Tiges. — Les tiges de pavot peuvent être utilisées comme combustible dans les foyers ou pour chauffer les fours ; elles brûlent facilement et donnent une flamme ardente, mais un peu passagère.

On peut aussi les employer pour couvrir les meules de grains ou comme matières excipientes dans les vacheries ou les bouveries, ou bien les répandre dans les cours de fermes pour qu'elles y soient brisées et imprégnées d'humidité, et qu'on puisse ensuite les mêler aux fumiers.

On peut aussi les utiliser dans la fabrication des papiers d'emballage.

On a proposé de les donner comme aliment aux bêtes à laine ; il n'a pas été bien démontré qu'elles fussent alimentaires et qu'on pût avec sécurité les leur administrer.

Valeur commerciale.

Graines. — La graine de pavot œillette se vend de 25 à 32 fr. l'hectolitre.

HUILE. — L'huile blanche d'œillette se vend de 120 à 140 fr. les 100 kilog.

TOURTEAU. — Le prix du tourteau varie entre 10 et 16 fr. les 100 kilog.

TIGES SÈCHES. — Les tiges sèches se vendent de 10 à 12 fr. les 100 bottes de 6 à 8 kilog.

Prix de revient.

La culture du pavot œillette engage par hectare un capital moins considérable que la culture du colza. Voici un extrait de la comptabilité de Grignon. Ce compte représente la moyenne de deux cultures qui ont été faites en 1838 et 1843, sur une étendue de 10 hectares 18 ares :

Dépenses par hectare	371 fr.	22
Produit brut	489	63
Bénéfices	118	41
Prix de revient de l'hectolitre	17	46
Prix de vente	23	04
Bénéfice par hectolitre	5	58

L'hectare avait produit, en moyenne, 19 hectolitres.

CHAPITRE II

CAMELINE.

CAMELINA SATIVA, Cr.   MYAGRUM SATIVUM, L.

Plante dicotylédone de la famille des Crucifères.

Anglais. — Gold of pleasure.
Allemand. — Leindotter.
Flamand. — Doorezaad.
Danois. — Horrurt.
Suédois. — Dodra.

Hollandais. — Kamille.
Espagnol. — Miagro.
Italien. — Alisso.
Russe. — Ryschik.
Polonais. — Krowia.

Climat. — Mode de végétation. — Terrain. — Engrais nécessaire. — Semis. — Soins d'entretien. — Récolte. — Rendements. — Valeur commerciale. — Emplois des produits.

La cameline appelée quelquefois *sésame d'Allemagne*, *sésame bâtard* est cultivée depuis un siècle dans la région du nord de l'Europe. On la rencontre principalement en France dans les départements du Pas-de-Calais, de la Somme et du Nord. Dans ces contrées, elle remplace souvent les colzas d'hiver et les lins qui ont péri. Cette plante est aussi cultivée depuis longtemps dans la Normandie, la Champagne, la Bourgogne, l'Alsace et la Franche-Comté, en Belgique et en Allemagne.

La cameline est désignée sous des noms divers. Dans les environs de Cambrai, on la nomme *cabai;* à Montdidier, *camoméne;* à Lille, *camomille;* en Alsace, *dotter.*

Cette crucifère végète sous tous les climats parce qu'on la sème très tardivement et qu'elle résiste très bien aux sécheresses.

Végétation.

La cameline (fig. 23) est originaire de l'Asie, mais on la rencontre aujourd'hui indigène dans toute l'Europe. Sa racine est blanche, fusiforme ; sa tige est cylindrique et rameuse, haute de 0^m,40 à 0^m,65 et garnie de feuilles alternes,

Fg. 23. — Pied de cameline.

semi-embrassantes, auriculées, velues et ciliées sur leurs bords. Les feuilles inférieures, celles qui partent directement du collet sont oblongues et presque spatulées ; ses fleurs sont jaune-clair ; sa graine un peu oblongue, jaunâtre et renfermée dans une silicule ovoïde (fig. 24), ressemble beaucoup à celle du *cresson alénois* que l'on cultive dans les jardins comme plante alimentaire. Cette graine offre un sillon sur sa partie médiane et sa saveur est alliacée; en vieillissant elle prend une teinte rougeâtre assez foncée.

Fig. 24. — Cameline en graines.

Tessier a calculé qu'un pied de cameline portait en moyenne 20 rameaux, chaque rameau 20 capsules et chaque fruit 10 graines, soit au total 9,600 graines.

Cette plante végète plus rapidement que la navette et le

colza de printemps, et elle résiste mieux que ces végétaux oléifères aux grandes chaleurs. Cette grande aptitude à croître dans les sols arides et secs permet de la considérer comme une plante précieuse quand elle doit remplacer les cultures industrielles qui ont péri par suite des froids de l'hiver ou d'inondations tardives ou prolongées. Dans les circonstances ordinaires, elle n'exige que trois mois pour mûrir complètement ses graines.

Terrain.

NATURE. — La cameline n'est pas une plante exigeante; elle végète très bien sur les terres à seigle, les sols légers, sablonneux et peu profonds. On peut aussi la cultiver sur les terres à froment, les terrains argilo-siliceux ou argilo-calcaires. Elle redoute les terres fortes et compactes.

Les terres d'alluvions sablonneuses lui sont très favorables.

FERTILITÉ. — Son aptitude à réussir sur les sols légers et médiocres, permet de dire qu'elle n'exige pas que les terres qu'on lui consacre soient très fertiles. Toutefois, comme ses produits sont toujours en raison directe de la fécondité de la terre, il est utile, lorsqu'on lui demande une récolte abondante, de la faire précéder par l'application d'une fumure moyenne ou d'un engrais pulvérulent pouvant manifester promptement son action.

La cameline cultivée sur des terres très riches, donne beaucoup de paille et peu de graines.

PRÉPARATION. — On sème ordinairement la cameline après un labour et un ou plusieurs hersages et sur des terres disposées à plat. Il faut que la terre soit argileuse ou qu'elle ait été envahie par de nombreuses plantes nuisibles pour qu'il soit nécessaire de lui donner une préparation plus complète.

Engrais nécessaire.

Plusieurs écrivains considèrent la cameline comme très épuisante, et ils pensent qu'elle enlève au sol, par chaque hectolitre de graines qu'elle produit, 1,000 kilog. de fumier. Cette plante n'est pas aussi épuisante. J'ai fait connaître la quantité d'engrais que réclame la navette d'hiver; la cameline n'en exige pas au delà de 700 kilog. par 100 kilog. de graines, soit 500 kilog. environ par hectolitre.

Dans quelques localités on emploie de préférence le tourteau que fournit sa graine. Cet engrais a l'avantage, par l'odeur qu'il développe et qui rappelle celle de l'ail, d'éloigner les vers blancs des jeunes plantes. On peut remplacer cette substance fertilisante par de la poudrette, du noir animal ou des cendres pyriteuses.

Semis.

Époque. — Dans le *Midi*, on sème la cameline du 1ᵉʳ au 15 mai; quelquefois on exécute les semis en avril, c'est-à-dire avant l'arrivée des fortes chaleurs.

Dans le *Nord* et l'*Est*, les semis se font de la fin de mars au commencement de juin.

En Algérie, on les exécute vers la fin d'octobre.

En général, les semailles exécutées sur les sols sujets à souffrir de la sécheresse ne donnent de bons résultats que lorsqu'elles ont été exécutées de bonne heure. Ceci explique pourquoi les semis ont toujours lieu plus tôt dans les pays méridionaux que dans les contrées du nord.

Mode de semaille. — On sème ordinairement la cameline à la volée. On peut aussi la semer en lignes distantes de 0ᵐ,16 à 0ᵐ,20, mais ce mode de culture entraîne toujours un binage dont la valeur diminue sensiblement le bénéfice que cette plante peut donner.

La graine, à cause de sa finesse, doit être préalablement mêlée avec du sable. Ainsi mélangée, le semeur la répand plus uniformément et avec plus de facilité.

On recouvre la semence soit avec un râteau, soit au moyen d'une herse légère. Lorsqu'on craint une sécheresse, on pratique ensuite un roulage.

QUANTITÉ DE GRAINES. — On répand par hectare de 3 à 5 kilog. ou 6 à 10 litres de graines. Il faut éviter de semer trop dru.

Soins d'entretien.

ÉCLAIRCISSAGE. — Lorsque les plantes ont de $0^m,08$ à $0^m,12$ d'élévation et qu'on reconnaît qu'elles sont trop nombreuses, on les éclaircit de manière qu'elles soient éloignées les unes des autres de $0^m,10$ à $0^m,16$. Cette opération peut être faite au moyen de la herse. (Voir NAVETTE D'HIVER.)

SARCLAGE. — On doit arracher les mauvaises herbes qui peuvent nuire par leur développement à la végétation de cette plante oléagineuse. Cette opération se fait avant que les plantes aient atteint $0^m,15$ de hauteur.

Aucun insecte n'attaque la cameline pendant sa végétation.

Récolte.

ÉPOQUE. — On récolte la cameline en août ou septembre, suivant l'époque à laquelle les semis ont été pratiqués.

SIGNES DE MATURITÉ. — Lorsque les plantes jaunissent et que les silicules commencent à se dessécher et contiennent des graines jaune-rougeâtre, on procède à la récolte. On ne doit pas attendre que toutes les silicules soient mûres parce que la cameline s'égrène facilement.

Exécution. — Dans quelques localités, on arrache les tiges par poignées ; dans d'autres, on les coupe à la faucille.

Dans les terres légères l'arrachage se fait plus promptement que le faucillage ; cette opération a, en outre, l'avantage de moins faciliter la chute des graines.

Dessiccation des tiges. — On peut laisser les tiges en javelles sur le sol pendant quelques jours, mais lorsque toutes n'ont pas perdu leur couleur verte, on doit les disposer en moyettes. Ce moyen prévient l'égrenage.

Battage. — On bat au fléau ou à la gaule sur une bâche ou sur une aire de grange. On peut aussi exécuter cette opération avec une machine à battre, mais alors on brise fortement les tiges et celles-ci perdent beaucoup de leur valeur.

Lorsque la graine est nettoyée on la dépose en couche mince dans un grenier ni trop sec, ni trop humide.

Rendement.

Graines. — Le rendement moyen de la cameline est de 15 à 16 hectolitres par hectare. Ce produit est satisfaisant si cette plante est cultivée sur des terres légères. Quand elle végète sur des terres douces et fertiles, elle donne souvent 20 hectolitres.

Voici les rendements les plus élevés constatés en 1891 par la statistique française :

Département du Nord	19 hect. 56
— de la Seine-Inférieure	19 — 04
— de l'Oise	17 — »
— du-Pas-de-Calais	14 — 73
— de l'Aisne	14 — 30

En général la graine est aux tiges : : 100 : 250. Ainsi 1 hectare qui produit 15 hectolitres ou 1,000 kilog. de graines, donne 2,500 kilog. environ de tiges sèches.

Un hectolitre de graines pèse de 68 à 70 kilog. Chaque litre contient environ 850,000 graines.

Huile. — La graine de cameline contient en moyenne 35 p. 100 d'huile. Par une bonne fabrication 100 kilog. de graines en donnent de 27 à 31 kilog.

Un hectolitre de semences fournit donc de 20 à 22 kilog. d'huile, et 1 hectare produisant 15 hectolitres ou 1 000 kilog. de graines, de 300 à 330 kilog. d'huile.

Tourteau. — Le tourteau de cameline est rougeâtre. 100 kilog. de graine en donnent de 60 à 65 kilog.

Ainsi, 1 hectolitre fournit de 40 à 42 kilog. de tourteau.

Emploi des produits.

Huile. — L'huile de cameline sert à brûler ; elle est inférieure à celle que fournit le colza et la navette, mais elle a moins d'odeur et produit moins de fumée. On l'emploie aussi dans la peinture et la fabrication des savons verts et noirs ; elle est très siccative. Elle supporte sans se figer de 15 à 18 degrés de froid.

Cette huile a une densité de 0,915.

Cette huile est quelquefois désignée dans le commerce sous les noms d'*huile de camomille, huile de sésame d'Allemagne.*

Paille. — Les tiges de la cameline servent à faire des balais à main et à couvrir les habitations. On les utilise aussi comme litière ou pour chauffer les fours.

La confection des balais se paie de 2 fr. 50 à 3 fr. le cent.

Tourteau. — Le tourteau de cameline est rarement donné comme aliment aux animaux domestiques. Le plus ordinairement on l'emploie comme engrais.

D'après MM. Soubeiran et Girardin, il contient :

Huile	12,2
Matières organiques	65,1
Substances minérales	8,2
	100,0

Les matières organiques renferment de 4,95 à 5,57 p. 100 d'azote et 4 p. 100 d'acide phosphorique.

Valeur commerciale.

Graines. — La graine de cameline se vend ordinairement de 20 à 21 fr. l'hectolitre.

Huile. — Le prix de l'huile est un peu inférieur à celui des huiles de colza et de navette.

Balais. — Les balais se vendent en Hollande, en Belgique et en Flandre, de 5 à 6 fr. le cent. Ils pèsent chacun 0 kil. 500 à 1 kilog. environ. On les utilise dans les habitations.

Un hectare fournit de 1,500 à 2,000 balais.

————

La variété désignée sous le nom de *cameline majeure* ou *cameline grande de Riga* est plus élevée, plus vigoureuse et plus hâtive que la cameline ordinaire mais sa graine est un peu moins pesante.

CHAPITRE III

COLZA DE PRINTEMPS.

BRASSICA CAMPESTRIS VERNA, Vil.

Plante dicotylédone de la famille des Crucifères.

Dans les provinces du nord de l'Europe, on cultive une variété du colza d'hiver à laquelle on a donné les noms de *colza de printemps, colza de mars, colza d'été.*

Fig. 25. — Colza de printemps.

Cette oléagineuse (fig. 25) végète promptement ; elle n'exige, pour mûrir ses graines, que 1 200 à 1 300° de chaleur totale.

On cultive en Russie une variété printanière à laquelle on a donné le nom de *colza koubja de Russie*. Cette race est plus ramifiée, plus productive que le colza de mars ordinaire. Ses tiges sont aussi plus nombreuses.

Le colza de mars exige des terres riches et fraîches. Il réussit très bien sur les terrains que les eaux des fleuves et des rivières couvrent pendant l'hiver ou le printemps, sur les fonds d'étangs ou sur les polders et les marais nouvellement desséchés. On doit éviter de le cultiver sur des sols légers calcaires ou siliceux, car il y redoute les sécheresses.

Le colza de mars demande, comme le colza d'hiver, des terres bien préparées et ameublies.

On doit, à cause de sa végétation rapide, fertiliser les terres avec des engrais qui se décomposent promptement.

Les semis se font à la volée en mars, avril ou mai. On répand de 8 à 10 litres de graines par hectare. On recouvre les semences à la herse. Il faut autant que possible exécuter les semis après une pluie ou lorsque le temps est couvert et la terre encore fraîche, afin que les altises ou *puces de terre* nuisent le moins possible au développement des cotylédons et des plantes.

Le colza de printemps ne se sème en lignes que lorsque la terre peut être envahie par de mauvaises herbes.

Lorsque les plantes, après la germination, sont trop nombreuses, on les éclaircit à la main ou avec une herse. On se dispense presque toujours de les biner.

La récolte des tiges se fait en juillet ou en août et quelquefois seulement en septembre, suivant l'époque à laquelle les semis ont été exécutés. Les tiges, plus faibles et moins élevées que celles du colza d'hiver, peuvent être coupées à la faucille.

Le battage s'exécute de la même manière que l'égrenage du colza d'automne.

(Voir pour tous les travaux similaires : la cultnre, la récolte et la conservation des graines, les détails concernant le Colza d'hiver.)

Le colza de printemps ne produit jamais autant que le colza d'hiver. Il rend, en moyenne, lorsqu'il est cultivé sur des terres argileuses ou des alluvions de bonne qualité, de 14 à 16 hectolitres par hectare. Il faut que le sol soit très fertile et l'année un peu humide, pour obtenir sur la même superficie des produits presque égaux à ceux que fournit le colza d'hiver.

L'hectolitre de colza de mars pèse de 63 à 65 kilog.

La graine fournit autant d'huile que celle du colza d'automne; 100 kilog. en rendent 30 à 32 kilog.

Ainsi 1 hectare qui produit en moyenne 15 hectolitres ou 1,000 kilog. de graines, fournit environ 300 kilog. d'huile,

Le colza de printemps remplace quelquefois dans les cultures la variété d'automne et le pavot œillette qui ont été détruits par les froids, les oiseaux ou les inondations.

CHAPITRE IV

NAVETTE DE PRINTEMPS.

BRASSICA SYLVESTRIS PRÆCOX, De C.

Plante dicotylédone de la famille des Crucifères.

La navette de printemps, appelée quelquefois *navette d'été, navette de mai, navette quarantaine, navette annuelle,* est moins cultivée que la navette d'hiver. Elle a l'avantage de pouvoir être semée très tard, et de remplacer, par conséquent, les oléagineuses printanières, le colza de mars et le pavot œillette, qui n'ont pas réussi. On la cultive aussi sur les terres qui ont été inondées en mai ou en juin.

Cette plante est peu cultivée dans les contrées du midi, parce que les chaleurs intenses et prolongées nuisent au développement des fleurs et à la maturité des siliques. On la rencontre principalement dans les parties septentrionales. En Allemagne, elle est souvent l'objet d'une culture spéciale et étendue. En France, elle est assez répandue dans la Bourgogne, la Lorraine, l'Alsace et les parties montueuses du Dauphiné, où la navette d'hiver réussit très difficilement.

La navette de printemps réussit très bien sur les terres en plaines, légères, calcaires ou sablonneuses, si elles conservent un peu de fraîcheur pendant les fortes chaleurs. Elle est plus exigeante que la navette d'hiver, et doit être cultivée sur des terres de bonne qualité. Lorsque la richesse du sol n'est pas très grande, on applique sur les champs qu'on lui consacre, des engrais pulvérulents : de la poudrette, des cendres ou du guano, ou des engrais végétaux verts.

Les semis se font à la volée sur des terres bien préparées par des labours et des hersages. On les exécute en mai et en juin dans les contrées du nord, et en mars et avril dans celles du sud-est.

On répand de 8 à 10 litres de graines par hectare. Il n'y a pas d'inconvénients à ce que les semis soient un peu drus. Lorsqu'on agit ainsi, la navette couvre mieux la terre et résiste plus facilement aux sécheresses et aux attaques des altises.

La navette d'été, semée en mai, arrive à maturité dans les contrées du centre et du nord, vers la fin d'août. Lorsque les semis n'ont été exécutés que vers la Saint-Jean, la récolte n'a lieu que dans le courant de septembre.

On coupe les tiges à la faucille ou à la faux, et on les laisse en javelles sur le sol pendant plusieurs jours. Lorsque les siliques sont sèches et les graines mûres, on procède au battage. Cette opération se fait sur le champ ou dans une grange. (Voir NAVETTE D'HIVER, *Récolte*.)

Cette oléagineuse, cultivée sur terres fraîches et fertiles, ne produit pas par hectare au delà de 12 à 16 hectolitres.

Un hectolitre de graines pèse de 60 à 65 kilog., et un litre contient 250,000 graines.

100 kilog. de graines rendent 27 à 29 kilog. d'huile, 1 hectolitre, de 17 à 18 kilog. d'huile, et 40 à 42 kilog. de tourteau.

Ainsi, 1 hectare qui produit 14 hectolitres ou 900 kilog. de graines, fournit en moyenne 250 kilog. d'huile.

CHAPITRE V

MADIA.

MADIA SATIVA, Mol.   MADIA VISCOSA, Cav.

Plante dicotylédone de la famille des Crucifères.

Climat. — Végétation. — Terrain. — Semis. — Soins d'entretien. — Récolte. — Rendement. — Rendement en huile et en tourteau. — Emploi des produits. — Valeur de la graine. — Prix de revient.

Le madia est originaire du Chili. Il a été importé en Europe en 1794 par le R. P. Feuillé. On le cultive en France depuis une quarantaine d'années comme plante oléifère, et c'est M. Bosch de Stuttgard (Wurtemberg), qui l'a recommandé pour la première fois en 1835 pour l'huile que fournissent ses graines. L'agriculture européenne a accepté cette plante avec enthousiasme; mais de jour en jour elle l'a abandonnée pour lui préférer ou le pavot ou la cameline. C'est bien à tort que l'on renonce, dans les localités pauvres, à la cultiver : elle a le double mérite de réussir sur les terrains de médiocre qualité et d'y donner des produits abondants. Les faits que je vais transcrire prouveront, je n'en doute pas, qu'elle a bien l'importance qu'on lui avait assignée quand elle fut proposée pour la première fois comme oléagineuse.

Climat.

Le madia est très rustique, et il résiste très bien aux froids pendant l'hiver, quand la température ne descend pas à — 12 et — 15°; en outre il a l'avantage de ne point souffrir pendant les sécheresses.

Cette plante demande un climat plutôt sec qu'humide. Lorsqu'il survient des pluies continues pendant sa végétation, ou lorsqu'on la cultive sous un climat brumeux, ses tiges s'allongent, ne présentent qu'un petit nombre de fleurs, et ses semences avortent, restent vides et deviennent brunes. Le madia appartient donc plutôt à la culture méridionale qu'à celle des contrées où l'atmosphère est chargée d'une humidité abondante et continuelle.

Végétation.

Le madia (fig. 26) a une racine pivotante. Sa tige,

Fig. 26. — Madia.

cylindrique, est ramifiée jusqu'au sommet; sa hauteur

moyenne ne dépasse pas 0ᵐ,60 ; elle est garnie de feuilles sessiles, lancéolées, aiguës, à trois nervures. Ses fleurs terminales sont jaunes et réunies en capitules axillaires recouverts d'écailles foliacées. Les graines sont légèrement anguleuses et d'une couleur grise ; elles ont, en moyenne, 0ᵐ,007 de longueur et 0ᵐ,002 de largeur.

La tige, les ramifications, les feuilles et les capitules sont couverts de poils longs ; les parties supérieures sont glandulifères, visqueuses et très aromatiques. L'odeur forte et même désagréable qu'elles exhalent, a beaucoup nui à la propagation de cette oléifère. Cet arome est si prononcé, qu'il reste longtemps adhérent aux mains et aux vêtements des ouvriers qui sarclent et arrachent cette plante.

Le madia fleurit en juillet ou août lorsqu'il a été semé au printemps. Il exige, d'après de Gasparin, 2,500° de chaleur totale pour arriver à maturité complète.

Terrain.

NATURE. — On cultive cette plante sur des sols légers et secs. Elle réussit très bien sur les terres silico-argileuses, siliceuses, granitiques et calcaires-siliceuses. Elle végète mal sur les terres argileuses.

Comme elle craint l'humidité pendant l'hiver, on ne doit la semer en automne que sur des sols perméables.

FERTILITÉ. — Le madia ne demande pas des terres très riches, 1° parce qu'il végète bien sur des sols de moyenne fertilité ou appartenant à la période céréale ; 2° parce que la quantité de graines qu'il fournit est toujours en raison inverse du développement de ses tiges.

Lorsqu'on applique des engrais, il faut employer de préférence de la poudrette, du tourteau ou du guano.

PRÉPARATION. — Les terres que l'on consacre à la cul-

ture du madia doivent être bien préparées et ameublies.
(Voir PAVOT, *Préparation du sol.*)

Semis.

ÉPOQUE. — Les semis se font à deux époques : à l'automne et au printemps.

Dans le Midi, on doit les exécuter en octobre ou novembre. Dans le Nord, il est prudent de ne les pratiquer que du 1er avril à la fin de mai, lorsqu'on ne redoute plus de gelées printanières.

EXÉCUTION. — On répand la graine en lignes distantes de 0m,30 à 0m,40. On peut aussi semer le madia à la volée, mais ce mode de culture rend plus difficiles et plus coûteux les sarclages et les binages.

Le madia ne supporte pas la transplantation.

QUANTITÉ DE SEMENCES. — Lorsque les semis se font en lignes, on emploie par hectare de 8 à 10 kilog. de graines. Les semis à la volée en exigent environ 15 kilog. Ces quantités sont fortes, mais toutes les graines ne germent pas.

GERMINATION DES GRAINES. — Lorsque les graines sont de bonne qualité et qu'elles ont été confiées à la terre par une température de 12 à 15°, elles germent au bout de huit à douze jours.

Soins d'entretien.

BINAGES. — Les progrès de la végétation du madia sont lents d'abord, puis rapides.

On donne un premier sarclage lorsque les plantes ont de 0m,08 à 0m,12 de hauteur. On renouvelle cette façon quand les tiges commencent à se ramifier.

ÉCLAIRCISSAGE. — Aussitôt que le premier binage a été

exécuté, on éclaircit les plantes à la main de manière
qu'elles soient éloignées sur les lignes, de 0^m,12 à 0^m,15.

Récolte.

ÉPOQUE. — La maturité des graines a lieu entre le troisième et le quatrième mois qui suivent la semaille quand
celle-ci a été faite au printemps. Lorsque les semis ont eu
lieu avant l'hiver, on procède ordinairement à la récolte
en juin ou juillet, suivant les latitudes.

CARACTÈRES. — Le moment d'opérer la récolte est arrivé lorsque les graines ont perdu leur teinte noire et ont
pris une couleur grise ou grisâtre.

EXÉCUTION. — On arrache ou on coupe les tiges à la
faucille. Les tiges arrivées à maturité étant cassantes, on
peut les rompre avec la main.

Quel que soit le procédé adopté, il est nécessaire d'agir
sans brusques secousses le matin à la rosée ou le soir, afin
de ne pas provoquer la chute des graines. Le madia s'égrène
assez facilement si on penche les tiges quand les graines
sont complètement mûres.

DESSICCATION DES TIGES. — Les tiges une fois arrachées,
coupées ou rompues, sont dressées sur le sol et réunies en
petits tas. On les laisse ainsi pendant quatre ou huit jours
jusqu'à la parfaite maturité des semences.

BATTAGE. — On bat les têtes sur une bâche avec le
fléau, ou l'on secoue fortement les têtes contre une barre en
bois, ou on les frappe les unes contre les autres dans un
large baquet. Le battage se fait sur le champ ou à l'intérieur d'une grange.

Après le battage on étend les graines sur l'aire d'un grenier bien aéré et on les remue de temps à autre jusqu'à
leur dessiccation. Les graines qui s'échauffent perdent de
leur qualité.

On nettoie les graines au moyen d'un van ou d'un tarare. Ce nettoyage doit être fait avec soin, afin que les écailles visqueuses des capitules ne restent pas adhérentes aux semences.

Rendements.

GRAINES. — Le produit du madia a été jusqu'à ce jour très variable. Ainsi, on a récolté de 600 à 2,500 kilog. de graine par hectare.

Voici les produits moyens que l'on a obtenus :

Vilmorin,	(Seine)	1600	kilog. ou	32	hectol.
La Touche,	(Vienne)	1600	—	32	—
Philippar,	(Seine-et-Oise) ...	1200	—	24	—
Soc. d'Émulation,	(Vosges)	1200	—	24	—
Bonnet,	(Doubs)	1200	—	24	—
Mary fils,	(Moselle)	1300	—	26	—
Boussingault,	(Bas-Rhin)	1100	—	22	—
Fritz,	(Wurtemberg) ...	1000	—	20	—
Costilhes,	(Puy-de-Dôme) ..	900	—	18	—
	Moyenne	1200	kilog. ou	24	hectol.

Ce rendement égale le produit que fournit le colza d'hiver.

TIGES. — Le madia qui a réussi et donné de 20 à 24 hect. par hectare, fournit 3,500 kilog. de tiges sèches.

Ainsi, les graines seraient aux fanes : : 100 : 300.

La graine est plus ou moins pesante selon les lieux où elle a été récoltée. Elle est toujours plus lourde dans les années sèches que dans les années humides.

Ce poids a varié de 42 à 51 kilog. La graine réputée de bonne qualité pèse de 45 à 50 kilog. l'hectolitre.

HUILE. — La bonne graine de madia rend moins d'huile que la cameline, le colza et la navette de printemps. Voici les résultats moyens que l'on a obtenus :

Par 100 kilog. de graines......	25 à 30	kilog. d'huile.
Par hectolitre	—	..... 14 à 16	—

Il faut donc environ 7 hectolitres, ou 330 à 340 kilog. de graines, pour obtenir 100 kilog. d'huile.

Un hectare qui produit 24 hectolitres ou 1,200 kilog. de graines donne donc plus de 300 kilog. d'huile.

Suivant M. Boussingault, la graine de madia donne à l'analyse 41 p. 100 d'huile.

TOURTEAU. — 100 kilog. de graines donnent de 67 à 70 kil. de tourteau.

Emplois des produits.

HUILE. — Lorsque l'huile de madia a été extraite à froid de graines lavées à l'eau tiède, ou que l'on a fait préalablement sécher, elle a une belle couleur jaune d'or, une saveur douce et agréable, et malgré sa légère odeur on peut en faire usage pour l'alimentation. Celle que l'on fabrique à chaud contient une fuliginosité abondante qui la rend peu propre à l'éclairage. Cependant lorsque cette huile a été épurée, c'est-à-dire privée de son mucilage, elle devient incolore et brûle avec une belle flamme blanche, brillante, sans répandre de fumée. Un litre pèse $0^{kil},904$.

Cette huile permet de fabriquer d'excellents savons durs, et elle produit, avec la céreuse, une peinture très siccative.

TOURTEAU. — On utilise le tourteau de madia comme engrais ou dans l'alimentation des animaux.

FANES. — On emploie les fanes comme litière ; on peut aussi les utiliser pour chauffer les fours.

Valeur commerciale.

En 1842, la graine de bonne qualité se vendait 18 fr. l'hectolitre. Cette valeur a paru très faible aux agriculteurs qui cultivaient cette oléagineuse. Ce prix ne pouvait pas être plus élevé. Ainsi 1 hectolitre de madia du poids de

48 kilog. fournit 14 kilog. d'huile, et 1 hectolitre de colza pesant 68 kilog. en produit 20 kilog. Le madia : colza : 18 : 25,70. Ces deux nombres représentent exactement la valeur que ces deux graines oléifères avaient en moyenne à l'époque précitée.

———

Le madia peut être cultivé comme *engrais-vert*, après une plante fourragère hivernale ou dans une jachère. Dans ce cas, on le sème à la volée à raison de 15 à 20 kilog. par hectare. On l'enterre quand la plupart de ses fleurs jaunes sont épanouies.

CHAPITRE VI

RICIN OU PALMA-CHRISTI.

RICINUS COMMUNIS, L.

Plante dicotylédone de la famille des Euphorbiacées.

Anglais. — Palma christi.   *Italien.* — Ricino.
Allemand. — Wunder baum.   *Espagnol.* — Higuera.

Climat. — Végétation. — Espèces et variétés. — Terrain. — Semis. — Soin d'entretien. — Récolte. — Rendement. — Poids de l'hectolitre. — Quantité d'huile fournie par les graines. — Usages de l'huile, des feuilles, des tiges et du tourteau. — Extraction de l'huile. — Valeur commerciale. des graines et de l'huile.

On ignore de quel pays le ricin est originaire ; mais de nos jours, il est indigène en Algérie, au Congo, au Sénégal à Java, Sumatra, au Cap Vert, dans la Nubie, aux États-Unis, en Chine, etc. Il végète très bien en Grèce et en Asie. On le connaît depuis la plus haute antiquité. Ce fait est confirmé par les graines trouvées dans des sarcophages égyptiens conservés depuis plusieurs milliers d'années. Suivant Hérodote qui l'a mentionné sous le nom de *kiki,* l'huile que fournissent ces semences servait à l'éclairage chez les peuples anciens. Dioscoride et Pline ont aussi signalé son emploi comme huile à brûler.

Les Indiens l'utilisent de temps immémorial comme agent thérapeutique. Rheede a dit, en 1675, que l'huile extraite du ricin était purgative, mais c'est Canvane, mé-

decin anglais, qui, en 1767, la mit en vogue en Europe
comme purgatif.

La France ne récolte pas toutes les graines de ricin dont
elle a besoin. En 1836, elle a importé 19,093 kilogr. de
graines ayant une valeur de 14,320 fr., et 22,609 kilogr.
d'huile valant 40,696 fr.

Climat.

Le ricin est cultivé en Égypte, dans la Turquie d'Asie,
l'Indoustan, la Chine et l'Amérique, dans la Malaisie, sur
les côtes de Java, au Malabar, sur la côte de Coromandel, à
la Réunion, à la Guyane, à la Nouvelle-Calédonie, etc. On
le cultive aussi en Algérie, en Sicile et en Espagne. En
France, on ne le mutiplie comme plante oléagineuse qu'à
Saint-Remy (Bouches-du-Rhône), et à Vallabrègues, Mon-
frain, Meyne et Roquemaure (Gard). C'est en 1809, pendant la guerre continentale, qu'il fut cultivé pour la première fois en grand aux environs de Nîmes et de Béziers.

Le ricin est cultivé avec succès aux environs de Vérone
et de Legnano depuis 1816.

Végétation.

Le ricin (*fig.* 27) est tantôt annuel et herbacé, tantôt
vivace et ligneux. Ainsi, en France où il est annuel, il
atteint 1^m,50 à 2^m,50 de hauteur, tandis qu'il dure huit à
dix ans et parvient à 6, 8 ou 10 mètres d'élévation en
Algérie, en Tunisie, en Égypte, au Sénégal, à la Réunion,
à Tahiti, sur la côte occidentale d'Afrique et dans l'Inde.

La tige de cette oléifère est cylindrique, fistuleuse, glauque et purpurine ; elle porte des feuilles alternes, palmati-
nervées et palmatilobées, régulièrement dentées, amples,
lisses. Les feuilles et leurs pétioles ont de 0^m,30 à 0^m,40 de

longueur. Les tiges, dont le diamètre atteint souvent en France 0ᵐ,03 et 0ᵐ,05, sont terminées par de longs épis.

Fig. 27. — Rameau de ricin commun.

Les fleurs femelles occupent la partie inférieure de ces épis ; les fleurs mâles sont situées à la partie supérieure. Les fruits

7.

se composent de trois coques ovales et couvertes de poils subulés ; chaque coque contient une graine ayant une tunique mince, dure et cassante. Les graines sont de la grosseur d'un haricot moyen, lisses, luisantes, oblongues et marquées de taches ou de stries brunes ; leurs amandes sont blanches, douceâtres et un peu âcres ; elles ressemblent extérieurement un peu aux insectes appelés *tiques des chiens*.

Le ricin accomplit en France ses diverses phases d'existence en six ou sept mois, c'est-à-dire du mois de mai au mois de septembre ou octobre. Ses feuilles se flétrissent quand la température descend à 0, et ses tiges gèlent à — 2 et — 3°. Sous toutes les latitudes les ricins cultivés sont de magnifiques plantes d'ornement ou décoratives.

Au Sénégal, à la Réunion, sur la côte occidentale d'Afrique, etc., il devient arborescent (fig. 28). A Tahiti, il acquiert souvent quatre mètres de hauteur.

Espèces et variétés.

L'espèce la plus répandue en Afrique et en Asie est le *ricin commun* (RICINUS COMMUNIS). Ses feuilles sont amples et d'un vert glauque. Ses fleurs produisent des fruits nombreux globuleux et hérissés de pointes. On le rencontre en Cochinchine, dans l'Inde, à Tahiti, à Nossibé, à Java, aux Moluques, au cap de Bonne-Espérance, aux îles du Cap Vert, etc. Ses graines sont grises et marbrées. Elles contiennent 50 pour 100 d'huile.

Le *ricin vert* (RICINUS VIRIDIS) est d'un beau vert dans toutes ses parties ; ses fruits sont rarement hérissés ; ses graines grises marbrées de brun ont de $0^m,008$ à $0^m,010$ de longueur, $0^m,005$ à $0^m,006$ de largeur et $0^m,004$ à $0^m,005$ d'épaisseur. Ses feuilles ont des lobes aigus et pointus. Cette espèce est tardive.

Le *ricin sans épines* (RICINUS INERMIS) a des tiges et des

pétioles rouges, des feuilles glauques à lobes obtus, des capsules non hérissées de pointes. Ses graines sont marbrées

Fig. 28. — Ricin en arbre.

de gris clair sur un fond marron ; elles ont $0^m,015$ à $0^m,016$
de longueur, $0^m,010$ à $0^m,011$ de largeur et $0^m,006$ à $0^m,007$
d'épaisseur.

Le *ricin sanguin* (RICINUS SANGUINEUS) (fig. 29), n'est qu'une variété du ricin commun. Ses tiges, ses rameaux et ses pétioles sont pourpres ; ses feuilles et ses fruits sont aussi rouge sanguin ; ses semences sont grosses, brun rougeâtre ou marron avec des marbrures fauve très clair.

Fig. 29. — Ricin sanguin.

Cette variété est appelée *kharoûa ahmar* par les Égyptiens. Elle est cultivée dans la haute Égypte et le Fayoum. Sa végétation est rapide.

Les ricins en arbre ont une écorce grise.

Le *ricin d'Afrique* n'est autre que le ricin commun cultivé sous un climat très chaud. Le *ricin pourpre* (RICINUS

RUTILANS) est une simple variété du précédent ; elle en diffère par la coloration vert rougeâtre de ses tiges, de ses ramifications, de ses pétioles et de ses feuilles.

Voici, d'après Geiger, quelle est la composition des graines ; 100 parties normales contiennent :

Péricarpe.			Amande.	
Résine brune.....	1,91	Huile grasse	46,19
Gomme.........	1,91	Gomme.........	2,40
Fibre ligneuse....	20,00	Amidon	20,00
		Albumine.......	0,50
Total...	23,82	Total.....	69,09

Les graines contiennent, en outre, 7,19 d'eau.

De Gasparin a pesé les diverses parties d'une plante de
ricin ayant, avant sa dessiccation, un poids de $1^{kil},545$.
Voici les résultats qu'il a constatés :

	Parties sèches.
Racines	105 gr.
Tiges	351
Feuilles.........	109
Capsules........	38
Graines.........	41
Totaux.....	644 gr.

Cette plante avait produit 95 capsules et 285 graines. Les
racines et les tiges contenaient 0,40 p. 100 d'azote, les
feuilles 1,80, et les graines à l'état normal 7,63. De ces
faits on peut conclure la quantité d'azote contenue dans
100 kilogr. de graines et les tiges qui les ont produites :

		Kil.
100 kilog. graines........	7,63
495 — de tiges.......	1,98
153 — de feuilles.....	2,75
Total.......	12,36

1000 graines ont donné en amandes :

> Ricinus viridis....... 520 grammes.
> Ricinus inermis 640

Le premier a produit 56,5 et le second 58,1 p. 100 d'huile.

Terrain.

NATURE. — Le ricin doit être cultivé sur des terres un peu argileuses. Les sols argilo-siliceux et argilo-calcaires lui conviennent bien. Il est nécessaire, en outre, que la couche arable conserve une certaine fraîcheur pendant l'été parce que le ricin, à cause de sa végétation très rapide, absorbe beaucoup d'eau.

Sa racine étant pivotante, on ne doit le cultiver que sur des terres profondes.

Cette plante demande des terres fertiles et bien fumées. En général, elle végète très lentement et produit peu de graines, même dans les pays chauds, quand on lui destine des sols légers et pauvres.

Les terres qu'on lui consacre doivent recevoir plusieurs labours et hersages.

Le ricin est une plante exigeante et épuisante. Lorsqu'on le cultive sur des sols peu fertiles, on doit appliquer par hectare 3,100 kil. de fumier par chaque 100 kil. de graines qu'on espère récolter. Ainsi, une terre pouvant produire 500 kilogr. de graines doit recevoir une fumure de 15,000 à 20,000 kilogr. de fumier dosant 0,40 p. 100 d'azote.

Semis.

ÉPOQUE. — En Europe on sème le ricin lorsque la température a atteint $+ 12°$ en moyenne, c'est-à-dire en mars ou avril. Si les semis étaient pratiqués plus tôt, les graines seraient sujettes à pourrir, ou les plantes pourraient être détruites par les gelées tardives.

Dans l'Oude (Inde) où il est cultivé très en grand, on le sème au mois de juin.

EXÉCUTION. — Les semis se font en place sur des lignes distantes de 0^m,70 à 1 mètre ou en poquets éloignés les uns des autres de 0^m,90. En Algérie où les ricins deviennent ligneux et occupent le même terrain pendant plusieurs années, on espace les pieds de 1^m,50 à 2 mètres.

On a souvent essayé de semer le ricin en pépinière, pour le transplanter au mois d'avril ou de mai, mais ce mode de culture n'a pas toujours donné de bons résultats. On ne peut l'adopter que pour de petites cultures. Alors on sème la graine sur couche en février ou mars. Il faut avoir le soin, quand on cultive ainsi le ricin, d'exécuter la mise en place des plants avec beaucoup de précaution. Le pivot de cette plante est très tendre, il se brise souvent à l'arrachage. Les plants transplantés sans motte de terre restent comme flétris pendant une huitaine de jours.

Lorsqu'on pratique les semis en place, on enfouit les graines à 0^m,01 ou 0^m,02 seulement de profondeur. Ces graines montrent leurs cotylédons entre le douzième et le quinzième jour.

On emploie pour semer un hectare en lignes ou en poquets, de 6 à 10 litres de graines, ou 2^{kil},500 à 4 kilogr.

A Alger, M. Hardy espace les pieds de 2 mètres en tous sens et n'emploie qu'un kilogramme de graine par hectare.

Un litre contient de 800 à 1000 graines.

Soins d'entretien.

BINAGES. — Lorsque les plants ont atteint 0^m,05 à 0^m,07 de hauteur, on exécute un binage sur toute la surface du champ. On répète cette opération une ou deux fois pendant le cours de la végétation du ricin.

ÉCLAIRCISSAGE. — Lorsque les plants ont 0^m,12 à 0^m,15 d'élévation, on les éclaircit de manière qu'ils soient séparés les uns des autres de 0^m,90 à 1^m,50. Quand les semis ont été exécutés en poquets, on ne laisse sur leur surface que le pied le plus vigoureux.

ARROSEMENTS. — Pendant les sécheresses, en juillet et août dans le Midi de l'Europe et en Algérie, on arrose si cette opération est nécessaire et possible. Le ricin ne prend un développement remarquable que sous l'influence simultanée de l'humidité et de la chaleur.

BUTTAGE. — On doit butter les plants qui atteignent 2 mètres de hauteur. Cette opération augmente leur solidité et leur permet de mieux résister aux vents violents à l'époque de la maturité des graines.

Récolte.

Quand les fruits ou les coques ont pris une teinte jaunâtre, qu'ils renferment des graines grises marbrées de blanc, on s'empresse de les cueillir. Cette récolte se continue depuis le mois d'août jusqu'aux premières gelées automnales.

Il est utile d'enlever chaque semaine les coques qui sont arrivées à maturité. Lorsqu'on abandonne celles qui sont mûres, elles s'ouvrent d'elles-mêmes et lancent à plusieurs mètres de distance les graines qu'elles renferment.

Lorsque tous les fruits ne sont pas complètement mûrs à l'approche des temps froids, on coupe la cime des ramifications qui portent encore des coques et on les suspend dans un local sain et aéré, afin que les graines puissent mûrir complètement.

Les tiges sont ensuite arrachées et mises en bottes.

Rendement.

En France, 25 plantes peuvent donner 1 kilogr. de graines. Comme un hectare en contient de 10,000 à 12,000, il en résulte que le produit en graines doit varier entre 400 et 500 kilogr. C'est, en effet, ce rendement qu'on obtient dans la région méridionale.

Le ricin cultivé en Espagne, en Algérie, dans les colonies portugaises, etc., produit 1,000 à 1,500 et parfois 2,000 et 2,500 kilogr. de graines par hectare. Chaque pied fournit, en moyenne, 1 kil. 500 de graine.

Un hectolitre de graines pèse de 42 à 44 kilogr.

La graine de ricin est très oléagineuse : elle contient 60 pour 100 d'huile, mais l'industrie n'en retire ordinairement que 36 à 40 p. 100.

A Calcuta et à Madras, 1400 kilogr. de graines récoltées sur un hectare donnent de 480 à 488 kilogr. d'huile.

La coque n'en contient pas, c'est l'amande seule qui la fournit. Les graines récoltées dans les parties méridionales de la France sont plus oléifères que celles que l'on obtient en Algérie. Ainsi, M. Mayet a constaté les faits suivants :

	Ricin français.	Ricin algérien.
Coques	26,70	30,76
Amandes mondées	71,14	67,22
Débris et pertes	2,16	2,02
	100,00	100,00
Huile obtenue par pression à froid	37,40	30,40

Dans l'Inde, le *ricinus viridis* a donné les résultats suivants :

	Graines.	Huile.
Calcuta	1400 kil.	488 kil.
Madras	1400 —	480 —

L'huile de ricin a une couleur jaune pâle, une odeur fade, une saveur d'abord douce, ensuite un peu âcre ; en vieillissant, elle rancit, s'épaissit, se colore et devient très irritante. Sa densité est de 0,919 à 0,923.

Cette huile devient blanche quand elle reste un certain temps exposée à l'action du soleil.

Usages des produits.

HUILE. — L'huile de ricin est employée en médecine comme principe purgatif. Elle sert aussi à la fabrication du savon.

Dans l'Inde, c'est l'huile du *Ricinus viridis* qui est employée pour l'usage médical. On la nomme *Castor oil*.

A Cayenne, aux Antilles et dans la Tartarie, cette huile sert à l'éclairage des habitations. En Amérique on l'emploie pour éclairer les sucreries, les indigoteries et les cases des nègres. A Java et aux Moluques, on la mêle avec de la chaux pour former un ciment très dur, avec lequel on enduit les habitations et on calfate les navires.

Dans l'Inde et la Nubie, elle est employée comme cosmétique et pour l'entretien de la chevelure. A cause de sa propriété siccative, elle est utilisée dans la peinture. On l'emploie aussi dans la fabrication du savon parce qu'elle contient une notable proportion de stéarine.

FEUILLES. — Dans l'Indoustan, les feuilles de ricin servent à l'alimentation du ver à soie *Bombyx cynthia*, Fab., que l'on a cherché à naturaliser en Europe. Ces feuilles appliquées sur les mamelles, arrêtent la sécrétion du lait.

TIGES. — Les tiges sèches sont employées comme combustible.

TOURTEAU. — Le tourteau de ricin ne doit pas être donné aux animaux parce qu'il est plus purgatif que l'huile ;

on ne peut l'utiliser que comme engrais. Il est recherché par les cultivateurs du Bolonais. Voici sa composition :

	Azote.	Acide phosphorique.	Huile.
Ricin brut..........	3.47	1.62	1.25
Ricin décortiqué.....	7.42	2.26	1.75

D'après M. Meurin, le tourteau de ricin contient 4,50 pour 100 d'azote et 1,69 pour 100 d'acide phosphorique.

Extraction de l'huile.

Dans l'Inde, on extrait l'huile des graines suivant quatre procédés :

1° On fait bouillir les semences dans l'eau pendant deux heures et on laisse ensuite le tout pendant trois jours à l'action du soleil. Alors on monde les graines avec les mains et on fait bouillir les amandes jusqu'à ce que l'huile vienne surnager. Par ce procédé, on obtient 25 pour 100 d'huile du poids des graines.

2° On broye les amandes après les avoir mondées dans un moulin en bois. Par ce broyage on sépare facilement l'huile. L'opération terminée, on laisse reposer celle-ci et on la filtre.

3° On presse les graines entre deux cylindres pour séparer les amandes des enveloppes. Ceci fait, on introduit les amandes dans des sacs, on presse ces derniers et on reçoit l'huile dans un vase métallique étamé. Alors on ajoute un litre d'eau par gallon d'huile (36 litres) et on fait bouillir le tout jusqu'à évaporation d'une grande partie de l'eau. On filtre ensuite l'huile à travers une flanelle ou une toile serrée et on obtient une huile qui est très recherchée pour l'exportation.

4° On grille les graines à l'aide d'un feu de charbon

de bois pour liquéfier l'huile qu'elles contiennent. Cette opération terminée, on broye les semences et on les fait bouillir dans de l'eau afin que l'huile surnage sur celle-ci. L'huile qu'on obtient par ce procédé est colorée et n'est bonne que pour l'éclairage.

Ce dernier moyen n'est généralement en usage que quand il est question d'extraire l'huile que contiennent les graines du *Ricinus inermis*.

De nos jours en Europe, on extrait l'huile que contiennent les graines de ricin par expression à froid ou à l'aide d'une chaleur très modérée. L'huile ainsi obtenue est presque incolore, épaisse, filante et sans odeur.

Valeur commerciale.

Graines. — Les graines de ricin se vendent de 30 à 40 fr. les 100 kilogr. En 1813, année pendant laquelle les relations commerciales avec l'Inde et l'Amérique étaient pour ainsi dire suspendues, cette graine se vendit 1 fr. 50 c. le kilogr. C'est ce haut prix qui engagea, à cette époque, un grand nombre d'agriculteurs à cultiver le ricin dans les départements de l'Hérault, de l'Aube et de la Haute-Garonne.

Les graines de ricin que la France reçoit d'Amérique sont plus grosses, plus marbrées que celles que l'on récolte en Europe ; leur coque est aussi plus argentée. Celles qui viennent de l'Inde et des Antilles sont remarquables par leur volume et leur couleur foncée.

Ces graines s'expédient en balles de 100 kilogr. Elles sont vénéneuses.

Les ricins qui croissent à l'état sauvage en Algérie, au Sénégal, dans la Nubie, etc., produisent des graines petites et contenant des amandes de médiocre qualité.

Huile. — L'huile de ricin se vend ordinairement par baril de 100 kilogr., à raison de 2 à 3 fr. le kilogr.

Dans l'île de Sumatra on la nomme *djarak*.

L'*Homonoya riparia*, petit arbre qui croît en Cochinchine et qui appartient aussi à la famille des Euphorbiacées, fournit une graine oléagineuse qui contient une huile analogue à celle du ricin.

Les semences appelées *purghere* et que produit le *Jatropha curcas* fournissent aussi, dans l'Inde, une huile purgative jaune pâle, d'une saveur âcre et peu soluble dans l'alcool. Ces semences sont connues en Europe sous le nom de *pignons de l'Inde*. Un kilog. de semences fournit 536 grammes d'amandes et celles-ci 27 pour 100 d'huile. On en récolte beaucoup au Cap-Vert.

CHAPITRE VII

ARACHIDE.

ARACHIS HYPOGÆA, L. A. ASIATICA, Lour.   A. AFRICANA, Lour.

Plante dicotylédone de la famille des Légumineuses.

Anglais. — America earth-nut.
Allemand. — Die erdpistazia.
Hollandais. — Aardaker.
Suédois. — Jardpistacie.
Espagnol. — Cacahuata.

Italien. — Pistachio di terra.
Portugais. — Amenduinas.
Chinois. — Thon-Than.
Japonais. — Katjang.
Brésilien. — Mandulin.

Historique. — Climat. — Végétation. — Terrain. — Semis. — Cultures d'entretien. — Animaux nuisibles. — Récolte. — Rendement. — Quantité d'huile et
de tourteau fournie par les graines. — Usages de l'huile, du tourteau et des
racines. — Valeur commerciale.

Historique.

L'arachide est une plante annuelle que l'on nomme *pistache de terre; pistache terrestre, noisette de terre, noix de
terre, pois de terre;* elle est cultivée depuis longtemps en
Espagne, en Italie et dans l'Inde. On la dit originaire de
l'Asie. Elle croît naturellement en Afrique. On la connaissait en France au commencement du siècle dernier :
en 1723, Nissole en a donné une excellente description
d'après les pieds qu'il avait observés dans le jardin royal
de Montpellier, où on ne put les conserver longtemps.

Ce fut seulement au commencement du siècle actuel
qu'on se préoccupa de ses propriétés oléagineuses. En 1801,
Lucien Bonaparte, alors ambassadeur à la cour de Madrid,

en adressa des graines à M. Méchin, préfet du département des Landes, en l'invitant à les faire semer sur les terres sablonneuses de cette contrée. Les premiers essais ayant réussi, M. Méchin fit imprimer une instruction détaillée sur la culture de cette plante et l'adressa à tous les agriculteurs qui se proposaient de répéter ces expériences. Cette publication eut d'autres résultats : elle fut cause que la culture de l'arachide fut aussi expérimentée en grand dans les départements des Basses-Pyrénées, des Pyrénées-Orientales, du Gard, des Bouches-du-Rhône, de Vaucluse, de l'Isère, de l'Aude et de Drôme. Dans toutes ces contrées, on resta convaincu que l'arachide était une excellente oléifère et qu'on parviendrait très certainement à la naturaliser. Les événements politiques qui survinrent de 1808 à 1815, ne permirent pas de donner suite à ces essais, et la culture de l'arachide fut abandonnée. Ces expériences furent reprises de 1820 à 1822, époque où les oliviers furent en partie détruits par les gelées; mais mal conçues, mal dirigées, elles n'eurent aucun résultat. Les agriculteurs qui les avaient entreprises les abandonnèrent en disant : 1° que l'épluchage de la graine était nécessaire dans l'extraction de l'huile et que cette opération était difficile; 2° que le commerce refusait d'acheter l'huile d'arachide.

M. Chaise, qui avait été témoin des produits considérables que l'arachide donne au Sénégal où elle est connue sous le nom de *gueuré,* expérimenta de nouveau cette plante en 1839 et 1840 aux environs de Dax, sur une étendue de 5 hectares. Les résultats que lui donnèrent ces essais dépassèrent toutes ses espérances. On pensa alors que cette culture se propagerait. Il n'en fut rien. Pourquoi ? Ce problème est encore à résoudre.

A l'époque où M. Chaise regardait l'arachide comme naturalisée dans les landes de la Gascogne, il arrivait du

Sénégal à Marseille 722 kilog. de gousses. Ces graines furent aussitôt traitées dans les huileries. Leur rendement en huile fut si favorable que le commerce de cette ville en demanda aussitôt à la Sénégambie. Cette importation s'est accrue d'année en année; en 1854, les arachides envoyées du Sénégal avaient atteint le chiffre énorme de 4,820,063 kilog. représentant 796,448 francs. La quantité importée de l'Égypte, d'Espagne, du Sénégal, des Indes, etc., en 1891, a dépassé 189 millions de kilogrammes.

Ces faits sont suffisants pour qu'on continue les expériences de M. Chaise, essais si remarquables dans leurs résultats.

Les Égyptiens connaissent l'arachide sous le nom de *ful sennari* et les Indiens sous celui de *ground nut*.

Climat.

L'arachide ne peut être cultivée que dans les parties méridionales de l'Europe. Elle réussit très bien en Espagne, dans le royaume de Valence, et en Italie. On la cultive aussi en Algérie. C'est principalement dans les contrées tropicales ou intertropicales qu'elle est cultivée. Elle occupe annuellement des surfaces importantes dans le sud de l'Inde, dans la Birmanie, à Siam, dans la Cochinchine, au Brésil, dans la Sénégambie, aux Antilles, au Mexique, dans la Guinée, la Gambie, à Galam, à Cayenne, au Japon, à Natal, au Congo, dans la haute Égypte, etc. et sur d'autres points de la côte occidentale de l'Afrique.

En France, elle ne mûrit parfaitement ses graines que dans les départements situés tout à fait au sud et au sud-ouest. C'est que les froids tardifs du printemps ainsi que ceux d'automne lui sont très nuisibles.

On doit la cultiver de préférence dans les pays intertropicaux, dans les vallées ouvertes, sur les coteaux abrités des gelées tardives de printemps et hâtives de l'automne. Les situations sèches, aérées et chaudes, sont celles qui lui conviennent le mieux.

Végétation.

L'arachide (fig. 30) présente, pendant sa végétation, une remarquable anomalie. Sa tige herbacée s'élève à $0^m,25$ ou $0^m,35$ de hauteur, et elle donne naissance à des ramifications qui ont ordinairement de $0^m,25$ à $0^m,35$ de longueur (1). La base de sa tige est arrondie; sa partie supérieure est presque quadrangulaire. Les rameaux grêles, cylindriques et pubescents présentent à chaque pétiole une paire de stipules lancéolées et velues. Les feuilles sont alternes et composées de deux paires de folioles obovales, obtuses, ciliées et opposées; ces feuilles sont un peu duveteuses en dessous et lisses à leur page supérieure. Les fleurs naissent à l'aisselle des stipules, et sont portées sur de petits pédoncules velus; elles sont jaunes et ordinairement géminées. Après la fécondation (2), le stipe des fleurs femelles s'allonge peu à peu, et s'élève au-dessus du tube calicinal, lequel persiste sous forme de pédoncule. Alors, l'ovaire se courbe vers la terre, s'effile, s'épointe, s'allonge rapidement, et au bout de cinq à six jours il s'y enfonce de quelques millimètres et commence à grossir. A mesure que le fruit se développe, il pénètre davantage dans la couche arable. C'est à $0^m,05$, $0^m,07$, $0^m,10$ ou $0^m,12$ au-dessous de la surface du sol qu'il parvient à tout son dévelop-

(1) La tige de l'arachide s'élève dans l'Inde jusqu'à $0^m,65$ et même 1 mètre de hauteur; elle est alors couchée dans sa partie inférieure et dressée dans sa partie supérieure.

(2) Les fleurs situées au sommet des ramifications avortent ou ne produisent pas de fruits.

8

pement. Lorsqu'il est arrivé à maturité parfaite, il forme

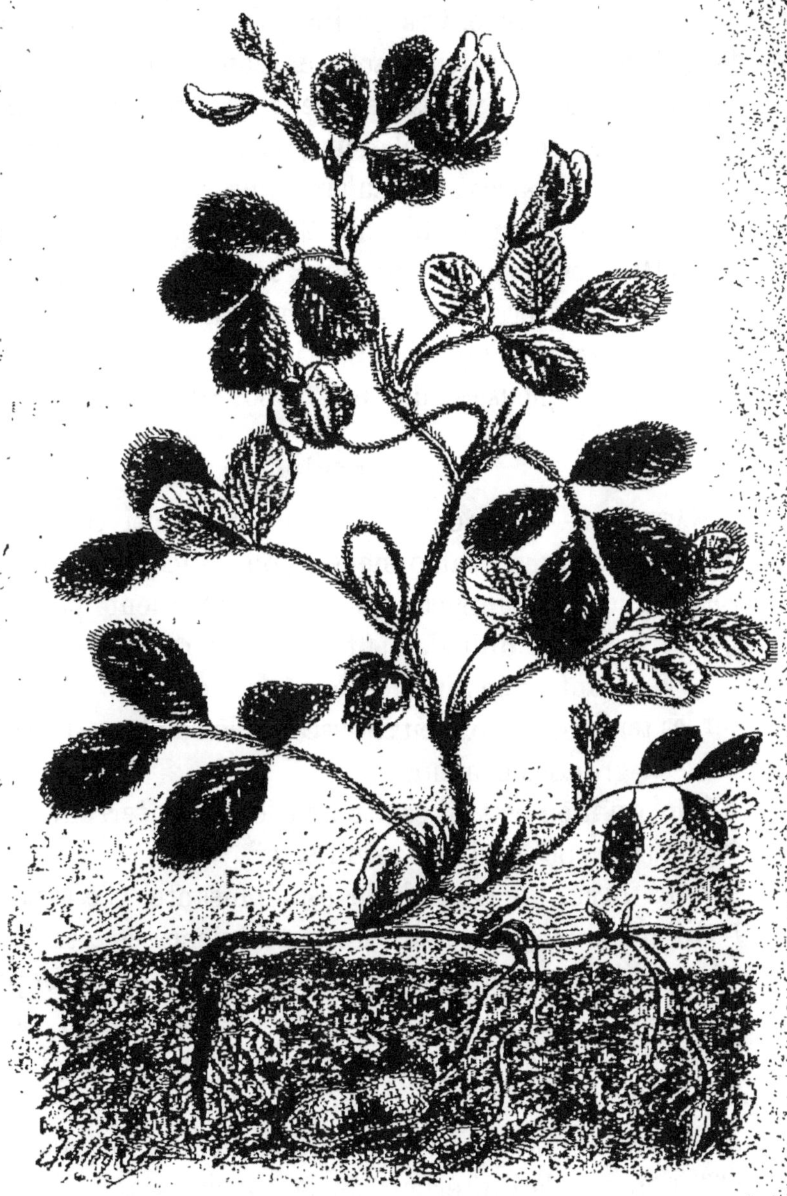

Fig. 30. — Arachide.

une gousse oblongue, presque cylindrique, réticulée, légèrement jaunâtre, longue de 0^m,02 à 0^m,03, et toujours remplie de deux graines ayant la grosseur d'une petite amande de noisette. Ces graines, dites *pistaches de terre*, lorsqu'elles sont fraîches sont de couleur de chair et ont une saveur douce semblable à celle des amandes; elles renferment une substance blanche, farineuse et oléagineuse.

A Java, à Malaca, on cultive une arachide à semence brune. Cette variété fournit l'huile appelée *katzang*. A Costa Rica les gousses sont plus longues et sans divisions; elles sont aussi brunes et contiennent 4 à 5 semences.

La gousse de l'arachide contient de 26 à 28 pour 100 d'enveloppe ligneuse et de 70 à 72 pour 100 de semences.

Terrain.

NATURE. — L'arachide ne peut être cultivée que dans les terres légères, sablonneuses ou silico-argileuses; les sols argileux, compacts ne lui conviennent pas, parce qu'elle y enterre difficilement ses fruits.

Cette plante réussit très bien sur les sols d'alluvion et sur les terrains sablonneux, susceptibles d'être arrosés pendant les grandes chaleurs.

Quoi qu'il en soit, il est très utile que le terrain soit découvert et exposé à l'action du soleil.

FERTILITÉ. — L'arachide est épuisante. C'est pour ce motif qu'on la cultive sur les terres riches et bien fumées. La rapidité avec laquelle cette oléifère accomplit ses phases d'existence, exige qu'on emploie de préférence des fumiers à demi décomposés ou des engrais d'une prompte solubilité.

PRÉPARATION. — Le fruit de l'arachide ne pouvant se développer qu'à l'intérieur de la couche arable, il est nécessaire de bien préparer les terrains qu'on lui destine. Selon la nature et l'état du sol, on exécute cette préparation au moyen de plusieurs labours et hersages.

Semis.

Époque. — Les semis se font dans l'Europe méridionale et en Algérie, de la fin d'avril au commencement de juin, lorsque la température moyenne a atteint $+ 14°$ ou $+ 15°$. A la Caroline, on les pratique depuis le mois de mars jusqu'à mai. Au Sénégal, les ensemencements n'ont lieu qu'après les premières pluies, c'est-à-dire au commencement de juillet. Les plantes qui proviennent de ces semis fleurissent en septembre et octobre. On les récolte en novembre. Le plus ordinairement les semis sont faits sur les terres *à petit mil* qui sont légères et sablonneuses.

Exécution. — Les arachides se sèment en lignes distantes de $0^m,30$ à $0^m,40$, suivant la fertilité de la couche arable. On peut aussi les semer en poquets.

Lorsqu'on cultive l'arachide en lignes, on espace les graines dans les rayons, de $0^m,25$ à $0^m,30$. Quand on la sème en poquets, ces derniers reçoivent 2 à 3 gousses.

Les cotylédons apparaissent au bout de 15 à 20 jours.

Préparation de la graine. — On confie les gousses au sol dans l'état où elles se trouvent à la récolte. On a proposé à tort d'émonder les graines qu'elles renferment.

On fait ordinairement tremper les graines dans l'eau pendant trois ou quatre jours avant de les mettre en terre. Ce moyen a l'avantage de hâter la germination des graines et d'empêcher les campagnols, etc., de nuire autant aux ensemencements.

Quantité de graines. — On emploie de 250 à 300 litres ou 90 à 100 kilog. de graines par hectare, soit que l'on sème en lignes ou en poquets.

Enfouissement des semences. — Lorsqu'on dépose les arachides dans des rayons, on les implante dans le sol au moyen du plantoir. Si l'on sème en poquets, on agit de la même manière que s'il était question de semer des haricots; c'est-à-dire en mettant deux ou trois gousses dans chaque trou.

Quoi qu'il en soit, il est nécessaire, dans les deux cas, de placer les graines à $0^m,05$ ou $0^m,08$ de profondeur.

Culture d'entretien.

BINAGE. — L'arachide réclame de fréquents binages. Sans un ameublissement parfait et continuel, cette plante fructifierait peu parce que ses fruits pénètreraient difficilement dans le sol.

BUTTAGE. — Cette plante doit être plusieurs fois buttée, afin que ses gousses soient toujours parfaitement enterrées. En Espagne, on butte l'arachide jusqu'à quatre et même sept fois. C'est au buttage que l'on doit de récolter quelquefois dans le royaume de Valence jusqu'à 700 gousses sur une seule touffe.

ARROSAGE. — On active d'une manière sensible la végétation de l'arachide en lui donnant, pendant les temps de sécheresse, un ou plusieurs arrosages. Toutefois, ces arrosements, que l'on exécute en juillet et août, ne sont nécessaires que lorsque cette plante végète sur des sols secs et qu'elle souffre des grandes chaleurs.

Animaux nuisibles.

Les campagnols, les mulots et les courtilières font parfois de très grands dégâts dans les cultures d'arachide.

Récolte.

ÉPOQUE. — La récolte des gousses se fait en septembre, octobre, ou novembre, quand la température moyenne est descendue à $+ 14°$.

8.

SIGNES DE MATURITÉ. — Les fruits mûrissent sous terre; dans l'Inde, ils pénètrent jusqu'à 0^m,10 à 0^m,12 au-dessous de la surface de la couche arable.

Les gousses sont arrivées à parfaite maturité quand les plantes ont pris une teinte jaune et que les tiges et leurs feuilles sont presque sèches.

EXÉCUTION. — On arrache les pieds avec la main ou au moyen d'une fourche à dents plates. Cet outil n'est pas nécessaire quand l'arachide a végété sur un sol siliceux ou des terres d'alluvion très sablonneuses.

Au fur et à mesure qu'on arrache les pieds, on les secoue fortement pour détacher les parties terreuses qui adhèrent aux racines et aux gousses.

DESSICCATION. — Quand l'arrachage est terminé, on rapporte les pieds à la ferme pour les faire sécher dans des lieux secs ou sous des hangars. A Valence, on suspend les arachides le long des murailles.

Cette dessiccation n'est pas nécessaire en Afrique et au Sénégal, parce que les gousses sont parfaitement sèches au moment de l'arrachage.

BATTAGE. — Lorsque les tiges et les racines sont sèches, lorsque les graines résonnent dans les gousses, on procède au battage. Cette opération se fait sur une aire au moyen de gaules ou de fléaux très légers afin de ne pas écraser les graines.

Au Sénégal, on détache une à une les arachides des parties auxquelles elles sont attachées. Ce travail long et minutieux est confié aux femmes et aux enfants des noirs.

Les gousses une fois détachées des pédoncules sont conservées dans des locaux sains. On doit éviter de les emmagasiner dans des bâtiments humides ou très secs afin qu'elles ne moisissent pas ou qu'elles ne perdent pas une partie notable de leur poids.

Rendement.

La quantité de gousses que donne l'arachide est très variable. Ainsi, on récolte depuis 1,500 jusqu'à 4,500 kilog. à l'hectare. Les produits moyens varient entre 1,800 et 2,500 kilog., ou 50 à 70 hectolitres. La petite culture en Égypte et dans l'Inde ne récolte pas au delà de 700 à 800 kilog. par hectare.

L'arachide produit, en Algérie, de 2,400 à 4,000 kil.

Un hectolitre de gousses pèse de 30 à 40 kilog. suivant leur grosseur et leur qualité.

L'arachide est très oléagineuse. L'industrie, à Marseille, Nantes et Rouen, extrait des arachides qui viennent du Sénégal, de 30 à 34 p. 100 d'huile. Voici quels ont été les résultats des expériences faites à Marseille, par M. Bonnet :

	Gousses.	Graines mondées.
Huile	30 p. 100	45 p. 100
Tourteaux	68 —	55 —

Corenwinder a reconnu que l'amande contenait :

Huile	51,75
Substances azotées	21,80
Matières organiques	17,66
Potasse, chlore, etc	2,03
Eau	6,76
	100,00

En Espagne, les gousses donnent souvent 60 p. 100 d'huile lorsqu'on les presse aussitôt qu'elles ont été récoltées. En Italie, on en obtient 50 p. 100; dans l'Inde, 43 p. 100; au Sénégal, de 30 à 33 p. 100 et à Pondichéry 37 p. 100.

M. Chaise a obtenu, en 1839, dans le département des Landes, des résultats très remarquables. Il a récolté, avec des gousses venant du Sénégal, 2,200 kilog., ou 60 hectolitres d'arachides par hectare. Ces gousses, après avoir été mondées, ont pesé 1,674 kilog. et elles ont donné, par une seule pression, 837 kilog. d'huile, soit 37,50 p. 100 du poids des gousses et 50 p. 100 du poids des graines mondées.

Les gousses sont aux amandes :: 32 : 24.

Usage.

HUILE. — L'huile d'arachide est moins grasse que l'huile d'olive, mais elle égale, si elle ne la surpasse pas, celle du pavot œillette. Cette huile est jaune verdâtre, très douce et conserve un peu de la légère odeur de l'amande. Quand elle a été filtrée, elle devient presque blanche ou limpide et gagne en qualité. Elle a l'avantage de se conserver longtemps sans rancir. Sa densité est de 0,906. Lorsqu'elle est fraîche, elle est presque aussi bonne que l'huile d'olive.

Cette huile est aussi employée dans la fabrication du savon blanc, des huiles de toilette, dans l'éclairage et pour graisser les machines et les laines. En brûlant, elle produit une flamme blanche et très vive, mais son pouvoir éclairant est faible.

Dans l'Inde, où elle est très connue, elle sert parfois à falsifier l'huile de sésame et l'huile de coco.

TOURTEAU. — Le tourteau d'arachide est blanchâtre parce qu'il retient une fécule blanche et fine. Il contient 6,07 à 7.32 p. 100 d'azote à l'état normal. Ce tourteau n'est pas très dur mais il est assez pesant.

Le tourteau d'arachide est riche en matériaux utiles. Voici sa composition d'après Corenwinder :

Substances azotées	41,62
Substances organiques	32,48
Potasse, chaux, etc	4,80
Huile.	9,60
Eau.	12,00
	100,00.

AMANDES. — Les amandes que contiennent les gousses sont mangées crues quand elles sont fraîches ou après avoir été grillées ou torréfiées quand elles ont été récoltées depuis plusieurs mois. Dans beaucoup de contrées elles sont un objet de friandise. Dans l'Inde, on les vend dans tous les bazars.

RACINES. — Les racines de l'arachide sont annuelles comme les tiges; elles ont un goût qui rappelle beaucoup celui de la racine de réglisse. C'est à cause de cette propriété qu'on les fait sécher et qu'on les vend pour remplacer les racines de cette plante.

FEUILLES. — Dans l'Inde, on utilise les feuilles comme fourrage; les animaux les recherchent comme presque toutes celles des légumineuses.

Valeur commerciale.

HUILE. — Le prix de l'huile d'arachide varie de 90 à 100 fr. les 100 kilogr.

GRAINE. — Les gousses se vendent en balle au prix de 25 à 35 fr. les 100 kilogrammes. En vieillissant, elles perdent de leur qualité oléifère. Les arachides décortiquées sont vendues de 32 à 36 fr. les 100 kilog.

Les arachides de Cayor, de Saint-Louis, de l'Inde et d'Afrique ont plus de valeur que les arachides de Galam.

TOURTEAU. — Le tourteau se vend de 7 à 10 fr. les 100 kilogrammes.

CHAPITRE VIII

SÉSAME.

SESAMUM ORIENTALE, L.　　　SESAMUM INDICUM, D. C.

Plante dicotylédone de la famille des Sésamées.

Anglais. — Oily grain.　　　*Espagnol.* — Ajonjoli.
Allemand. — Sesam.　　　*Egyptien.* — Semsen.
Italien. — Giuggiolena.　　　*Arabe.* — Djudjulen.

Historique. — Climat. — Végétation. — Variétés. — Terrain. — Semis. — Soins d'entretien. — Récolte. — Rendement. — Usages de l'huile, des graines et des tourteaux. — Valeur commerciale.

Historique.

Cette plante, connue en Orient depuis les temps les plus anciens, est le *semsen* de Théophraste. Hérodote rapporte que les Juifs l'avaient reçue des Égyptiens et ceux-ci des Babyloniens. Pline et Dioscoride en ont aussi fait mention ; enfin, elle est citée dans les manuscrits grecs sous le nom de *sesimœ*, mot que le P. Hardouin a traduit par *jugeoline* où *jujoline*.

Le sésame, rival redoutable pour l'olivier, est cultivé en grand dans l'Inde, la Birmanie, la Guyane, la Perse, la Turquie, l'Égypte, l'Arabie, la Mésopotamie, en Chine, en Syrie, au Japon, dans la Roumélie, dans la Russie méridionale, au Congo, à Zanzibar et plusieurs autres localités des côtes occidentales et orientales de l'Afrique. Jusqu'à ce jour, les peuples de ces contrées l'ont regardé comme une sorte de manne, parce qu'ils utilisent souvent ses semences comme aliment. Il existe de grands champs de sésame dans les plaines de Saint-Jean d'Acre et de Kaïfa et en Grèce dans le Péloponèse.

La France importe annuellement une quantité considérable de graines de sésame. En 1891, les importations de l'Inde, de l'Afrique ont atteint 91,072,000 kilogr.

L'huile qu'on en extrait est désignée sous le nom d'*huile de gengili, huile de sésame.*

Le sésame, à la Guadeloupe, est appelé *gigeri;* à Saint-Dominique, on le nomme *Wanglo* et à la Jamaïque *gengeli.*

Climat.

Cette plante accomplit librement toutes ses phases d'existence dans la région des oliviers. D'après M. de Gasparin, elle exige 2700° de chaleur totale pour mûrir ses graines.

Il est nécessaire de la cultiver dans les lieux abrités et secs, car les grands vents et les pluies abondantes lui sont très nuisibles.

Si l'agriculture française cultive peu cette oléifère, c'est qu'elle ne peut pas entrer en lutte avec la Turquie, l'Asie Mineure, l'Égypte et les Indes anglaises, contrées où les terres demandent beaucoup moins d'engrais que les terrains de nos provinces méridionales.

Végétation.

Le sésame, le *til* des Indiens (fig. 31), a des racines pivotantes, des tiges herbacées, hautes de $0^m,80$ à 1 mètre, cylindriques, cannelées, velues, un peu visqueuses et très ramifiées ; ses feuilles sont ovales, oblongues, entières ou dentées, et d'un beau vert. Les fleurs (fig. 32) sont blanches ou rosées, solitaires, irrégulières et portées sur des pédoncules axillaires ; elles produisent des capsules allongées, à deux loges, s'ouvrant par le sommet, et contenant quatre rangées de graines jaunâtres ou brunes, ovoïdes, et plus petites que celles du lin.

Fig. 81. — Sésame.

En général, le sésame termine son existence entière en trois ou quatre mois. A Cayenne, où il est appelé *ouangle*, on récolte les graines deux mois après le semis.

Variétés.

On cultive plusieurs variétés qui diffèrent les unes des autres par la couleur de leur semence.

Le *sésame à graine noire* appelé *parellou* ou *kola-teel* est
la variété la plus estimée des Indiens parce que ses graines

Fig. 32. — Rameau de sésame en fleur.

donnent davantage d'huile. Le sésame noir est aussi le plus
estimé à Zanzibar.

PLANTES INDUSTRIELLES.   9

Le *sésame à graine blanche* ou *teellée* est aussi très cultivé; le sésame qu'on récolte à la Jamaïque, à Malte, à Natal est très blanc.

Le *sésame à graine rousse* ou *kourellou* est plus petit; ses feuilles sont vert rougeâtre, ses fleurs rougeâtres et ses

Fig. 33. — Capsules et graine de sésame.

graines rouge marron. Le sésame de Trinitas est aussi rougeâtre.

Dans l'Inde, on sème presque toujours ensemble en juillet et août le teellée, et la kola-teel, c'est-à-dire le sésame à graine blanche et le sésame à graine noire.

Terrain.

Cette plante réussit très bien sur les terrains d'alluvion et sur les terres silico-argileuses, de moyenne fertilité, mais fraîches et susceptibles d'être arrosées. C'est sur de tels terrains qu'on la cultive en Égypte, en Palestine et en Syrie. Les terres qu'on lui destine doivent être parfaitement divisées par des labours et des hersages.

Semis.

On sème la graine à la volée ou en lignes, en avril ou en mai, quand la température moyenne a atteint $+13°$ à $+16°$.

En Égypte, les semis se font aussi en avril sur les terres que le Nil a fécondées; on recouvre les graines par un léger labour.

Dans le Rajamundy (Inde) les semis ont lieu en mars, après que le riz a été récolté et qu'on a arrosé le terrain deux fois. Le *perellou* ainsi cultivé est récolté en mai. Le *kourellou* est semé en juin et récolté en septembre. A Pondichéry, le *kourellou* est semé en janvier et le *perellou* en septembre. Au Bengale, on sème le sésame en février pour le récolter en mai. Au Népaul, on obtient toujours chaque année deux récoltes successives sur le même terrain.

On hâte la germination des graines en les faisant tremper pendant vingt-quatre à quarante-huit heures.

On répand 15 à 20 litres de graines par hectare. Il ne faut pas semer trop épais, afin que l'air et la lumière agissent sur la base des plantes, et ne pas trop enterrer les semences.

Soins d'entretien.

On éclaircit les plantes quand elles ont de $0^m,12$ à $0^m,16$ de hauteur. Les pieds doivent être espacés de $0^m,25$ à $0^m,30$. Après l'éclaircissage, on arrose par infiltration tous les quinze ou vingt jours, suivant la température et la nature du sol.

Récolte.

Les fleurs se montrent dès que les plantes ont $0^m,25$ à $0^m,30$ de hauteur, c'est-à-dire en juillet; il s'en épanouit encore à l'époque de la récolte. La plupart des graines arrivent à maturité vers la fin d'août ou dans la première quinzaine de septembre. Dans l'Afrique Orientale et principalement dans la province de Quiloa, la récolte a lieu en octobre ou novembre, c'est-à-dire après trois mois de végétation.

Lorsque les tiges sont jaunes et les siliques rougeâtres, et que les premières capsules éclatent, on coupe les plantes avec une faucille et on les lie par poignées que l'on dresse sur le sol en écartant la base. On doit agir avant la maturité complète de toutes les graines, et autant que possible le matin ou le soir, parce que le sésame s'égrène facilement.

Quand les tiges et les siliques sont sèches, c'est-à-dire douze à quinze jours après l'arrachage, on procède au battage. Cette opération se fait avec des baguettes ou des fléaux légers.

La graine est expédiée dans des sacs ou en balles.

Rendement.

GRAINES. — Le sésame donne de bons produits quand on le cultive sur des terres que les fleuves fécondent pendant l'hiver ou des sols de bonne qualité. En moyenne, on compte par plante 45 à 50 gousses contenant chacune de 40 à 50 graines. En France, dans le Midi, on a récolté en moyenne de 1,000 à 1,200 kilog. de graines. En Algérie, M. Hardy en a obtenu 1,500 kilog., ou 22 hect. 50 litres.

Un hectolitre de graine pèse de 60 à 65 kilog.

Le sésame du Levant ou de Roumélie, du Danube, du Volo et de l'Hellespont pèse 60 kilog. l'hectolitre. Le poids du sésame de l'Inde varie entre 56 et 57 kilogr.

Le sésame produit beaucoup de paille. On a constaté que les graines sont aux tiges sèches : : 100 : 600.

HUILE. — La graine de cette oléagineuse contient de 50 à 60 p. 100 d'huile ; mais les usines n'en retirent que 46 à 48. Ainsi, un hectare qui produit de 1,000 à 1,200 kilog. de graines, fournit de 500 à 575 kilog. d'huile.

A Marseille, les graines du Levant donnent 50 p. 100

d'huile et celles de Calcuta et de Bombay 47 pour 100 seulement. Dans l'Inde on n'en retire que 45 p. 100. 100 kilog. de graines du Levant donnent par trois pressions :

1. Huile surfine	30 kil.	
2. Huile fine.	10	—
3. Huile ordinaire	10	—
Tourteaux	48	—
Déchet	2	—
	100 kil.	

Les deux premières pressions sont faites à froid et la troisième à chaud.

Le sésame le plus estimé au Sénégal est récolté à Galam et à Dragana.

TOURTEAU. — La graine fournit de 50 à 60 p. 100 de tourteau.

Usages.

HUILE. — L'huile que l'on extrait à froid est très comestible ; on la mélange fréquemment avec l'huile d'olive. Dans l'Inde, au Japon, en Syrie, en Égypte, elle est regardée comme excellente. Le marc traité à chaud fournit l'huile que l'on emploie dans la fabrication des savons, ou pour brûler.

L'huile comestible est douce, un peu colorée en jaune et légèrement aromatique ; à trois degrés de froid, elle s'épaissit et devient opaque ; elle rancit difficilement ; sa pesanteur spécifique est de 0,919. En Asie, elle sert à adoucir la peau des femmes qui habitent dans les harems.

L'huile fine de sésame est utilisée dans la parfumerie et elle entre dans la composition de l'encre de Chine.

GRAINES. — En Égypte, les graines du sésame servent à fabriquer une pâte blanchâtre que l'on emploie pour entretenir la fraîcheur et la beauté de la peau. Les Indiens les grillent et les mêlent à de la farine et s'en servent pour préparer certains aliments qu'ils recherchent. En Italie, on les ajoute au pain auquel elles communiquent une saveur piquante et elles servent à faire les confitures appelées *turroni*.

Dans quelques parties de l'Inde la graine blanc jaunâtre est employée pour teindre la soie en jaune orangé.

TOURTEAU. — Le tourteau est employé comme engrais, ou on s'en sert pour nourrir les animaux domestiques. Il contient, d'après MM. Soubeiran et Girardin, 11 p. 100 d'eau et 5,57 d'azote. Dans l'Inde, il est mangé par les classes pauvres.

Valeur commerciale.

La graine de sésame se vend de 30 à 35 fr. les 100 kilog. Celle qui vient de l'Inde a moins de valeur que les graines récoltées en Égypte ou en *Turquie*. En général, la graine noire a moins de valeur que la graine bigarrée et celle-ci moins que la graine blanche.

Dans l'Inde, le *perellou* se vend toujours de 1 à 2 roupies de plus par candy (600 livres) que le *kourellou*.

L'*huile* se vend de 105 à 120 fr. les 100 kilogrammes.

Le prix du *tourteau* varie entre 12 et 14 fr. les 100 kilogr. La valeur des *tourteaux blancs* est un peu plus élevée que la valeur des *tourteaux bruns*.

Le sésame par ses graines et son huile donne lieu dans l'Inde à un commerce très important.

CHAPITRE IX

SOLEIL OU TOURNESOL.

HELIANTHUS ANNUUS, L.

Plante dicotylédone de la famille des Composées.

Anglais. — Sunflower.   Italien. — Girasole.
Allemand. — Sonnenblume.   Égyptien. — Ayn-el-Chems.

Mode de végétation. — Terrain. — Multiplication. — Récolte. — Produits.

Le soleil, plante bien connue en Europe, est cultivée comme plante oléagineuse en Russie, en Égypte, dans l'Inde, etc. Il est originaire du Pérou et a été importé d'Espagne en France, vers le milieu du seizième siècle. En 1725, on le cultivait en grand en Bavière et dans la Franconie. C'est en 1787 qu'il a été accepté en France comme plante oléifère. De nos jours, il est principalement cultivé dans la Russie d'Europe, en Autriche, en Italie et en Turquie.

Mode de végétation.

Le soleil (fig. 34) a une tige simple dans sa base et ramifiée dans sa partie supérieure, cylindrique, remplie de moelle et haute de deux à trois mètres. Ses feuilles sont alternes, cordiformes, dentées et hérissées de poil. Ses fleurs sont nombreuses, jaunes et disposées sur un réceptacle pédonculé en un capitule très volumineux et penché ; ce réceptacle a de $0^m,18$ à $0^m,25$ de diamètre ; il est composé de 1/2 fleurons

sur les bords et de fleurons au centre. Ses graines sont ovales, aplaties, longues de $0^m,008$ à $0^m,012$, un peu angu-

Fig. 34. — Soleil ou tournesol.

leuses et tronquées aux deux extrémités ; elles sont noires
ou violet noirâtre et quelquefois rayées dans le sens lon-
gitudinal de gris ou de blanc. Leur enveloppe est coriace

mais elles renferment une amande assez grosse et ayant une saveur agréable.

Les graines qu'on récolte en Russie sont plus grosses que les semences que le soleil fournit en France.

Cette plante est annuelle ; ses racines sont nombreuses, fibreuses et un peu courtes relativement à la hauteur des tiges et à l'ampleur des feuilles.

La variété connue sous les noms de *soleil à une fleur, soleil de Russie* donne naissance à une tige qui atteint souvent $2^m,50$ de hauteur et qui ne porte qu'un seul capitule. Cette variété est moins estimée que le soleil ordinaire, quoique la graine soit plus grosse.

Terrain.

Le soleil demande un sol léger, une terre sablonneuse mais fertile. Les alluvions de consistance moyenne sont incontestablement les terrains qui lui conviennent le mieux surtout lorsqu'ils sont bien aérés.

Les terres humides et les sols pauvres ne lui sont pas favorables.

Multiplication.

Cette composée exige que la terre ait été bien préparée. On sème ses graines en mars ou avril suivant les localités, c'est-à-dire quand on n'a plus à craindre de fortes gelées à glace. Les semis se font en place ou en pépinière. Les plantes qui proviennent de semis exécutés tardivement, en juin par exemple, ne murissent pas toujours leurs graines avant les premières gelées automnales.

Les semis en place, qui sont les plus généralement adoptés, se font en lignes distantes les unes des autres de $0^m,70$ à $0^m,80$. On répand de 20 à 50 litres de graines par hectare. Les semences doivent être modérément recouvertes.

La culture par transplantation n'est possible que lorsque le soleil est cultivé sur une faible superficie. La mise en place des plants peut avoir lieu jusqu'à la fin de mai ou dans la première quinzaine de juin.

Dans les deux cas, il est très utile de diriger les lignes du nord au sud.

Pendant le cours de l'existence des plantes, on exécute les binages nécessaires pour que le sol soit toujours meuble et propre. Le premier binage est toujours suivi par un éclaircissage, opération qui a pour but d'espacer les plantes sur les lignes de 0^{m},50 à 0^{m},65 les unes des autres. Chaque hectare contient de 15,000 à 20,000 plantes.

En juillet, et quelquefois aussi en août, on opère un buttage, afin de consolider les plantes et leur permettre de résister aux vents violents de la fin de la saison estivale.

Le soleil est une plante à la fois exigeante et épuisante. Sa végétation n'est vigoureuse que lorsqu'il occupe des terres fraîches de bonne qualité ou qui ont été bien fumées.

Récolte.

C'est en septembre ou au commencement d'octobre que le soleil accomplit ses dernières phases d'existence. On récolte les têtes à mesure qu'elles arrivent à maturité et lorsque les graines sont encore adhérentes au réceptacle florifère, car bien mûres, elles tombent aisément sur le sol.

Les têtes récoltées sont déposées dans un grenier ou sous un hangar, soit sur le plancher, soit sur des claies. On doit éviter de les réunir en tas un peu volumineux, afin qu'elles ne s'échauffent pas. Toute fermentation est très préjudiciable à la qualité oléifère des graines.

Quand les réceptacles sont secs, on les égrène avec les mains ou à l'aide de fléaux très légers. Les semences sont ensuite étendues en couche mince dans un local aéré pour qu'elles achèvent de sécher. On les nettoie ensuite à l'aide d'un tarare et on les livre aux huileries.

Les souris, les rats, les oiseaux sont très friands des graines de soleil.

Produits.

Les semences de cette plante fournissent une huile limpide qui possède, lorsqu'elle a été extraite à froid, une belle couleur citrine et une saveur douce. Cette huile est très comestible ; elle est agréablement odorante. Celle qu'on extrait à chaud est bien moins douce. On l'utilise dans l'éclairage et dans les arts.

100 kilogr. de graines fournissent 33 kilogr. d'amandes et 100 kilogr. d'amandes traitées à froid de 35 à 40 kilogr. d'huile alimentaire.

Le soleil est très productif. Il donne en moyenne de 30 à 50 hectolitres de graines par hectare. Une belle tête ayant $0^m,30$ de diamètre donne 3 décilitres de graines et un seul pied environ 1 litre.

Un hectolitre pèse de 37 à 45 kilogr.

Un litre contient de 5000 à 8000 graines, selon leur volume.

Les graines de soleil sont très recherchées par les volailles. Les habitants de la Virginie réduisent les semences mondées en bouillie avec laquelle ils nourrissent les enfants en bas âge. Les classes pauvres au Pérou et en Égypte les utilisent aussi comme aliment.

Le tourteau est peu alimentaire, mais on le regarde comme une bonne matière fertilisante.

Les tiges du soleil sont riches en sels potassiques. Elles constituent un bon combustible ; on les emploie pour chauffer les fours. On peut aussi les utiliser comme tuteurs ou pour faire des clôtures temporaires. Leurs fleurs sont recherchées par les abeilles.

CHAPITRE X

RADIS OLÉIFÈRE.

RAPHANUS SATIVUS OLEIFER.

Plante dicotylédone de la famille des Crucifères.

Le radis oléifère est annuel. Sa tige atteint de $0^m,75$ à 1 mètre de hauteur. Ses feuilles sont alternes, pétiolées et lyrées. Ses fleurs blanches ou lilacées sont disposées en grappes terminales. Ses siliques sont biloculaires et divisées transversalement par plusieurs fausses loges qui contiennent des graines assez grosses, rougeâtres et un peu irrégulières.

On le cultive comme le colza de printemps.

Cette crucifère originaire de la Chine, a été souvent expérimentée comme plante oléagineuse, mais jusqu'à ce jour elle n'a pas répondu en Europe aux espérances qu'on en avait conçues. Elle a le défaut de fournir peu de graines. De plus, ses siliques ne sont pas d'un égrenage très facile, et, en outre, elles contiennent une huile qui est âcre et qui n'est pas comestible.

En Égypte, où elle est connue sous le nom de *symagâh*, on la sème à la volée après la crue du Nil pour la récolter au printemps suivant. Elle n'y est pas très productive. L'huile qu'on extrait de ses graines est employée dans les arts.

CHAPITRE XI

GUIZOTIA OLÉIFÈRE OU NIGER.

GUIZOTIA OLEIFERA, POLYMNIA ABYSSINICA,

VERBESINA SATIVA.

Plante dicotylédoné de la famille des Composées.

Cette plante est très cultivée en Abyssinie et dans l'Inde méridionale où elle est appelée *kalatil*. Sur la Côte d'Or, on la nomme *ram-till*, on extrait de ses graines noirâtres l'huile que l'on désigne sous les noms d'*huile de Niger*, d'*huile de ram-till* et d'*huile de Rumeylie*.

Le guizotia a une tige pubescente au sommet et haute de 1^m à 1^m,20, des feuilles semi amplexicaules et cordiformes ou ovales lancéolées, dentées et un peu rudes au toucher, des fleurs en capitules, des graines noires, glabres, tétragones en forme de massue. Il exige un sol de consistance moyenne. On le sème au printemps à une exposition chaude. Il ne murit ses graines en Europe que dans les contrées méridionales.

Cette composée a été expérimentée en France sans succès parce qu'elle exige un climat très chaud pour mûrir ses graines.

Son grand mérite dans les contrées tropicales, est d'accomplir toutes ses phases d'existence dans l'espace de trois mois et d'y être productive.

L'huile qu'on extrait de ses semences est très alimentaire. On l'utilise aussi dans l'industrie.

TROISIÈME DIVISION.

VÉGÉTAUX LIGNEUX OLÉIFÈRES.

CHAPITRE PREMIER

ARBRES A HUILE.

1. Elœis guineensis.

Arbre de la famille des Palmiers.

L'elœis ou palmier épineux est connu depuis le quinzième siècle comme arbre à huile. Il est originaire des côtes occidentales de l'Afrique. Il existe de nos jours dans la Sénégambie, au Brésil, au Gabon, au Sénégal, à la Guyane, à la Martinique. On rencontre en Afrique de grandes forêts d'elœis. Les palmiers qui les composent ont souvent un mètre de circonférence ; on les appelle *ohila* au Gabon.

Ce palmier, haut de 7 à 10 mètres, a un tronc épais noirâtre, des feuilles pinnées, acuminées, à pétioles épineux et longues de 3 à 5 mètres. Ses fruits capsulaires monospermes et agglomérés sur les régimes qui pèsent de 12 à 16 kilogr. et qui sont formés de 500 à 600 fruits ayant la grosseur d'une belle noix. Le sarcocarpe est fibreux et très volumineux. Le noyau est pyriforme et très dur ; il contient une amande assez grosse, trigone, à angles mousses et à tégument noirâtre.

Les fruits contiennent deux huiles :

Celle du sarcocarpe est une substance jaune odorante

qui a la consistance du beurre, qui se liquéfie à + 30° et que l'on nomme *beurre de Galam, beurre de palmier.* C'est elle qu'on appelle *huile de palme* à la Guyane. Elle sert à divers usages. Elle a une grande importance au Congo, au Gabon. On la nomme souvent aussi *huile de cocotier.*

Celle qu'on extrait des amandes est blanche et solide; elle a une grande analogie avec l'*huile de coco;* elle remplace le beurre. Cette graisse est moins abondante que la première. On n'en importe pas en Europe.

L'*huile de palme* a une couleur jaune pâle ou jaune orangé mais elle se décolore promptement quand elle subit l'action de la lumière. Son odeur rappelle celle de l'iris et de la violette; sa saveur est douce; fraîche, elle est comestible.

Le commerce connaît trois sortes d'*huile de palme :* L'*huile de Lagos* (Guinée supérieure) qui est jaune orangé; l'*huile de Cochin* qui est jaune brun; l'*huile moyenne* qui est jaune verdâtre.

L'huile décolorée donne lieu, dans les îles de Fernando Pô, sur la côte d'Afrique et en Angleterre, à un commerce très important. Elle est utilisée dans la fabrication des bougies et dans la savonnerie fine. Elle est riche en oléine et en margarine. Les nègres, en Afrique, s'en frottent le corps. Son odeur est assez agréable.

Ce sont les femmes qui extraient l'huile que contient le mésocarpe des fruits. Voici comment elles opèrent : De décembre à juin, elles récoltent et écrasent les fruits dans des mortiers en bois profonds de 0^m,70 à 0^m,80. Quand les noyaux ont été détachés de la pulpe, elles font bouillir celle-ci à grand feu dans un peu d'eau. Quand la pulpe est à l'état de pâte jaunâtre, elles la retirent, la laissent refroidir, la soumettent ensuite à une pression ou la jettent dans une cuve contenant de l'eau, la foulent avec les pieds et recueillent l'huile qui apparaît à la surface. La matière qu'on obtient après son refroidissement a la consistance du beurre mais elle devient rouge au bout de 8 à 10 jours. La pulpe donne 70 p. % et les amandes 48 p. % de matière grasse. Dans diverses contrées, les amandes sont broyées à l'aide de moulins et ensuite pressées à part.

On imite l'huile de palme à l'aide de l'axonge, du curcuma et de l'iris de Florence.

L'Angleterre reçoit annuellement près de 30.000 tonnes de fruits de l'élœis. Il en vient aussi à Marseille. Le tourteau y est vendu sous le nom de *tourteau de palmiste* ou *tourteau de copra*.

2. Cocotier.

COCOS NUCIFERA.

Plante monocotylédone de la famille des Palmiers.

Le cocotier est très répandu dans l'Inde, les îles de la Polynésie, au golfe du Bengale, aux îles Maldives, aux Seychelles, en Cochinchine, à la Guadeloupe. Si l'élœis caractérise l'Afrique, le coco est l'apanage de l'Asie.

Un cocotier âgé de 30 ans (fig. 35), haut de 20 à 25 mètres et ayant $0^m,25$ de diamètre, produit par an de 70 à 100 cocos que l'on récolte en quatre ou cinq fois.

Un coco pèse, en moyenne $1^k,400$. L'amande qui est là partie la plus importante du fruit pèse, en moyenne, 400 grammes. L'huile qu'on en extrait est incolore et fluide ; sa densité à $+ 15°$ est de 0,915 et $+ 20°$ de 0,918. Elle se solidifie à $+ 18°$; alors elle est blanche, opaque et douée d'une certaine consistance. Son odeur est faible mais elle rancit facilement. Quand elle est arrivée à cet état, elle n'est plus comestible parce qu'elle a une odeur forte et désagréable ; mais on l'emploie dans l'éclairage et la fabrication du savon. Lorsqu'on la brûle, elle produit une belle flamme sans fumée.

L'huile du coco a une grande importance dans les régions tropicales ; elle remplace le beurre dans l'Inde.

Fig. 35. — Cocotier.

100 kilog. d'amandes sèches donnent 64 à 66 p. 100 d'huile. Les amandes fraîches n'en fournissent que 40 à 42 p. 100. Un hectolitre d'huile pèse de 92 à 93 kilog. En Tamoul, cette huile est appelée *Tango Yennai*.

Le résidu appelé aussi *tourteau de coprah* est réservé pour les porcs et les volailles.

Voici comment on extrait l'huile des amandes du cocotier sur la côte du Malabar :

On casse les noix pour en extraire les amandes. Celles-ci sont ensuite divisées et séchées sur des claies de bambou sous lesquelles on allume du feu pendant deux ou trois jours, puis on les expose à l'action du soleil. Pendant ces deux opérations, les amandes perdent la moitié de leur poids. On les vend sous le nom de coprah, on en extrait l'huile qu'elles contiennent. Dans ce cas, on les fait bouillir pendant quelques minutes, on les écrase dans un mortier ou on les râpe et on presse ensuite la pâte qui en résulte. Le liquide qu'on obtient est mis dans un chaudron placé sur un feu doux, et on enlève l'huile qui surnage.

L'huile fraîche de coco est comestible, et elle a un bon goût; elle sert aussi à oindre les cheveux.

L'huile de coco de Ceylan ou de Karikal vaut de 64 à 72 fr. les 100 kilogs.

Les petites noix de coco valent de 12 à 25 les 100 kilog.

3. Telfairia.

TELFAIRIA PEDATA, FEUILLEA PEDATA, SOLIFFIA AFRICANA.

Liane frutescente de la famille des Cucurbitacées.

Cette grande liane frutescente a des racines vivaces et des tiges annuelles et grimpantes; elle est commune au Sénégal, au Gabon, à Zanzibar et dans l'Afrique Orientale.

Ses tiges atteignent jusqu'à 30 mètres de longueur; elles sont cylindriques dans leur partie inférieure et anguleuses à leur sommet. Ses feuilles sont pétiolées, alternes, digitées, ovales, dentées et presque sessiles. Ses fleurs sont pourpres, ou rouge violacé; les fleurs mâles sont en grappes et les fleurs femelles sont solitaires; les unes et les autres sont axillaires. Ses fruits sont volumineux; ils ont souvent $0^m,65$ à $0^m,80$ de longueur et $0^m,25$ de circonférence; ils pèsent de 15 à 20 kilogr. Leurs graines sont orbiculaires et comprimées; on en extrait une huile qui égale en qualité l'huile d'olive. 100 kilogr. de semences donnent 16 kilogr. d'huile.

Cette plante est appelée *kouémé* à Zanzibar. Le climat de l'Algérie n'est pas assez chaud pour qu'elle puisse y mûrir ses fruits qui sont appelés châtaignes d'Inhambane au Gabon.

4. Argan du Maroc.

ARGANIA SIDEROXYLON, SIDEROXYLON ARGAN.

Arbre de la famille des Sapotées.

Cet arbre est rustique et épineux, mais il croît lentement. Il atteint de 7 à 10 mètres de hauteur sur les collines arides du Maroc. Sa tête très développée projette beaucoup d'ombre.

Ses feuilles sont raides, luisantes, alternes, entières et glabres. Ses fleurs verdâtres sont sessiles et peu nombreuses à l'aisselle des feuilles. Elles produisent des drupes ponctuées de blanc de la grosseur d'une grosse olive, qui sont formées de 2 à 3 graines soudées et qui constituent une sorte de noyau ligneux.

Les amandes (albumen) que renferment les noyaux fournissent par expression une huile un peu âcre, mais qu'on utilise néanmoins dans les cuisines populaires ou dans l'industrie.

L'argan végète bien dans le midi de l'Europe. On le

multiplie par les rejets qui se développent à la base des troncs.

5. Badamier du Malabar.

TERMINALIA CATAPPA.

Arbre de la famille des Combrétacées.

Cet arbre, originaire du Malabar, est très élégant ; il atteint de 25 à 30 mètres d'élévation. Son tronc a parfois $0^m,50$ à $0^m,60$ de diamètre. Il est commun dans les Indes Orientales, à la Guyane, à la Réunion, à la Martinique, dans l'Inde, en Cochinchine et dans la Nouvelle Calédonie. Ses feuilles sont obovales, crénelées et pubescentes en dessous. Ses fleurs blanches sont en épis axillaires. Son fruit est drupacé, comprimé, et arrondi à ses extrémités ; il est monosperme et en forme d'amande ; son noyau est très dur et contient une amande comestible. C'est pourquoi on l'appelle *amandier de la Martinique, amandier de Maurice, amandes du badamier.*

L'huile qu'on extrait des amandes est douce, comestible et excellente. Elle est aussi employée par l'horlogerie. Elle ne rancit jamais.

Le badamier ou *badamir* se multiplie de graines.

Cet arbre, dans l'Inde, fournit, en outre, une gomme dite *gomme Benjoin.* Son écorce sert à teindre les cuirs en noir.

6. Chataignier du Brésil.

BERTHOLLETIA EXCELSA, BERTHOLLETIA GIGANTEA.

Arbre de la famille des Myrtacées.

Cet arbre atteint une grande élévation. Il est répandu dans la Guyane et l'Orénoque.

Ses feuilles sont alternes, coriaces et entières. Ses fleurs sont jaunes et disposées en grappes. Elles produisent chacune un fruit recouvert d'un brou uni, luisant et un peu épais. La coque est ligneuse, épaisse, à surface raboteuse ; elle se divise en quatre loges contenant chacune 4 à 5 graines triangulaires ayant une enveloppe brune et striée.

Les amandes des graines renferment une huile douce qui rancit vite et facilement mais qui est très comestible quand elle est fraîche. Cette huile est connue sous le nom d'*huile de Para*; on en extrait 65 p. 100 des amandes que l'on désigne sous les noms suivants : *amandes d'Amérique, amandes de Para, châtaignes du Brésil, amandes de Rio Grande.* Les îles Pomotous en exportent annuellement 3.000 tonnes.

L'écorce fibreuse de cet arbre est employée comme étoupe.

7. Bancoulier.

ALEURITES TRILOBA.

Arbre de la famille des Euphorbiacées.

Le bancoulier est très répandu entre les tropiques. Il est surtout commun dans les îles de la Sonde, dans l'Inde et le sud de la Chine, dans les îles de Taïti et de Sandwich, en Cochinchine, dans l'Inde, à la Jamaïque, à la Guyane, à la Martinique, à la Guadeloupe, à la Nouvelle Calédonie et dans l'Assam. On le cultive au Bengale, au Mysore, à Ceylan et dans le Travancore.

Ce grand arbre produit en même temps et des fleurs et des fruits. Ses baies à la Réunion sont appelées *noix de Bancoul, noix des Moluques, noix chandelles;* elles sont globuleuses et contiennent deux coques dures monospermes qui renferment des amandes blanches, épaisses, charnues et purgatives mais d'une saveur agréable. Les graines ont la grosseur d'une petite châtaigne. Elles arrivent en Europe dans leurs coques qui augmentent leur poids des deux tiers.

L'huile qu'on extrait des graines par expression est très

limpide, translucide, ambrée et d'une odeur agréable quand les amandes sont fraîches. On l'appelle *huile de Kekui* aux îles Sandwich, *huile de Lumbang* aux îles Philippines, *huile de Belgaum* dans l'Inde, *huile de Kekuna* à Ceylan, *huile de noix d'Espagne* à la Jamaïque. 100 kilogr. de noix fournissent 33 kilogr. d'amandes et 100 kilogr. d'amandes 60 kilogr. d'huile et 40 kilogr. de tourteau. Ce dernier contient 9 p. 100 d'azote.

Cette huile est très siccative; elle est jaune pâle avec une saveur un peu âcre; elle se solidifie à $+ 3°$, sa densité est $0^m,922$. En brûlant, elle produit une fumée noirâtre abondante. On l'emploie dans l'éclairage, la peinture, la fabrication du vernis gras et du savon. Le tourteau est utilisé comme engrais.

Les Anglais désignent l'*Aleurites triloba* sous le nom de *candle nut tree*.

L'*Aleurites cordata* appartient principalement à l'Asie Orientale et au Japon. L'*Aleurites ambinua* est très commun à la Martinique et à la Guyane. On extrait aussi des graines de ces deux espèces une huile siccative qui remplace les vernis.

Il s'écoule des troncs des aleurites une gomme inodore. Leur écorce sert au tannage des peaux.

8. Margousier.

MELIA AZEDARACH, MELIA SEMPERVIRENS.

Arbre de la famille des Méliacées.

Le margousier ou argousier est originaire des Indes. On le rencontre en Asie, en Afrique et en Amérique. Il constitue un bel arbre à Pondichéry, en Cochinchine et dans les Indes Orientales. Il est répandu à la Martinique, à la Réunion, en Perse, en Syrie. Dans le midi de l'Europe, il atteint 7 à 8 mètres. Cet arbre est le *neem* des Bengalais, le *Vembou* des Indiens. Les Espagnols l'appellent *cinomoma*.

Le margousier s'élève à 18 et même 20 mètres dans les Indes. Ses feuilles sont composées de 6 à 9 paires de folioles profondément incisées; elles forment un feuillage vert foncé très élégant et contiennent une matière colorante verte. Ses fleurs lilacées, paniculées et axillaires sont nombreuses; elles se succèdent pendant 3 à 4 mois et répandent le soir une odeur très suave. C'est pourquoi on nomme souvent le margousier *lilas des Indes, lilas des Antilles*. Ses fruits sont des baies ovoïdes, globuleuses et grosses comme des cerises; ils sont jaunes, charnus et vénéneux; ils contiennent des noyaux très durs qui servent à faire des *chapelets* et des *colliers* dans l'Amérique du Nord et dans l'Inde. Ses graines allongées et presque triangulaires sont aromatiques.

On extrait des drupes qu'on regarde comme vénéneuses une huile jaune verdâtre qui a une saveur amère, mais qui produit en brûlant une flamme claire, brillante et inodore. Cette huile, appelée *huile de Margosa*, est utilisée dans l'éclairage, la peinture et la savonnerie. A l'état concret cette huile sert à faire des bougies.

Le tourteau est très amer, mais il blanchit très bien les mains.

Un arbre de cinq ans peut donner 15 kilogr. d'huile. 100 kilogr. de drupes en fournissent 20 kilogr. Les amandes traitées seules en produisent davantage. 100 kilogr. de graines donnent 53 kilogr. d'amandes qui contiennent 40 à 42 pour 100 d'huile dont la densité est de $0^m,921$. Cette huile se solidifie à $+ 7°$ et se liquéfie à $+ 36°$. Le savon qu'on en obtient est solide et possède une couleur nankin.

On cultive dans l'Inde deux variétés principales : le *Nim* et le *Bukayum*.

Aux États-Unis, en Afrique et dans l'Inde, la pulpe des fruits est utilisée par les naturels comme vermifuge.

Le melia azedarack ou *arbre à chapelets* se propage à

l'aide de ses semences. Il végète très bien dans les terres de qualité très secondaire. Sa croissance est très rapide.

9. Ben oléifère.

MORINDA PTERYGOSPERMA,	MORINDA ZELANICA,
MORINDA OLEIFERA,	ANOMA MORINGA,
GUILLANDINA MORINGA,	HYPERANTHERA MORINGA.

Plante dicotylédone de la famille des Capparidées.

Cet arbre est élevé de 5 à 10 mètres. Il est cultivé avec succès dans les montagnes de l'Inde, aux Moluques, aux Antilles, au Sénégal, à la Martinique, à la Réunion, en Égypte, et dans l'Amérique méridionale. Il est répandu entre les tropiques. Il est désigné parfois sous le nom de *pignon de Malacca.* Au Sénégal on le nomme *nerverdyé.*

Son écorce est brune ; ses feuilles sont tripennées à folioles ovales et inégales. Ses fleurs (fig. 36) blanches en panicules axillaires et terminales développent le soir une odeur très agréable ; elles donnent naissance à des gousses triangulaires contenant des graines anguleuses et ailées ou membraneuses appelées *noix de ben* et qui renferment une amande blanche.

On connaît deux sortes de fruits : Les *noix blanches de ben* qui sont ovoïdes, trigones, à test dur et cassant ; leur amande est blanche ou blanc verdâtre. Les *noix grises de ben* qui sont plus petites et moins estimées.

On multiplie cet arbre à l'aide de ses graines ou au moyen de boutures. Les plants doivent être mis en place quand ils sont jeunes. Ils redoutent un excès d'humidité.

On extrait des amandes qui sont assez grosses une huile douce, incolore, inodore et purgative. Cette huile, appelée *huile de Ben,* est toujours fluide, très limpide et ne rancit pas en vieillissant ; c'est pourquoi on l'emploie dans l'horlogerie pour graisser les rouages de précision.

Cette huile joue un rôle important dans la parfumerie. Elle sert à l'aide du coton fin à s'emparer des odeurs les plus odoriférantes et à obtenir des huiles parfumées.

Fig. 36. — Ben oléifère (rameau, fruit et graine).

On a pensé que l'*huile de ben* provenait du *Morinda aptera* dont les graines à trois angles ne sont pas ailées, mais il est hors de doute qu'on l'extrait du *Morinda pterygosperma*.

L'huile connue sous le nom d'*huile de Korung* est produite dans l'Inde par les graines du *Dalbergia ar-*

borea, arbre de 10 à 15 mètres qui appartient à la famille des légumineuses et dont les fleurs blanches sont en grappes axillaires et paniculées.

10. Huile de bois.

DIPTEROCARPUS ELATUS.

Arbre de la famille des Dipterocarpées.

Cet arbre, de 30 à 40 mètres de hauteur et de 0^m,65 à 1^m,20 de diamètre, est répandu en Cochinchine. C'est en opérant avec la hache de profondes et grandes incisions sur le tronc et après y avoir fait du feu, afin que la partie ligneuse soit bien entamée qu'on obtient une matière grasse qui est très en usage. Cette matière constitue *l'huile de bois;* elle est épaisse, visqueuse, brun rougeâtre et très aromatique. Cette huile, après avoir été réduite d'un quart par l'ébullition, est employée pour laquer le bois ou pour huiler les bateaux.

Un arbre adulte fournit par an de 120 à 140 litres d'huile.

L'huile de bois fournie dans l'Inde par le *Pterocarpus Lœvis* est très balsamique, mais elle n'est pas importée en Europe. Cet arbre appartient à la famille des légumineuses.

11. Camellia oléifère.

CAMELLIA OLEIFERA, THEA DRUPIFERA.

Arbrisseau de la famille des Camelliacées.

Cet arbrisseau est répandu en Chine, au Japon et en Cochinchine. Il y est indigène ou cultivé. Au Japon, on le nomme *Skima tsubaki* ou *Camellia sesanqua.*

Ses feuilles sont alternes, ovales, oblongues, globées et coriaces. Ses fleurs sont blanches, terminales et à 2 ou 3 pédoncules uniflores. Ses fruits sont des drupes arrondies, à quatre loges et à noyau quadriloculaire.

L'huile que ce camellia fournit réside dans l'embryon charnu des graines. Cette huile a une odeur agréable et elle rancit difficilement. On l'utilise dans l'industrie, la pharmacie et pour les soins de la chevelure.

Le *Camellia sazanka* fournit au Japon dans la province d'Hizen une huile supérieure à la précédente.

Les graines que produisent les *Thea piquetiana, Thea oleosa* et *Thea dormayana* fournissent aussi de l'huile ayant les mêmes propriétés.

12. Béref ou Jambosse.

CITRULLUS, CUCUMIS, CUCUMEROPSIS.

Plantes herbacées de la famille des Cucurbitacées.

Sous les noms de *béref* ou de *jambosse*, on importe du Sénégal en Europe des graines de courges, de melons, de pastèques, etc. Ces semences fournissent de l'huile qui est comestible et qu'on utilise aussi dans la fabrication du savon.

Marseille reçoit annuellement beaucoup de béref venant du Sénégal, du Gabon et de l'Inde.

Le commerce distingue deux sortes de béref :

1° Le *gros béref* qui se compose de graines de melons, de concombres, etc.

2° Le *petit béref* qui comprend les graines de courges, de pastèques.

En France, on extrait, dans l'Anjou, une huile comestible des graines de la citrouille de Touraine, variété dont les fruits entrent dans l'alimentation des bêtes bovines et des bêtes porcines.

Le *Cucumeropsis mannii* est principalement cultivé au Sénégal. Ses fruits sont baciformes. Ses graines sont mangées par les Pahouins ou Faus.

13. Lentisque.

PISTACHIA LENTISCUE.

Arbrisseau de la famille des Térébinthacées.

Cet arbuste toujours vert est élevé de 4 à 5 mètres. Ses tiges sont souvent tortueuses. Il est commun dans les sols inclutes du midi de l'Europe et du Sahara de l'Afrique centrale où il est appelé *El-durou*. Ses feuilles d'un beau vert et portées par des pétioles rougeâtres, sont fermes et lisses. Ses fleurs blanches en grappes axillaires s'épanouissent à la fin du printemps; elles donnent naissance à des baies arrondies qui sont d'abord vertes, puis rouges et ensuite noires ou très brunes.

On extrait des baies du lentisque après les avoir écrasées et fait bouillir dans l'eau une huile jaune-clair ou verdâtre, très odorante et d'une grande densité. 100 kilogr. de fruits produisent 20 litres d'huile. Cette huile peut remplacer l'huile d'olive dans le travail des laines et l'huile de pied de bœuf dans divers usages industriels. Les indigènes en Algérie, l'utilisent dans l'éclairage. Cette huile n'est complètement liquide qu'au-dessus de + 32° à + 34°. Sa saveur est très âcre et désagréable, mais on lui enlève son odeur en la chauffant avec de la mie de pain.

Dans l'Asie, on incise les troncs du lentisque pour retirer une résine appelée *manne du Levant, manne du Liban* qui entre dans la préparation de certains vernis et de divers baumes.

Le lentisque se propage facilement à l'aide de ses graines sur les terrains un peu frais.

La Pouille fait de nos jours, comme au temps des Romains, un grand commerce d'huile de lentisque avec l'Égypte.

14. Arbres oléagineux européens.

Divers arbres fruitiers qu'on rencontre en Europe fournissent des huiles qui ont une grande importance et qui se distinguent les unes des autres par des propriétés spéciales. Ces arbres sont au nombre de huit, savoir :

1. L'*olivier* (OLEA EUROPEA) est répandu dans l'Europe méridionale. C'est de ses fruits qu'on extrait l'*huile d'olive* bien connue pour ses remarquables qualités.

2. Le *noyer* (JUGLANS REGIA) qui est commun, dans une partie de l'Asie, les parties tempérées de l'Europe, dans la Dordogne et le Dauphiné. Ses amandes fournissent à froid une huile comestible que l'on nomme *huile de noix*.

3. L'*amandier* (AMYGDALUS COMMUNIS) est commun dans le midi de la France et de l'Europe. Ses amandes contiennent une huile douce, légèrement purgative ; on la nomme *huile d'amandes douces*.

4. Le *hêtre commun* (FAGUS SYLVATICA) qu'on rencontre dans les forêts situées sur des terrains sablonneux perméables, granitiques ou volcaniques produit les fruits qui fournissent l'*huile de faîne* que l'on emploie à différents usages industriels et qui remplace parfois l'huile d'olive.

5. Le *noisetier commun* (CORYLUS AVELLANA) est commun surtout dans la région méridionale. On extrait de ses amandes une huile très douce, que l'on appelle *huile de noisette*.

6. Le *prunier de Briançon* (PRUNUS BRIGANTIACA) n'existe que dans les Hautes-Alpes. On extrait de ses graines une huile qui sert à la préparation de l'*huile de marmotte*.

7. Le *genévrier commun* (JUNIPERUS COMMUNIS) est commun parfois sur les terres incultes. On extrait de son bois une huile que l'on appelle *huile de cade*.

8. Le *cornouiller sanguin* (CORNUS SANGUINEA) est bien connu. On extrait de ses graines en Italie une huile propre à l'éclairage.

10.

CHAPITRE II

ARBRES A MATIÈRE GRASSE CONCRÈTE.

1. Bois à chandelles.

RHUS VENERATA, RHUS TOXICODENDRUM,
TOXICODENDRUM PINNATUM.

Arbre de la famille des Anacardiacées.

Ce sumac à racines traçantes est originaire de l'Amérique septentrionale ; il atteint de 3 à 5 mètres de hauteur ; ses rameaux sont glabres. Ses feuilles sont ovales, lancéolées et persistantes.

Cet arbre est vénéneux dans toutes ses parties.

Ce sumac et le *Rhus succedanea* et le *Rhus sylvestris* produisent des baies dont le mésocarpe contient une matière cireuse ou une huile concrète qui sert au Japon et en Chine à fabriquer de bonnes chandelles. Le premier est appelé *hagi* et le second *yama*. Ces arbustes existent aussi aux États-Unis, mais principalement dans les provinces de l'ouest.

On multiplie ces espèces à l'aide de leurs graines et de leurs drageons ou au moyen de marcottes. Ils végètent bien dans les sols secs.

Il découle des incisions faites sur le *Rhus vernicifera* que les Japonais connaissent sous le nom d'*urushi*, une résine blanche, transparente qui brunit à l'air et qui sert de vernis ou de laque. Cette espèce est répandue du Japon au Népaul. Elle s'élève dans l'Himalaya jusqu'à 2000 mètres d'altitude. La sève des deux espèces précédentes est aussi employée comme vernis sous le nom de *vernis de Chine*.

2. Calaba.

CALOPHYLLUM CALABA, CALOPHYLLUM TACAMHACA,
CALOPHYLLUM INOPHYLLUM.

Arbre de la famille des Clusiacées.

Cet arbre est commun dans l'Inde sur la côte de Coromandel, dans le Malabar et dans le Travancore, dans l'Océanie et les montagnes de Java. Il est aussi répandu dans les Antilles, à Madagascar où il est appelé *tacamahaca*, à Bourbon, à la Réunion et en Cochinchine. Il habite principalement les forêts humides. Sur la côte de Coromandel on le nomme *pinné cotté*. Il est très commun à la Nouvelle-Calédonie et dans l'Océanie.

Le calaba atteint dix mètres d'élévation. Sa tête est développée. Son écorce est épaisse et brune. Il porte des feuilles opposées, pétiolées, ovales, coriaces et persistantes. Ses fleurs sont blanches, très odorantes et en panicules terminales. Ses fruits sont des drupes rouges, allongés et ressemblant aux fruits du cornouiller ; ils contiennent des noyaux globuleux. On les nomme *noix de Galba* aux Antilles et à la Martinique, *noix de Mohu* en Cochinchine et *noix de Tamanu* à Taïti.

Les amandes du calaba contiennent une matière grasse qui a la consistance du suif à + 5° et qu'on extrait par pression après les avoir exposées au soleil. Cette substance sert à fabriquer des bougies et un savon jaune citron qui est excellent et très dur. Cette matière a l'aspect d'une huile aromatique, jaune citron avec un reflet verdâtre et une saveur amère. Sa densité est 0,943. Les amandes en renferment 40 à 50 p. 100. En brûlant elle développe une belle flamme, mais elle produit une odeur désagréable. On l'utilisé aussi dans la peinture, les vernis gras et la fabrication du savon. Ce dernier est jaune citron et très dur.

Le calaba a été appelé *laurier d'Alexandrie*. On le cultive à la Martinique sur la lisière des propriétés rurales.

3. Illipé.

BASSIA LONGIFOLIA.

Arbre de la famille des Sapotées.

Le bassia est un arbre à tronc droit des contrées tropicales; il atteint de 10 à 15 mètres de hauteur. Il est répandu à la Martinique, dans les jungles de l'Inde et dans les îles de la Sonde; dans l'Inde on le nomme *illipé papou*.

L'illipé est commun dans l'Inde près des hameaux, des aldées, des pagodes.

Ses feuilles sont alternes, lancéolées, et entières; ses fleurs sont disposées en ombelles réfléchies passant du blanc au rose foncé et exhalant une agréable odeur. Ses baies appelées *noix d'illipé* sont globuleuses, velues et de la grosseur d'une grosse prune; elles contiennent plusieurs semences, à testa coriace et luisant. Ces graines sont oléagineuses. On en extrait une matière grasse, solide, blanc verdâtre ou blanc jaunâtre qui est utilisée dans la fabrication du savon. En brûlant elle développe une odeur désagréable et beaucoup de fumée.

Cette matière grasse ou butyracée est appelée *beurre d'illipé*; elle devient demi-fluide à + 30° et se liquéfie à + 35° et prend une nuance jaune; elle se solidifie à + 25°. Elle contient de l'élaïne et de la stéarine. Dans l'Inde, elle entre dans l'alimentation des classes pauvres lorsqu'elle est nouvelle et sert à laver les idoles indoues.

Le *Bassia latifolia* est l'espèce qui fournit l'*huile de Mahwa* ou l'*huile de Yallah* qu'on utilise au Bengale. Cette huile est de qualité médiocre comme huile comestible, mais elle est estimée des savonniers.

Le *Bassia anthyracea* est l'*arbre à beurre* de l'Afrique Centrale. Le *Bassia butyracea*, appelé au Congo *arbre à beurre*, fournit dans l'Inde, à la Sénégambie, au Gabon un beurre solide appelé *ghee* ou *ghi* qui sert au graissage des machines. Cette matière est le *fulwara* des indigènes.

Le *Bassia Parkii* ou *Butyrospermum Parkii* fournit le *beurre de Galam* qu'on emploie comme savon sur la côte de Coromandel et le *beurre de Bambouc* ou *beurre de Karity* qu'on utilise au Sénégal dans le graissage des machines. Cette espèce constitue des forêts très importantes dans le Soudan ; elle est aussi commune dans les forêts du Ségon et de Macina. Dans le Bas-Niger, elle donne lieu à un grand commerce par son produit butyreux qui est utilisé par la stéarique et la savonnerie.

Le *Bassia djave* fournit au Gabon une graisse qu'on nomme *agali djavé* et *agali moungou* ou *beurre de Bambara*.

Les bassias réussissent bien dans les sols de qualité secondaire, secs et caillouteux. On les multiplie de semences. Il existe à Karikal, dans l'Inde française, de très belles plantations de *Bassia longifolia*, espèce bien connue pour la dureté de son bois.

Les bassias croissent dans presque tous les terrains.

4. Cirier de la Louisiane.

MYRICA CERIFERA, MYRICA CAROLINIENSIS.

Arbuste de la famille des Myricées.

Le *myrica porte-cire* appelé aussi *galé cirier*, *myrique de la Caroline*, est indigène en Europe depuis 1699, mais il est très répandu sur les bords des eaux et des marais à la Caroline, dans la Pensylvanie, au Canada, à la Colombie, etc.

Cet arbrisseau a 3 à 4 mètres de hauteur. Les feuilles sont persistantes, alternes, ovales, lancéolées et dentées à leur extrémité. Ses fleurs s'épanouissent en mai et juin. Il est commun sur les bords ombragés des marais à la Louisiane, à la Virginie, etc. Pendant les temps chauds, il développe une odeur résineuse très prononcée.

Ses fruits rouges, globuleux en paquets serrés ont la grosseur d'un pois ; ils sont monospermes et leur péricarpe est charnu ; ils sont couverts d'une cire blanche farineuse qui se fond et surnage dans l'eau bouillante. Cette cire a une couleur verte qui est triste, mais elle développe une odeur agréable en brûlant. Quand elle a été épurée, elle est jaune verdâtre. Elle fond à 48°. Cette matière est appelée *cire de myrica, cire verte, cire végétale, beurre de gale.* Elle sert à fabriquer des bougies pour la classe ouvrière.

On multiplie le cirier de graines, de marcottes et de rejetons. Cet arbrisseau demande des terres légères et humides.

Les fruits donnent un quart de leur poids en cire.

5. Mangoustan.

GARCINIA INDICA.

Arbre de la famille des Clusiacées.

Cet arbre élégant est commun sur le littoral dans l'Inde, à Ceylan et dans les pays intertropicaux. L'huile qu'on retire de ses graines et qu'on appelle *beurre de Kokum,* ou *beurre de Cocum,* ou *huile de Garcinia,* est une substance blanche, grasse, friable et riche en stéarine.

Le *Garcinia pictoria* fournit dans l'Inde l'*huile de Madool.*

Le *Garcinia mangostana,* arbre de 6 à 8 mètres, est cultivé dans la Malaisie, en Cochinchine pour ses fruits globuleux qui sont de la grosseur d'une petite pomme et qui ont une saveur délicate et parfumée. Ses graines sont aussi oléagineuses.

La tête de cette espèce est régulière. Ses feuilles sont opposées et ovales. Ses fruits ont la grosseur d'une grenade. Leur pulpe est blanc rosé.

Le mangoustan est un excellent fruit acidulé dans les pays tropicaux.

6. Caraïpe ou Carapa.

CARAPA TOULOUCOUNA, CARAPA GUINEENSIS,
XYLOCARPUS CARAPA.

Arbre de la famille des Méliacées.

Le *carapa* ou *touloucouna* est un bel arbre très commun à la Guinée et à la Sénégambie. Il est très élevé, son port est majestueux. Ses feuilles très grandes sont formées de 6 à 10 paires de folioles coriaces et luisantes. Ses fleurs jaunâtres sont disposées en grappes piciformes. Ses fruits sont des capsules ovoïdes à quatre côtés convexes; c'est de leurs amandes qu'on extrait l'huile épaisse appelée *huile de touloucouna*. L'*huile de carapa* ou *huile de crab* est une sorte de beurre onctueux, très amer et odorant, qui sert dans l'éclairage et les arts. Elle provient des graines du *Carapa guyanensis* qui est commun à la Guyane dans le district de Cachipour sur la rive du Courouaie.

Les graines du caraïpe donnent lieu à un grand commerce au Sénégal, et surtout dans le Cazamance; celles qui ont été décortiquées s'altèrent souvent pendant les transports.

Le *carapa des Moluques* ou *Carapa molucencis* est un arbre de moyenne grandeur; on le designe aussi sous le nom de *Xylocarpus granatum*. Ses fleurs blanches sont en petites grappes rameuses. Ses fruits imitent un peu les grenades. On extrait des amandes une huile amère qui est aussi employée dans l'industrie.

Pour extraire la matière huileuse des graines, on fait bouillir celles-ci; alors l'huile surnage sur le liquide et on peut aisément la recueillir. On peut aussi ensacher les graines et les soumettre à l'action d'une presse.

7. Copernicie à cire.

COPERNICIA CERIFERA, CORYPHA CERIFERA.

Arbre de la famille des Palmiers.

Ce magnifique palmier est répandu au Brésil et dans l'Australie occidentale. Il est rustique et ne craint pas les sécheresses. Il est rare à la Guyane. Au Brésil on l'appelle *Carnauba* ou *carnahuba*.

Ses feuilles, encore jeunes, sont enveloppées d'une matière cireuse qu'on désigne sous le nom de *cire de Carnauba*. Cette matière est jaunâtre, sèche, cassante et de couleur jaune verdâtre ; elle ressemble plutôt à la résine qu'à la cire.

Au Brésil, pour la cueillir, on coupe les feuilles, on les fait sécher, on les secoue ou on les bat et on fait ensuite fondre dans l'eau bouillante l'exsudation cireuse qu'on a obtenue. Cette substance sert à faire des bougies. Son point de fusion est 80°. Jusqu'à ce jour on n'est pas parvenu à lui faire perdre sa couleur jaune citron.

L'Angleterre reçoit chaque année plus d'un million de kilogr. de cire de Carnauba.

Chaque palmier en fournit en moyenne 2 kilogr.

Le carnauba végète très bien dans les sables de la Province de Ciara, au Brésil.

8. Iriartée des Andes.

IRIARTEA ANDICOLA, CEROXYLON ANDICOLA.

Arbre de la famille des Palmiers.

Ce *palmier à cire* existe jusqu'à 2500 mètres de hauteur au Pérou et à la Nouvelle Grenade dans les parties humides des Andes. Il atteint 40 à 50 mètres de hauteur ; son tronc est plus épais dans le haut qu'à sa base. Ses feuilles sont très grandes et composées de nombreuses pinnules linéaires, coriaces et plissées. Ses fleurs, en spadices pendants, produisent des baies globuleuses qui sont violettes lorsqu'elles sont mûres.

Le tronc est blanchi par une matière cireuse qui l'enveloppe complètement. Pour récolter cette matière on coupe l'arbre par sa base, on l'abat et on racle le tronc. Chaque arbre produit de 8 à 12 kilogr. de cire suivant son développement.

Cette cire est aussi appelée *carnauba* par le commerce. Elle sert à faire des bougies qui ont le défaut de brûler un peu vite.

Le bois de l'iriartée est très dense et durable. Ses feuilles fournissent des fibres de bonne qualité.

La cire de carnauba est vendue de 100 à 130 fr. les 100 kilog.

10. Chigomier.

COMBRETUM BUTYRACEUM, TRIADICA SINENSIS.

Arbre de la famille des Combrétacées.

Le Chigomier est une plante grimpante de la Cafrerie, de la Côte Orientale d'Afrique et de la Cochinchine. L'enveloppe épaisse et blanche de ses fruits contient une substance grasse butyreuse qui renferme 33 p. % d'oléine et 66 p. % de margarine. Cette matière est appelée *beurre végétal.* Les Cafres en font un grand usage comme aliment. On l'importe en Europe sous le nom de *Chiguito.*

11. Figuier religieux.

FICUS RELIGIOSUM.

Arbre de la famille des Morées.

Le figuier religieux est un bel arbre à rameaux dressés et à feuilles pétiolées et persistantes; il est répandu à Java, dans les Indes orientales. Ses fruits globuleux de la grosseur d'une petite noisette, fournissent la cire connue sous le nom de *cire de figuier, cire de Sumatra.* Après sa fusion qui a lieu à 75°, elle est poreuse et friable, brune extérieurement et rose intérieurement.

Ce ficus se multiplie de boutures et de marcottes.

12. Arbre à suif.

CROTON SEBIFERUM, EXCŒCARIA SIBIFERA.
STILLINGIA SEBIFERA.

Arbre de la famille des Euphorbiacées.

Cet arbre, de 7 à 9 mètres de hauteur et à écorce gris blanchâtre, croît en Chine, au Japon, à la Caroline, à la Martinique, dans les lieux humides ou sur le bord des ruisseaux. Ses feuilles sont vertes, mais elles rougissent avant de tomber. Ses fleurs sont disposées en épis terminaux rouge vif donnant naissance à des capsules lisses, dures, brunes, ovalaires, à trois côtés arrondis et à trois loges. Les graines, d'un beau blanc, sont un peu aplaties, demi-sphériques et sillonnées ; elles ont une saveur âcre, pénétrante et sont couvertes d'une espèce de *suif végétal* très blanc et un peu ferme.

La matière sébacée, grosse, cireuse, concrète, qui entoure les semences, sert en Chine, en Cochinhine, au Japon et dans le Soudan à faire des chandelles et des bougies qui sont très blanches et qui durent longtemps. Pour l'obtenir, ou broie les coques et les graines et on les fait bouillir ; alors la graisse surnage et on l'enlève quand l'eau est refroidie. Cette matière peut remplacer l'axonge, pour les usages industriels et médicaux.

L'arbre à suif ou *porte-suif* est assez rustique pour être cultivé en pleine terre dans le midi de l'Europe. Il en existe de beaux sujets dans les environs de Perpignan.

La matière que fournit le *croton sebiferum* rappelle un peu la cire des abeilles.

Les feuilles de cet arbre fournissent en Chine une teinture noire.

Les crotons se multiplient par marcottes ou par boutures. Ils demandent des terres profondes et de consistance moyenne.

13. Muscadier porte-suif.

MYRISTICA SEBIFERA.

Arbre de la famille des Myristicées.

Cet arbre est indigène à la Guyane où il est appelé *Yaya-Madou*. Il se propage de plus en plus à la Martinique et au Gabon. Il atteint de 15 à 18 mètres de hauteur ; ses grandes feuilles rappellent celles du muscadier aromatique.

Les fruits, de la grosseur d'une prune, contiennent des graines qui fournissent une huile concrète ayant beaucoup de consistance. C'est à l'aide de l'eau bouillante que son extraction a lieu.

Cette matière sébacée, cristalline et odorante, sert à la fabrication des bougies ou du savon. C'est pourquoi cette espèce a été aussi appelée *arbre à chandelles*.

L'arbre à suif du Gabon (MYRISTICA ANGOLENSIS) produit des fruits qui fournissent de 55 à 72 p. 100 de matière grasse, solide et nauséabonde. Cette espèce est très répandue au Sénégal ; on la nomme *Kombo* ou *Combo*.

Diverses autres espèces fournissent aussi des matières grasses : le *Myristica moschata* à Java, le *Myristica longifolia* dans l'Afrique occidentale, le *Myristica lancifolia* à la Martinique et le *Myristica bucuhiba* au Brésil.

Tous les muscadiers se propagent à l'aide de leurs fruits.

14. Tétranthère.

TETRANTHERA CALOPHYLLA.

Arbre de la famille des Laurinées.

Cet arbre est abondant dans les montagnes de Java et dans les Nilgherries de l'Inde ; il atteint 5 à 7 mètres de hauteur. On extrait du péricarpe de ses fruits par la pression une matière grasse ayant la consistance du suif. Cette véritable cire sert à fabriquer des bougies.

Le *Tetranthera laurifolia* ou *Sebifera glutinosa* qui est commun dans les forêts de la Réunion et de la Cochinchine, produit aussi des fruits contenant une matière concrète avec laquelle on fabrique des bougies.

Le bois de ces deux espèces est léger, grisâtre ou vert jaunâtre.

Sa valeur est secondaire.

DEUXIÈME PARTIE.

PLANTES SAPONIFÈRES.

Sous le nom de plantes saponifères, on comprend les végétaux dont les racines ou les feuilles ou la pulpe qui enveloppe les fruits font mousser l'eau comme le savon.

La plante savonnière la plus connue en Europe est la *saponaire officinale* qui y est vivace, indigène dans les endroits frais ou humides. Sa racine contient 30 à 35 p. 100 de matière savonneuse.

Cette saponaire a des tiges hautes de $0^m,75$ et des feuilles sessiles, ovales et lancéolées. Ses fleurs sont rose pâle et odorantes et disposées en belles panicules.

La *saponaire d'Espagne* est le *Gypsophylla struthium* dont le suc, d'après Pline, rend la laine très blanche et très douce. Le savonnier de l'Inde est le *Sapindus saponaria*.

La racine de l'*Olbergia lophanta*, légumineuse qui est originaire de la Nouvelle-Hollande et qui croît en Australie, est aussi très savonneuse.

Sous le nom de *Panama* on vend l'écorce du quillay savonnier (*Quillaja smagmadermos* qui est répandu au Chili et qui sert au blanchissage des lainages.

Tous ces végétaux renferment une matière à laquelle on a donné le nom de *saponine*.

CHAPITRE UNIQUE

SAVONNIER.

SAPINDUS SAPONARIA.

Arbre de la famille des Sapindacées.

Le savonnier ou *arbre à savon* est commun dans la Malaisie et les jungles sèches de l'Inde où il est appelé *huruwasa*. Il existe aussi au Brésil, aux Antilles, à la Martinique, à la Réunion, à la Guadeloupe, en Cochinchine, au Chili, on l'appelle *mayten*.

Cet arbre, le *rarak* des Malaisiens, est droit et haut de 9 à 10 mètres. Ses feuilles sont composées de 4 à 5 paires de folioles lancéolées. Ses fleurs peu apparentes sont blanches et en épis lâches et terminaux. Le fruit, de la grosseur d'une cerise, a une enveloppe charnue et détersive ; on le nomme parfois *cerise à savon;* son amande a le goût de la noisette. La pulpe écrasée dans l'eau chaude mousse comme le savon et donne du brillant à la laine et à la soie. Cette pulpe est vénéneuse. L'écorce et la racine sont aussi employées en guise de savon.

Le savonnier s'élève jusqu'à 1,200 mètres d'altitude dans les montagnes de Java. Il est très décoratif par son feuillage et ses fleurs, mais les fruits sont vénéneux. Son bois blanc et gommeux est excellent pour la charpente et le charronnage.

Les *Sapindus senegalensis*, *detergens* et *emarginatus* produisent des fruits qui ont aussi des propriétés saponifères. Ils sont communs au Sénégal et dans les Indes orientales.

TROISIÈME PARTIE.

PLANTES TINCTORIALES.

Les plantes tinctoriales sont nombreuses; elles fournissent des produits colorants très divers. Les unes sont herbacées ou bulbeuses; les autres sont arbustives ou ligneuses.

Dans le but de bien faire connaître les produits qu'elles fournissent et qu'on utilise dans les arts et l'industrie, je les ai divisées en cinq classes :

1. Les *plantes à principe tinctorial jaune* : gaude, safran, quercitron, etc.

2. Les *plantes à principe tinctorial bleu* : pastel, indigo, etc.

3. Les *plantes à principe tinctorial rouge* : garance, orcanette, bois de Brésil, etc.

4. Les *plantes à principe tinctorial vert* :

5. Les *plantes à principes tinctorial noir* : sumac.

Quelques-uns des végétaux qui servent *à teindre en noir* sont compris parmi les *plantes tannifères*.

J'ai placé la *cochenille* dans la troisième classe parce qu'elle vit et se propage sur le nopal ou *Cactus opuntia*. J'ai agi de même à l'égard du *kermès* qui se multiplie sur le *Quercus coccilifera*.

PREMIÈRE DIVISION.

PLANTES A PRINCIPE TINCTORIAL JAUNE.

CHAPITRE PREMIER

GAUDE.

RESEDA LUTEOLA, L.

Plante dicotylédone de la famille des Résédacées.

Anglais. — Weld.
Allemand. — Wua.
Hollandais. — Wonve.

Italien. — Guadarella.
Russe. — Wou.

Historique. — Mode de végétation. — Terrain. — Fertilisation. — Époque des semis. — Soins d'entretien. — Insectes ou animaux nuisibles. — Récolte. — Dessiccation des tiges. — Mise en bottes ou en paquets. — Rendement. — Valeur commerciale.

Historique.

La gaude est désignée sous des noms différents suivant les localités. On l'appelle *herbe à jaunir*, *vaude* ou *réséda gaude*. Elle est connue depuis longtemps en Europe, comme plante tinctoriale. On croit qu'elle est le *strathium* des anciens, plante dont ils ont souvent parlé et dont ils n'ont pas donné la description.

Cette plante est cultivée en France, en Belgique, en Angleterre, en Allemagne et en Italie. En France, on la cultive principalement dans les départements de la Seine-

Inférieure, de l'Eure, de Seine-et-Oise et de la Marne. Sa culture a été introduite, il y a environ un siècle, dans les environs d'Elbeuf et de Louviers.

Avant la fin du siècle dernier on importait beaucoup de gaude de l'étranger. Aujourd'hui, la France produit au delà de ses besoins. Ainsi en 1855, elle en a exporté 67,660 kilog. ayant une valeur de 23,764 fr. En 1856, les exportations ont atteint 112,865 kilog.

Toutes les parties de la gaude : les racines, les tiges, les feuilles et graines, contiennent un principe colorant jaune que l'on regarde avec raison comme le plus solide, le plus pur et le plus beau. Ce principe sert à préparer une belle laque jaune.

Cette plante doit ses propriétés colorantes à la *lutéoline*, principe jaune cristallisé en aiguilles, isolé pour la première fois par M. Chevreul.

Mode de végétation.

Cette plante reste en terre pendant quatorze mois; elle à une racine droite, pivotante, roussâtre à l'extérieur et blanche intérieurement, des tiges anguleuses, droites, effilées, hautes de 0^m,50 à 1 mètre, et garnies latéralement de feuilles linéaires lancéolées, entières, luisantes et sessiles; ses fleurs sont jaunâtres ou verdâtres, et réunies en un long épi terminal (fig. 37); ses graines sont petites, presque rondes, lisses, luisantes, brunes ou brun verdâtre; elles sont renfermées dans des capsules ovoïdes et trilobées au sommet (fig. 38).

La gaude croît en France, en Europe, en Algérie, etc. sur les lieux arides, dans les sols pauvres, secs, calcaires ou sablonneux. La *gaude cultivée* est bien supérieure à la *gaude sauvage*.

On cultive deux variétés : la *gaude d'automne* et la *gaude*

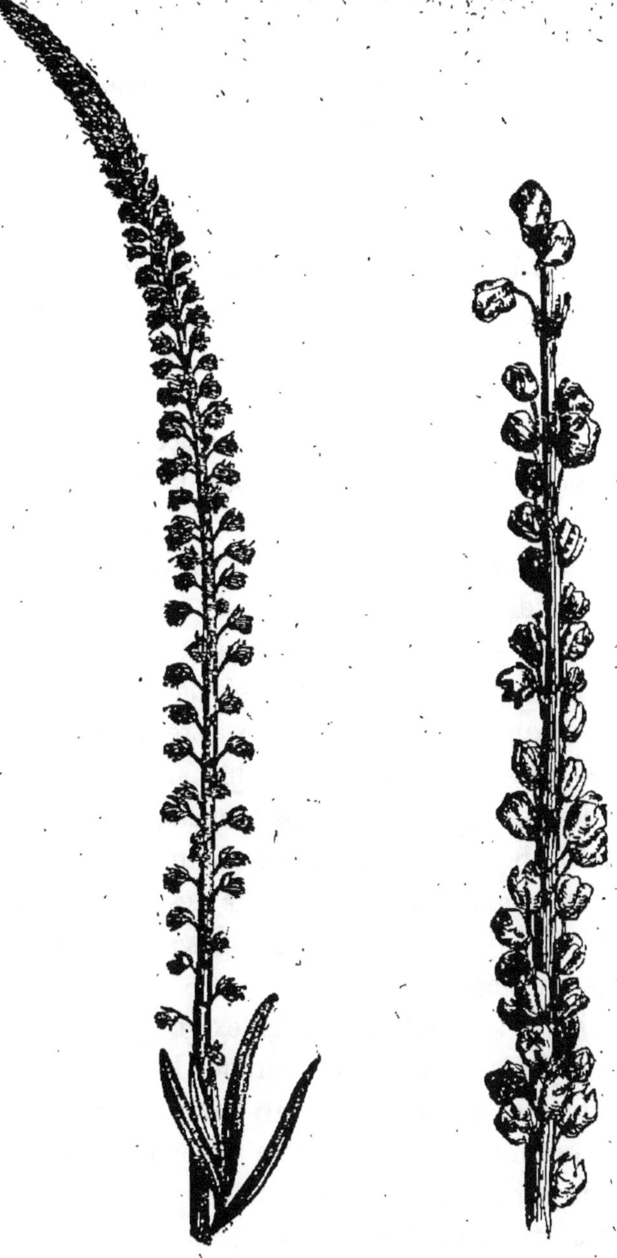

Fig. 37. — Gaude
en fleur.

Fig. 38. — Gaude
en graine.

de printemps. Ces deux variétés ont les mêmes propriétés

tinctoriales, mais la première est toujours plus productive que la seconde.

Les tiges de la gaude d'automne commencent à s'élever pendant la première quinzaine de mars.

Terrain.

NATURE. — La gaude doit être cultivée sur des terrains légers, meubles, secs, calcaires ou siliceux et profonds. Les sols argileux ne lui conviennent pas.

L'expérience a toujours démontré que les plantes qui végètent sur des terres légères et calcaires contiennent plus de matière colorante. Le carbonate de chaux rend la lutéoline plus intense.

Un peu de fraîcheur dans le sol ne nuit pas aux qualités de la gaude de printemps.

FERTILITÉ. — Il n'est pas nécessaire que les sols soient très riches ou qu'ils aient été fertilisés par des engrais abondants, parce que la gaude n'est pas très épuisante. Lorsque la fécondité de la couche arable est très grande, les tiges acquièrent un fort développement, se ramifient et sont moins riches en lutéoline. Le commerce recherche de préférence la gaude qui a végété sur des terrains légers et de moyenne fertilité, parce que ses tiges sont moins élevées et toujours simples.

PRÉPARATION. — Cette plante exige que la terre ait été bien préparée et ameublie par des labours et des hersages répétés. Elle demande, en outre, que la couche arable soit exempte pour ainsi dire de plantes indigènes à racines traçantes, parce qu'elle ne se défend pas contre l'envahissement du sol par les mauvaises herbes.

Application des engrais.

On ne doit pas fumer directement les terres pour la

gaude. Quand cette plante suit une forte fumure, sa tige s'élève, devient rameuse et n'a pas autant de valeur commerciale que celles qui proviennent de pieds qui ont accompli leurs phases diverses de végétation dans des conditions moins favorables. Il faut donc ne cultiver la gaude que sur des terres qui ont supporté une ou deux récoltes après avoir été fumées. Le plus ordinairement on la sème après une céréale d'hiver ou de printemps. Dans le département de la Seine-Inférieure on répand souvent sa graine sur les terres occupées par des fèves ou des haricots, au moment où l'on exécute le dernier binage.

On doit renoncer à la cultiver sur les terres sur lesquelles les produits n'atteignent pas 800 à 1,000 kilog. à l'hectare, parce que leur valeur ne couvre pas les dépenses qu'ils occasionnent.

Semis.

ÉPOQUE. — La *gaude d'automne* se sème en juillet et août. Quand les semis ne sont pas faits plus tardivement, elle résiste très bien aux froids de l'hiver.

En Normandie, on les pratique aussi en été, afin de pouvoir arracher les tiges en juillet, époque où leur dessiccation se fait facilement et très vite.

Dans le Midi, on sème toujours cette variété en automne.

La *gaude de printemps* doit être semée en mars ou avril quand on ne redoute plus de gelées à glace.

QUANTITÉ DE GRAINES. — Toutes les graines de la gaude bien récoltée ne mûrissent pas complètement, parce que l'arrachage s'effectue avant la maturité parfaite des tiges. On devra donc ne confier à la terre que des semences foncées ou noirâtres. Les graines blanchâtres germent très difficilement.

Il est aussi nécessaire de ne répandre que des graines de

la dernière récolte, parce que les semences de gaude perdent promptement leur faculté germinative.

On sème ordinairement 4 kilog. de graines par hectare. On ne doit pas en répandre une quantité moindre. Lorsque les semis sont trop clairs, les plantes donnent naissance à des ramifications semblables à celles que présente la gaude sauvage.

On a souvent répété qu'il fallait employer 8, 12 ou 16 kilog. de graines. Ces quantités sont trop fortes.

L'hectolitre de graines pèse 60 kilogr.

MODE D'ENSEMENCEMENT. — On sème les graines à la volée après les avoir mêlées à quatre ou six fois leur volume de sable fin et sec. Ce mélange permet d'exécuter le semis avec plus de régularité.

On enfouit les semences au moyen d'un fagot d'épines ou d'un hersage très léger.

Quand on redoute une sécheresse, on doit faire suivre la herse par un rouleau. Le roulage, en tassant le sol, rend la germination plus prompte et plus certaine, puisqu'il permet à la terre de conserver sa fraîcheur.

Soins d'entretien.

SARCLAGE. — Dès qu'on peut distinguer la gaude, on la sarcle si cela est nécessaire, c'est-à-dire on arrache à la main les plantes nuisibles qui se sont développées depuis l'exécution de la semaille.

ÉCLAIRCISSAGE. — Lorsque les *rosettes de feuilles* que présentent les pieds ont de $0^m,03$ à $0^m,05$ de diamètre, on procède à l'éclaircissage. Ainsi, on arrache toutes les plantes qui ne sont pas éloignées des autres de $0^m,12$ à $0^m,16$.

BINAGES. — On donne ensuite un binage. Cette opération doit être pratiquée à bras et avec une binette à lame étroite. On la répète une seconde et même une troisième fois si l'état de la terre l'exige. Le premier binage est difficile à exécuter, et il demande beaucoup d'attention de la part des ouvriers, parce que les plantes restent long-temps petites.

La gaude d'automne doit être binée avant l'hiver. Celle de printemps exige des binages plus nombreux et plus parfaits.

Au premier binage, un ouvrier n'ameublit pas au delà de 6 à 8 ares par jour; au second, il peut biner de 10 à 12 ares.

Le premier binage se paye 18 à 25 fr. l'hectare, et les suivants de 14 à 16 fr. En 1763, on payait ces façons 18 fr. aux environs de Rouen.

Insectes, agents ou animaux nuisibles.

Nul animal ou insecte n'attaque la gaude pendant sa végétation.

Les années sèches sont toujours favorables à la gaude. Celles humides rendent ses produits plus abondants, mais elles nuisent à leur qualité.

Récolte.

ÉPOQUE. — On fait la récolte quand les tiges, les feuilles et les capsules ont presque complètement perdu leur cou-leur verte, et qu'elles ont pris une teinte jaune ou jaune-verdâtre. Alors les graines que renferment les capsules de la moitié ou du tiers inférieur des épis, sont arrivées à parfaite maturité.

La gaude d'automne se récolte, dans le Nord, en juin et juillet, et dans le Midi, pendant la première quinzaine de juin.

La gaude de printemps s'arrache à la fin d'août ou en septembre.

On ne doit opérer que lorsque le temps est beau. Souvent on profite du lendemain d'une pluie, parce que l'arrachage se fait alors plus aisément.

ARRACHAGE DES TIGES. — On arrache la gaude. On doit se garder de la faucher, afin que les racines restent attenantes aux tiges. Le commerce accepte difficilement la gaude que l'on a fauchée. D'ailleurs, si l'on coupe les tiges on perd la racine, et la récolte n'atteint pas le poids auquel elle doit s'élever.

Il faut arracher avec précaution et de préférence le matin et le soir pour perdre le moins possible de graines. Les pieds qui conservent leurs semences ont plus de valeur commerciale, parce que ces graines sont très riches en lutéoline.

On a observé en Normandie, il y a un siècle, qu'il faut vingt-neuf journées d'ouvriers pour arracher et mettre à sécher la gaude d'un hectare. Chaque ouvrier n'opère donc par jour que sur 3 ares 50 centiares.

DESSICCATION DES TIGES. — Après l'arrachage, on rapporte les tiges à la ferme, et on les appuie contre un mur ou une haie, ou on les dresse sur le champ contre des perches ou des gaules maintenues à $0^m,40$ ou $0^m,50$ au-dessus du sol au moyen de piquets et de brins d'osier. A défaut de murs, de haies ou de perches, on peut réunir les tiges en faisceaux écartés du pied et liés à leur partie supérieure à l'aide d'une baguette flexible pliée en cercle, de $0^m,22$ de diamètre. Mathieu de Dombasle qui recommande ce procédé de séchage, quand le temps est incertain, observe que la poignée de tiges ne doit pas être assez forte pour être serrée dans la couronne, autrement la dessiccation laisserait à désirer.

On doit avoir la précaution de bien exposer les plantes à

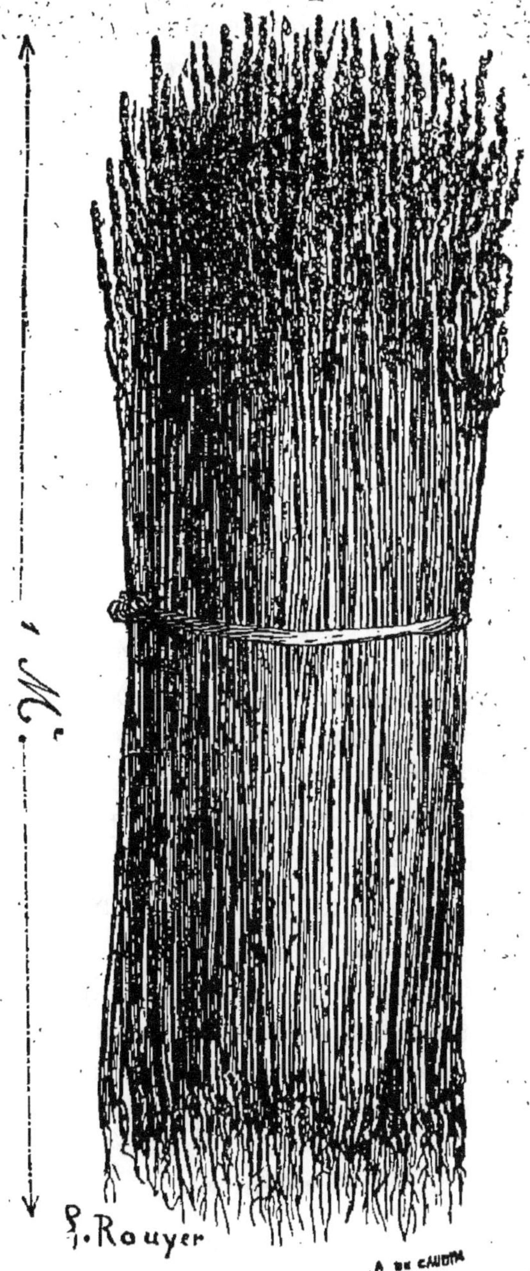

Fig. 39. — Botte de gaude.

l'action du soleil pour que leur dessiccation soit le plus rapide possible. Il faut les retourner une ou deux fois.

On ne peut laisser les tiges étendues en javelles peu épaisses sur le champ que lorsque la terre est sablonneuse et le temps très sec. Les plantes perdent beaucoup de leur valeur quand elles restent exposées sur la terre à l'action des pluies. Ainsi, sous l'influence d'une humidité prolongée, elles brunissent ou noircissent et perdent de leur propriété colorante.

Dans le nord de la France et de l'Europe, cette dessiccation dure de trois à cinq jours, selon l'état de l'atmosphère. Dans le Midi, le séchage est complet au bout de deux jours.

MISE EN BOTTES. — Lorsque les tiges sont sèches, on les rentre dans les bâtiments ou sous des hangars, et on procède à leur mise en paquets. L'aire du local dans lequel on opère doit être couverte par une toile, afin qu'on puisse facilement recueillir les graines qui tombent des capsules.

En France, les paquets (fig. 39) pèsent 6 kilog.; en Allemagne et en Flandre leur poids varie entre 16 et 20 kilog.

On lie les bottes avec des liens de paille de seigle ou des brins de saule ou d'osier.

Il faut avoir la précaution de ne mettre les tiges en bottes que quand elles sont parfaitement sèches, parce que la fermentation détruit ou diminue le principe colorant.

On emmagasine ensuite les paquets dans un local sec, si on ne doit pas les livrer immédiatement au commerce.

Rendement.

Le produit que fournit la gaude varie suivant la variété que l'on cultive et la fertilité du terrain qu'on lui consacre.

Voici les quantités que l'on a constatées par hectare :

Moyennes.		Maximum.	
Boussingault.....	2,000 kil.	De Gasparin....	3,900 kil.
Schwertz	2,340 —	Schwertz	2,800 —
Burger	2,650 —	Burger	3,800 —
Moynene	2,300 kil.	Moyenne	3,500 kil.

La moyenne des produits moyens est un peu plus élevée que celle qu'on obtient en France dans les départements où la gaude est cultivée en grand. La statistique générale la porte à 1,800 kilog.

En 1763, on obtenait aux environs de Rouen, sur de bonnes terres, 2,800 kilog., et sur les terres sablonneuses de fertilité ordinaire, de 1,600 à 2,100 kilog.

La graine renferme une huile grasse d'une couleur verdâtre, d'une saveur amère et un peu âcre. Elle est siccative et son odeur rappelle celle que développent les plantes vertes. On peut l'employer à l'éclairage.

Valeur commerciale.

La gaude se vend au poids. Les tiges les plus fines, les moins rameuses ou branchues, les plus jaunes ou roussâtres et les plus sèches, sont celles que le commerce recherche de préférence. C'est à tort que les teinturiers estiment peu la gaude qui a conservé une couleur verdâtre. Mathieu de Dombasle et M. Girardin ont constaté que la gaude qui a conservé en séchant sa couleur verte est aussi riche en principe colorant que celle qui est devenue jaune.

La gaude que l'on obtient aux environs de Rouen est la plus riche en lutéoline.

La gaude réputée de première qualité doit avoir une tige jaune vert d'eau, une racine saine et blanchâtre, des capsules bien formées et des graines noirâtres.

Elle se vend en bottes et souvent en balles de dix-huit

bottes. Sa valeur moyenne en France est de 16 à 20 fr. les 100 kilog., soit de 1 à 1 fr. 20 la botte. En 1743, elle se vendait en Normandie de 38 à 46 fr. les 100 kilog.

M. Girardin évalue les dépenses de la culture de la gaude dans l'arrondissement de Louviers, à 145 fr. par hectare et le produit brut à 240 fr. Ainsi le produit net est de 105 fr., et les 100 kilog. de tiges reviennent à 10 fr. et chaque botte de 6 kilog. à 60 c.

La gaude n'est pas cultivée en Asie et en Afrique. Dans ces contrées, elle est remplacée par le curcuma, le morinda la gomme gutte, etc.

CHAPITRE II

SAFRAN.

CROCUS SATIVUS, L.

Plante monocotylédone de la famille des Iridées.

Anglais. — Saffron.
Allemand. — Safran.
Hollandais. — Saffraan.
Italien. — Zaffrano.
Espagnol. — Azafferan.

Portugais. — Açafrâo.
Polonais. — Szafran.
Russe. — Schafran.
Arabe. — Zahafaran.
Sanscrit. — Kunkuma.

Historique. — Mode de végétation. — Climat. — Terrain. — Préparation du sol. — Plantation. — Opérations qui suivent la plantation. — Récolte des fleurs. — Epluchage des fleurs. — Dessiccation des stigmates. — Conservation, emballages. — Sophistication du safran. — Quantité qu'on récolte par hectare. — Récolte des feuilles. — Soins d'entretien. — Arrachage des oignons. — Plante. — Animaux nuisibles. — Variétés de safran. — Valeur commerciale. — Usages.

Historique.

Le safran est connu depuis les temps les plus reculés : Homère, Virgile, Pline, Quinte-Curce, etc., l'ont plusieurs fois mentionné. Alors, on le cultivait en Cilicie, en Barbarie, en Lycie, en Sicile et en Styrie.

Les Styriens et les Sidoniens s'en servaient pour teindre en jaune le voile des mariées. Les prêtres et les sacrificateurs étaient couronnés de fleurs de safran dans leurs principales cérémonies. Pline rapporte que les Sybarites en buvaient une décoction pour dissiper les fumées du vin. A Rome les aruspices, les femmes et les petits-maîtres portaient des vêtements de la couleur du safran.

Justin pense que cette plante, dont la culture a été décrite par Ebn-el-Avam (XIIe siècle), de Cressens (1373), Heresbach (1573), Quiqueran (1551) et Olivier de Serres (1606), a été importée en Provence, par les Grecs fondateurs de Marseille. Sisteron au XVe siècle, possédait 53 safraniers.

Au XVIe siècle, d'après Henri II, on cultivait le safran très en grand dans l'Albigeois, le Lauraguais et l'Angoumois. A cette époque, le produit brut qu'il fournissait annuellement, dépassait 300,000 livres (1)

La culture du safran prit une telle extension, après 1520, que l'Angoumois put en fournir à toute la Gaule et la Germanie. D'après Jean Bouhin, on le cultivait déjà en 1613, dans le comtat Venaissin. G. Morin rapporte en 1630, que la petite ville de Boynes (Loiret), en vendait annuellement pour plus de 300,000 livres à la Hollande et à l'Allemagne. Pendant longtemps, le safran du Gâtinais a rivalisé avec le safran de l'Asie, et surtout avec celui qu'on récoltait sur le mont Liban. L'impôt dont il a été frappé en 1689 dans le comtat a beaucoup nui à sa culture dans les environs d'Orange.

Cette plante tinctoriale avait encore, au siècle dernier une importance très grande en France. En 1766, on en expédiait jusque dans les Indes. Au commencement du siècle actuel, on le cultivait dans le Gâtinais, le Comtat, le Languedoc, le Quercy et la Normandie. Aujourd'hui, on ne le cultive que dans le Gâtinais, aux environs de Carpentras (Vaucluse), et la commune de Champniers (Charente).

Cette plante est aussi cultivée très en grand en Espagne, aux environs d'Alicante, Barcelone, Valence et Almerica;

____

(1) Ordonnance du 18 mars 1550.

en Angleterre, dans les comtés de Cambridge, de Suffolk
et du Herforshire ; en Autriche, aux environs de Moelk.

Mode de végétation.

Le safran est une plante bulbeuse.

Les bulbes sont solides, arrondis en dessus, aplatis en
dessous, et recouverts par plusieurs tuniques minces, sca-
rieuses, fibreuses et nervées.

L'enveloppe externe est brun jaunâtre ou fauve. Toutes
les tuniques qui la composent constituent la *robe de
l'oignon*.

Les oignons, une fois plantés, produisent à leur base des
racines blanches et pivotantes. Lorsque ces organes sont
développés, apparaît à leur sommet une gaîne mince, presque translucide, de laquelle sortent une ou deux fleurs, présentant un périanthe à long tube et à limbe partagé en six
divisions égales, dont trois extérieures et trois intérieures
un peu plus petites (fig. 40). Le périanthe de chaque fleur a
sa gorge gris de lin ou violacée, revêtue de poils abondants.
C'est sur cette gorge que sont insérées les trois étamines à
filet grêle. Quant au style, il est unique, blanc, filiforme,
et présente trois stigmates ou *flèches* longs de $0^m,034$ à
$0^m,040$, pendants, rouge orange ou amarante et odorants.
Ce sont ces stigmates qui forment la matière colorante
qu'on appelle le *safran*.

Le fruit est une capsule à trois loges et à trois angles ;
il renferme un très grand nombre de graines arrondies qui
ne mûrissent pas parfaitement dans le Gâtinais.

Lorsque la floraison est terminée, c'est-à-dire 2 ou 4
jours après l'apparition de la dernière fleur, chaque oignon
produit six ou sept feuilles (fig. 41) très étroites, aiguës,
divisées supérieurement dans leur longueur par une ligne
argentée, longues de $0^m,35$ à $0^m,65$ et d'un très beau vert.

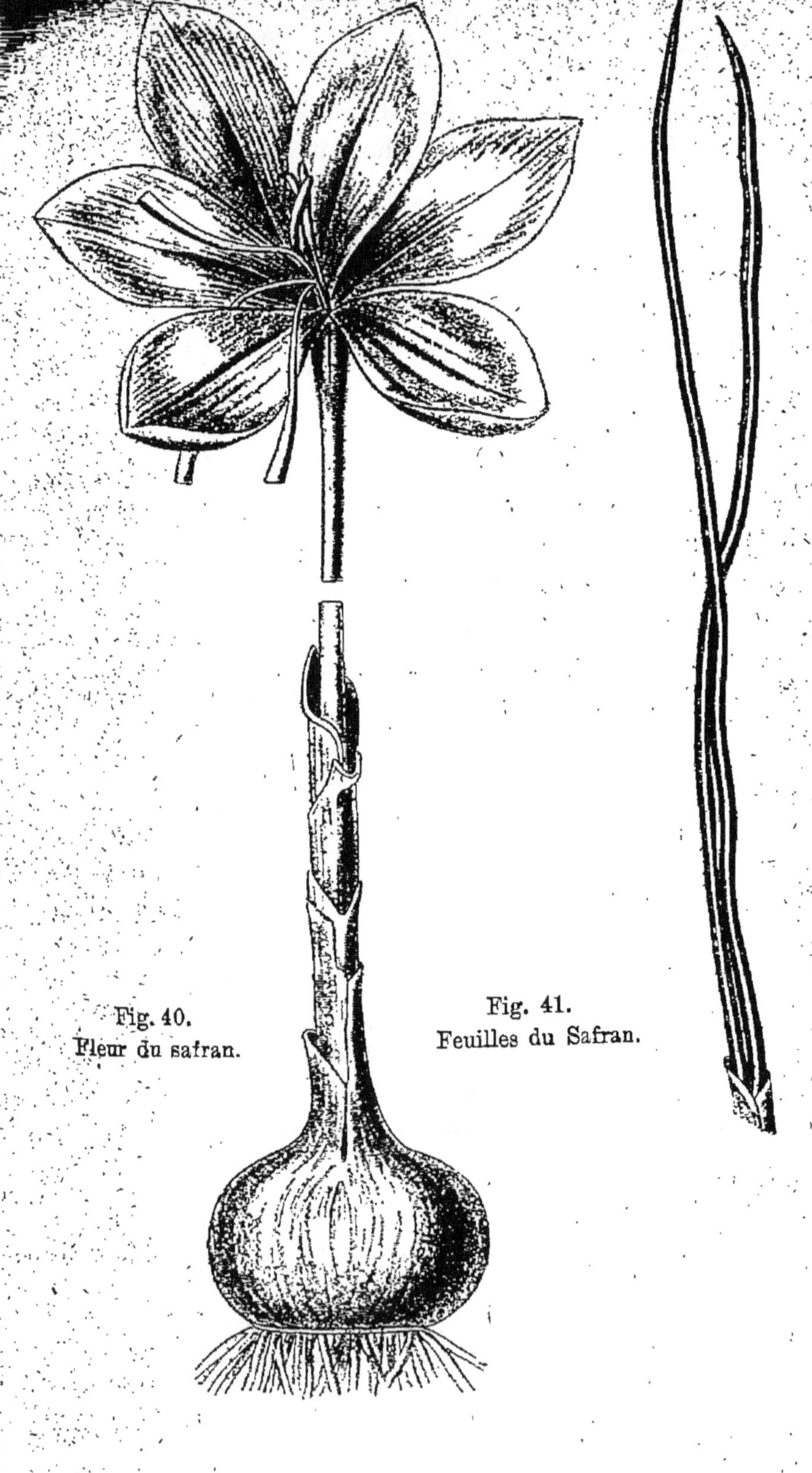

Fig. 40.
Fleur du safran.

Fig. 41.
Feuilles du Safran.

Ces feuilles s'étendent sur le sol et verdissent les champs jusqu'à la fin du mois d'avril. Alors, elles jaunissent et se dessèchent.

Le bulbe du safran est aplati en dessous; sa partie inférieure présente un enfoncement assez apparent. Il renferme une fécule très nourrissante.

Tous les oignons ne fleurissent qu'une seule fois et ils ne persistent pas indéfiniment dans le sol. Ainsi, chaque année, après la floraison, le bourgeon, porté par la partie solide qu'on nomme *plateau*, et à la base duquel naissent les racines, se développe et se transforme en une autre bulbe. Quant au plateau, il se dessèche, disparaît à la fin de la première année, et est alors remplacé supérieurement en décembre par le plateau de la première bulbe. Ces faits expliquent pourquoi les oignons de safran s'élèvent en terre chaque année de $0^m,02$ environ.

Les racines se développent un peu avant la floraison et après l'arrivée des premières pluies de septembre.

Mais chaque oignon ne produit pas seulement une bulbe qui le remplace et fournit des fleurs l'année suivante; il donne naissance à plusieurs caïeux qui se développent sur la circonférence de leur base qui augmentent tous les ans de volume et fleurissent à la fin de leur seconde année, c'est-à-dire après 26 ou 28 mois d'existence.

Les beaux oignons ont $0^m,04$ d'épaisseur sur $0^m,03$ de diamètre.

En général, le bulbe du safran cesse de végéter quand il a produit des fleurs et plus tard des feuilles (1).

Les stigmates desséchés contiennent, d'après Bouillon-Lagrange et Vogel, 65 p. 100 de *polychroïte* et une huile

____

(1) La plupart des auteurs qui ont décrit la culture du safran et représenté cette plante en végétation, ont accompagné les fleurs de feuilles bien développées. Cette erreur prouve qu'ils ne connaissaient pas le mode de végétation de la plante sur laquelle ils écrivaient.

volatile en quantité indéterminable. La substance polychroïte appelée *safranine* est celle qui colore en jaune doré.
L'acide sulfurique la fait passer au bleu, l'acide azotique
au vert et l'acide de baryte au rouge. On ne l'utilise pas
dans la teinture des étoffes, parce qu'elle manque de solidité.

Climat.

Le safran végète dans le nord et le midi de l'Europe et
en Orient. Toutefois, s'il craint peu les sécheresses ordinaires, il redoute les hivers rigoureux. Ainsi, son bulbe se
fend sous une température de — 10° à — 15° et il pourrit
bientôt après. Les mêmes faits ont lieu s'il se trouve pris
entre deux glaces, par suite d'un dégel imparfait, suivi
d'une gelée très intense. On se rappelle encore dans le
Comtat d'Avignon et le Gâtinais les hivers de 1789, 1819
et 1823 qui détruisirent plus des trois quarts des oignons,
et c'est à l'hiver de 1776 qu'il faut attribuer l'abandon de la
culture du safran par les agriculteurs de l'Angoumois.

En général, les vieux oignons sont plus susceptibles
d'être détruits par la gelée que les bulbes nouvellement
plantés, parce qu'ils sont toujours moins enterrés que ces
derniers.

Une température à la fois sèche et chaude pendant l'été,
douce et fraîche durant l'automne, favorise toujours la végétation du safran. Il n'en est pas de même s'il pleut abondamment en juillet et août, et si l'air est froid et humide
pendant les mois de septembre et octobre ; ainsi, sous l'influence d'une semblable température, les fleurs apparaissent lentement et tardivement et elles fournissent des
pistils peu développés.

En général, les contrées où les brumes sont fréquentes
en automne, sont très favorables à la floraison du safran.

Sous une telle température les fleurs se succèdent rapidement.

Cette plante est cultivée avec succès dans la Province de Rakn (Caucase) sous le 41° latitude nord. Sous cette latitude, elle fleurit aussi en septembre et octobre et ses feuilles se fanent en avril et mai.

Terrain.

NATURE. — Le safran doit être cultivé sur des terres calcaires siliceuses, silico-calcaires et calcaires argiléuses profondes, perméables et exposées à l'action du soleil. Il végète difficilement dans les terres compactes, les sols graveleux ou les terrains très siliceux ; il redoute aussi les terrains à sous-sols imperméables et humides. Il ne demande pas un sol gras ou riche en terreau.

En général, les terres les plus favorables au safran sont celles qui se pulvérisent aisément, qui contiennent du carbonate de chaux, qui ont une consistance moyenne et qu'on nomme *bonne terre à froment*.

On a constaté que les terrains qui ont une couleur brunâtre ou rougeâtre, avaient une influence sensible sur la beauté des fleurs et le coloris des stigmates. Les sols de couleur blanche ne sont pas favorables au safran.

Les terrains découverts, aérés et plats sont bien préférables aux sols accidentés et ombragés par des arbres. Il est vrai qu'on cultive le safran en Autriche dans le Mansharberg, mais cette montagne présente à son sommet une plaine assez étendue.

FERTILITÉ. — Le safran est épuisant et ne doit être cultivé que sur des terrains de bonne qualité. En général, les produits qu'il fournit sont toujours proportionnels à la nature et à la fertilité du sol.

On ne fume pas directement le safran, à moins qu'on ne

fertilise le terrain avec du marc de raisin, parce qu'il redoute les fumiers frais. Dans le Gâtinais et le Comtat, le safran suit ordinairement une céréale, et on le cultive sur des terres qui ont été converties précédemment en prairies artificielles.

VALEUR LOCATIVE. — Les terres sur lesquelles on cultive le safran se louent un prix très élevé. Ainsi, dans le Gâtinais leur valeur locative varie entre 200 et 250 fr. l'hectare, et dans le Vaucluse entre 200 et 380 fr. Les terres à blé dans ces mêmes contrées se louent de 50 à60 fr. Ce haut prix de location confirme ce que disait de la Taille des Essarts, il y a un siècle, que le safran est une plante épuisante et qui ne végète bien que dans des terres spéciales.

Préparation du sol.

Les terres doivent être bien ameublies à une profondeur de 0^m,16 à 0^m,25. On les laboure après la moisson, soit à la bêche, soit à la charrue, et on renouvelle cette opération une seconde et une troisième fois en mars et en mai. On termine la préparation du sol en l'émiettant à l'aide de la herse ou du râteau.

En général, trois façons exécutées à la houe jusqu'à 0^m,25 ou 0^m,30 de profondeur suffisent pour que le sol soit bien préparé. La première est faite de la saint André à Noël, la seconde en avril ou en mai, la troisième la veille de la plantation. Souvent on façonne le sol à la charrue en automne et au printemps et on exécute un labour à la bêche avant la plantation.

Enfin, on épierre si cela est nécessaire, afin que la surface de la couche arable soit bien unie et pour qu'on puisse aisément faucher les feuilles chaque année.

La terre d'une safranière est bien préparée, quand elle est meuble et exempte de mauvaises herbes.

Plantation des oignons.

Époque. — On plante les oignons depuis la fin de juin jusqu'au commencement d'août. Dans le Comtat, on plante plus tard que dans le Gâtinais. C'est ordinairement dans la première quinzaine de juillet et pendant le mois d'août qu'on exécute la plantation des bulbes dans le Gâtinais.

Choix des bulbes. — Un oignon est regardé comme bon quand il est ferme, sain, bien arrondi et lorsqu'il a de $0^m,023$ à $0^m,025$ de diamètre et de $0^m,034$ à $0^m,036$ de hauteur. Les bulbes larges et aplaties fournissent beaucoup de cayeux, mais elles produisent moins de fleurs.

La couleur de la robe est ordinairement fauve, mais on observe aussi des oignons qui ont extérieurement une teinte rouge ou brune. La nuance n'influe en rien sur la qualité des bulbes.

On plante rarement de jeunes cayeux parce qu'ils ne fleurissent, ainsi que je l'ai dit précédemment, qu'après deux ans de plantation.

On doit rejeter les oignons qui sont légers, mous et altérés. Ces oignons ont une forme conique et leurs enveloppes sont moins nombreuses.

Préparation des oignons. — Il faut, avant de planter un oignon, le débarrasser de ses tuniques et de la bulbe qui l'a produit. Cette opération qui est faite en juin et juillet n'est pas indispensable, mais elle permet de constater l'état de l'oignon et de rejeter les bulbes altérées. Cet épluchage diminue le volume des oignons d'un cinquième.

Lorsque les oignons ont été dépouillés de leurs enveloppes, on les expose pendant quelques jours à l'action du soleil.

Une femme peut éplucher de 100 à 115 litres d'oignons par jour.

Le prix de cette opération varie entre 0 fr. 50 et 0 fr. 60 l'hectolitre.

Un hectolitre de bulbes pèse, suivant leur grosseur, de 49 à 50 kilog.

— Un hectolitre contient un très grand nombre d'oignons.

Lorsque les bulbes sont grosses, il en contient environ..   6,900
   —   moyennes,   —   9,600
   —   petites,   —   11,500

QUANTITÉ PAR HECTARE. — Lorsque les lignes de safran sont éloignées les unes des autres de $0^m,15$ à $0^m,17$ de distance et les oignons sur ces rangées de $0^m,03$ à $0^m,05$, chaque bulbe occupe de 75 à 85 centimètres carrés.

Ainsi, chaque mètre carré reçoit environ 114 à 120 oignons, chaque are 11,000 à 12,000 et un hectare 1,100,000 à 1,200,000.

De là, il résulte qu'il faut, pour planter un are, 118 à 120 litres, et un hectare, 118 à 120 hectol. de bulbes de grosseur moyenne.

J'ai vu planter à Boynes (Loiret) 160 hectolitres de bulbes par hectare sur une terre dans laquelle la *mort* avait attaqué le safran les années précédentes.

MODE DE PLANTATION. — Lorsque la terre a été bien préparée, un ouvrier que l'on nomme *marreur* dans le Gâtinais, ouvre avec une bêche étroite ou une houe, un rayon de $0^m,15$ à $0^m,18$ de profondeur. La femme, qui l'accompagne, porte un panier rempli d'oignons épluchés et elle place ces bulbes dans le fond de la raie, en ayant soin que chaque oignon soit placé sur la base du plateau. Lorsque l'ouvrier est arrivé à l'extrémité du champ, il ouvre un second sillon à $0^m,16$ du premier et jette la terre qui en provient sur les oignons qui forment la première ligne, et ainsi successivement jusqu'à ce que le champ soit entière-

12.

ment planté. Quelquefois on ouvre des rayons ayant 0^m,20 de profondeur et on y jette 0^m,04 environ de terre meuble sur laquelle on place les oignons. En général, les safraniers ne se servent pas de cordeau pour ouvrir les rayons.

Quelques cultivateurs ne recouvrent les oignons que de 0^m,10 à 0^m,13 de terre. Ce procédé laisse à désirer. On a constaté que les bulbes ainsi plantées étaient plus sujettes à souffrir des fortes gelées pendant le second et surtout le troisième hiver qui suit la plantation, et qu'elles produisaient presque des stigmates plus courts et moins développés.

La plantation à la charrue doit être abandonnée pour la plantation à la bêche.

Un homme et une femme plantent de 8 à 15 ares par jour.

Il faut avoir le soin de planter les oignons la tête en haut afin qu'ils reposent sur leur plateau.

Opérations qui suivent la plantation.

Quelques semaines après la plantation, on exécute un binage sur toute la surface du champ dans le but de détruire les mauvaises herbes et d'ameublir la couche arable que les planteurs ont foulée en travaillant. Il est utile de ne pas attendre, pour exécuter ce binage, la fin du mois d'août, et le commencement de septembre pour ne pas détruire les boutons à fleurs.

On peut, lorsque les terres sont un peu légères et lorsqu'elles n'offrent pas une croûte épaisse et dure, remplacer le binage par un râtelage. Le sol doit être très propre et meuble quand apparaissent les premières fleurs.

Ces deux opérations doivent être faites par un beau temps.

Récolte des fleurs.

ÉPOQUE DE LA FLORAISON. — Les fleurs du safran apparaissent, dans le Gâtinais, depuis le 20 de septembre jusque vers le 15 octobre.

La récolte des fleurs n'a jamais lieu avant le 15 septembre et il faut que l'automne soit froid et humide pour qu'elle se prolonge jusqu'à la Saint-Martin (11 novembre). En 1823, elle n'a été terminée que vers la fin d'octobre. En 1806, on récoltait encore des fleurs les 5 et 6 janvier à Boines, Bouilly, Echilleuses, Vrigny et Beuzeville. Ces fleurs s'étaient épanouies après les premières gelées.

Dans le département de Vaucluse, le safran ne commence à fleurir que vers la mi-octobre.

On doit récolter les fleurs avant qu'elles soient complètement ouvertes, et de préférence le matin ou le soir, lorsque leurs corolles sont fermées et fraîches. Pendant les huit premiers jours la récolte est peu abondante; huit jours après, elle est dans son plein; huit jours plus tard on glane çà et là les fleurs. Sous l'action du soleil, les fleurs se fanent aisément et perdent de leur fraîcheur, c'est pourquoi il est utile de les cueillir aussitôt que possible.

DURÉE DE LA FLORAISON. — En général, les fleurs se succèdent pendant quinze à vingt jours, selon l'état de l'atmosphère.

NOMBRE DE CUEILLETTES PAR SEMAINE. — La cueillette des fleurs se fait tous les jours pendant la première semaine, et tous les deux jours pendant la seconde, si le temps est beau.

On doit récolter les fleurs tous les jours si le temps est pluvieux et si le soleil brille avec éclat. Les fleurs qui restent exposées pendant deux jours à l'action de l'humidité ou d'une chaleur élevée, s'altèrent ou se dessèchent. Alors, on les épluche plus difficilement. En général, les fleurs mouillées ne se gardent pas au delà de cinq heures.

Il ne faut pas oublier que les fleurs du safran restent peu de temps épanouies, et que l'action de l'air et de la lumière affaiblit considérablement la coloration des stigmates et diminue l'intensité de leur odeur.

La cueillette des fleurs constitue un travail actif et incessant.

MODE D'OPÉRATION. — La récolte du safran est habituellement confiée à des femmes ou à des enfants de douze à quinze ans.

La cueillette des fleurs se fait en coupant avec les ongles le tube de la corolle rez terre. On doit se garder de couper les corolles au dessous des divisions, parce que, en agissant ainsi, on perdrait pendant l'opération beaucoup de stigmates.

Les ouvriers doivent se placer à cheval sur deux ou trois lignes, en ayant le soin de poser les pieds sur le milieu des intervalles qui séparent les rayons, afin de ne pas écraser les fleurs qui sont encore sous terre.

Chaque travailleur est muni d'un panier dans lequel il dépose les fleurs à mesure qu'il les récolte.

Quand les paniers sont remplis de fleurs, on les vide avec précaution dans des hottes que portent des hommes, ou dans des tonneaux ou de grands paniers peu profonds placés dans une voiture, qui sert à les conduire à la ferme.

On ne doit pas presser les fleurs dans les appareils qui servent à les transporter pour éviter qu'elles ne se flétrissent.

Épluchage des fleurs.

L'épluchage des fleurs se fait pendant le milieu du jour s'il y a interruption dans la cueille, et le soir à la veillée.

On dépose une certaine quantité de fleurs sur une grande table autour de laquelle se placent les éplucheuses. Dans le Gâtinais, on choisit de préférence les filles les plus jolies, afin de pouvoir compter quelques jeunes gens parmi les travailleurs de bonne volonté. Chaque éplucheuse est munie d'une écuelle, d'une sébile ou d'une assiette.

L'ouvrière prend une fleur de la main gauche, l'ouvre avec la droite si elle n'est pas suffisamment épanouie, et saisit le style avec le pouce et l'index de la main droite. Alors, avec l'ongle du pouce de la main gauche, elle coupe le tube de la fleur à l'endroit où il commence à s'évaser. Cette opération rend le style libre et permet de l'extraire de la fleur avec les trois stigmates et de le déposer dans la sebile. Lorsque l'ouvrière a terminé ce travail, elle jette sous la table la fleur et les trois étamines qu'on appelle *le jaune*.

On ne doit couper le tube ni trop haut ni trop bas. Dans le premier cas, on diminuerait la longueur des stigmates ; dans le second, on leur laisserait adhérente une portion notable du style, et le safran contiendrait une trop forte proportion de filets blancs.

Il est utile d'enlever une ou deux fois pendant la veillée les fleurs que les ouvrières ont jetées sous la table. Ces organes incommodent les éplucheuses en ce qu'elles leur font enfler temporairement les jambes, mais leur arome est favorable aux ouvrières qui sont chlorosées. Quand on a trop de fleurs pour les éplucher le même jour, il faut les étendre sur un plancher ou sur des claies afin qu'elles ne puissent s'échauffer et se flétrir et être d'un épluchage difficile.

Une femme très exercée à ce genre de travail épluche par heure environ 60 grammes de safran non desséché. Ainsi dans une veillée de quatre heures, elle peut en préparer environ 240 grammes et dans une journée environ 500 grammes.

En moyenne, une ouvrière dans le Gâtinais, épluche de

6 à 7 kilog. de safran vert pendant le temps que dure la récolte.

Dans le Vaucluse, suivant M. de Gasparin, huit personnes épluchent dans une veillée de six heures environ, 250 grammes de safran, soit 5 grammes par éplucheuse et par heure. Enfin, d'après le même auteur, une ouvrière prépare, pendant les quinze jours que dure la cueillette, 3 kilog. 750 de safran non desséché.

Dans le Gâtinais, on compte qu'il faut, pour exécuter la récolte d'un hectare, de safran, quatre hommes et seize femmes pendant le temps que dure la floraison.

On compte qu'il faut en moyenne, 4,320 fleurs pour obtenir 31 grammes de safran ou 70,000 fleurs pour 500 grammes.

Le style et le stigmate d'une fleur pèsent 5 à 6 milligrammes à l'état normal.

Le prix de l'épluchage varie dans le Gâtinais, entre 10 et 15 fr. le kilogramme de safran sec.

Les ouvrières qui exécutent la cueillette et l'épluchage à la journée, sont nourries, et elles recoivent en outre, lorsque la récolte est terminée, de 18 à 25 fr.

Quelquefois on accorde aux ouvrières qui font l'épluchage à la tâche, de 5 à 10 centimes par 30 grammes (une once) ou par chaque écuellée de safran humide.

Dessiccation des stigmates.

La dessiccation des stigmates est une opération délicate; elle se fait de deux manières :

1° Dans les environs de Carpentras, on exécute cette opération en exposant les stigmates à l'action du soleil ou en les éparpillant sur une table à l'intérieur d'une habitation.

En Angleterre, cette dessiccation se fait dans une étuve.

Ce procédé laisse beaucoup à désirer parce que le safran ainsi desséché retient beaucoup d'eau et moisit facilement si on le conserve dans des locaux imparfaitement secs.

2° Dans le Gâtinais, on dessèche les stigmates au feu Voici comment on opère : on brûle dans une cheminée du sarment de vigne, et lorsque le brasier ne produit plus de fumée, on prend un tamis de crin de $0^m,33$ à $0^m,40$ de diamètre dans lequel on met environ 500 grammes de stigmates; alors, on promène lentement le tamis à $0^m,40$ ou $0^m,50$ au-dessus du brasier et de temps à autre on remue avec une plume d'oie ou on retourne les stigmates pour qu'ils perdent promptement leur humidité. Lorsque ces organes se brisent en les pressant entre les doigts, on éloigne le tamis du foyer et on laisse le safran se refroidir. Il ne faut pas oublier que la fumée altère la couleur du safran ou le décolore.

Ce procédé de dessiccation a l'avantage d'être très rapide et de moins décolorer les filaments que le séchage au soleil. Toutefois, il faut éviter de produire dans le foyer un brasier ardent et de maintenir le tamis à la même place afin de ne pas brûler les stigmates.

Il faut quarante à quarante-cinq minutes pour dessécher par ce procédé 500 grammes de safran.

Le safran perd par la dessiccation les 4/5 de son poids.

Le safran vert ou frais est au safran sec :: 5 : 1. Ainsi 5 kilog. de stigmates, après avoir été desséchés, donnent 1 kilog. environ de safran.

Au Caucase, il faut 15 kilog. de stigmates pour obtenir un kilogramme de safran.

20,000 fleurs ou stigmates produisent un kilog. de safran humide et 100,000 un kilog. de safran sec.

D'après Pereira, il faudrait 138,240 fleurs pour produire un kilog. de safran sec.

Conservation du safran.

Le safran sec se conserve dans des boîtes de bois de chêne garnies intérieurement de papier ou d'un linge et placées dans un local sec. Toutefois, on ne doit le mettre en boîte que quand il est refroidi.

Conservé dans un lieu humide, il noircit et perd son arome.

Emballage du safran.

On expédie le safran dans des caisses, dans des barils ou dans des sacs de toile. On doit préférer les caisses ou les petits tonneaux.

Une caisse de $0^m,25$ de hauteur et de largeur sur $0^m,65$ de longueur contient de 12 à 13 kilog. de safran.

Le safran que les agriculteurs du Gâtinais, expédiaient aux Indes, il y a un siècle, était emballé dans des boîtes de fer-blanc.

Il faut éviter de presser fortement le safran dans les emballages : s'il est humide, il noircit et s'altère ; s'il est sec, on le met aisément en poussière.

Sophistication.

Aujourd'hui comme au temps de Pline, le safran est souvent fraudé :

1° On y mêle des étamines de *carthame* ou *safranum* ou des pétales divisés de *souci* dans le but d'augmenter son poids. Cette fraude se pratique souvent en Espagne.

2° On l'arrose avec un goupillon chargé d'eau ou bien on l'expose à l'action d'un air fortement chargé d'humidité. Ainsi préparé, le safran augmente de 60 grammes par kilogramme.

Le safran qui a été ainsi fraudé blanchit et perd de sa qualité et de son poids lorsqu'on le dessèche de nouveau.

3° On le couvre d'une légère couche d'huile. Cette opération enlève au safran son arome et son velouté, mais elle rend sa couleur plus vive et plus brillante. Ce procédé est très en usage en Espagne.

4° On colore aussi avec du safran ou de la garance du sable très fin qu'on mêle aux stigmates lorsque ces derniers sont un peu humides.

5° On colore et on dessèche des fibres de rouelle de bœuf et lorsqu'elles ont été séparées on les mêle aux stigmates dans la proportion de 120 à 150 grammes par chaque kilogramme. Le safran ainsi fraudé s'altère facilement.

6° On colore des fils de lin ou de chanvre, on aplatit l'une de leurs extrémités et on les mêle au safran. Ces fils n'ont jamais le brillant que présentent les stigmates.

Ces diverses fraudes sont pratiquées depuis longtemps en France. Henri II les défendit en 1550, mais l'arrêt qu'il rendit à Blois, le 18 mars, n'empêcha pas les cultivateurs du Gâtinais, de l'Albigeois, etc., de livrer des safrans altérés. A cette époque, les safrans fraudés étaient saisis et brûlés en plein marché, et les délinquants condamnés à une amende et à des peines corporelles. Ce sont ces sophistications qui ont fait déprécier les safrans français sur les marchés européens.

Quantité de safran récolté par hectare.

Le produit du safran sec varie suivant l'âge des safranières et la nature et la qualité des terres sur lesquelles elles existent.

Dans le Gâtinais, on obtenait par hectare, il y a un siècle, les quantités moyennes suivantes :

<pre>
1re année............ 10 kilog. de safran.
 2e   —   20   —
 3e   —   15   —
                      ─────────────
     Moyenne.......   15 kilog.
</pre>

Les récoltes les plus fortes dépassent rarement 30 kilog. la deuxième année, et les plus faibles ne descendent pas au-dessous de 10 kilog. pendant la troisième.

De nos jours on y obtient les produits suivants :

<pre>
1re année...... 12 à 13 kilog. de safran.
 2e   —   .... 40 à 50   —
 3e   —   .... 40 à 50   —
                ─────────────
     Tatux..... 52 à 63 kilog.
</pre>

Soit en moyenne par hectare et par an 17 à 21 kilogr.

Dans le Vaucluse, le produit est en moyenne 10 kilogr. pendant la première année et 40 pendant la seconde, soit 25 kilogr. par an et par hectare.

Récolte des feuilles.

Les feuilles apparaissent aussitôt après la floraison, couvrent en partie la terre pendant l'hiver et se dessèchent vers la fin du printemps. Ordinairement on les fauche ou on les arrache à la main en avril ou en mai, lorsqu'elles sont presque sèches. Ces feuilles servent d'aliment aux bêtes bovines.

Un hectare fournit en moyenne la première année de 600 à 700 kilogr. de feuilles sèches, et la seconde et la troisième environ 1,000 à 1,200 kilogr.

Huit à dix ouvriers suffisent pour arracher, faner et botteler les feuilles d'un hectare.

On doit se garder d'arracher les feuilles lorsqu'elles sont encore vertes, dans la crainte de nuire à la maturité des oignons.

Soins d'entretien.

Opérations qui suivent la cueillette des fleurs.
— Aussitôt après la récolte des fleurs, on donne aux safranières un labour léger exécuté à l'aide de la bêche ou un
binage. Ces opérations sont faites dans le but de détruire
le tassement que présente la couche arable. On doit les
exécuter lorsque le temps est beau.

Binage qui suit l'enlèvement des feuilles. —
Lorsque les feuilles ont été enlevées, on exécute en juin un
second binage.

On renouvelle cette opération vers la fin d'août ou dans
la première quinzaine de septembre, un mois environ
avant la floraison.

Dans le Gâtinais, on remplace souvent le second binage
par un labour exécuté à l'aide de la *marre*, afin que la terre
soit ameublie jusqu'à 0^m,06 à 0^m,10 de profondeur.

Cette dernière opération exige beaucoup d'attention de
la part des ouvriers, afin qu'ils n'attaquent pas les oignons
avec leurs instruments.

L'expérience autorise à dire qu'il y a avantage à changer les safranières de place tous les 3 ou 4 années surtout
lorsqu'elles sont attaquées par la *mort* ou quand les oignons
sont trop rapprochés de la surface de la couche arable.

Arrachage des oignons.

Les anciens, d'après Pline, n'arrachaient les oignons que
lorsque les safranières avaient huit années. De nos jours
on les arrache dans le comtat d'Avignon après la deuxième
récolte et dans le Gâtinais à la quatrième année.

Cette opération se fait au mois de juin ou pendant le
mois de juillet. On l'exécute avec une bêche après avoir

enlevé à l'aide de la marre ou d'une binette, la terre qui couvre les rangées d'oignons. Il faut se garder d'employer la fourche, qui blesse presque toujours les bulbes.

Quand les rangées d'oignons ont été mises pour ainsi dire à découvert, on soulève les bulbes avec la bêche, et des femmes ou des enfants munis de paniers les ramassent et les déposent en tas sur les chaintres ou foirières en évitant de les endommager. Les oignons ainsi récoltés restent en tas pendant 3 à 5 semaines ou ils sont replantés quelques jours après.

On ne ramasse pas les oignons malades et les caïeux qui n'ont point encore de tunique.

Un ouvrier est ordinairement suivi par deux ramasseurs.

Il faut, pour arracher une safranière ayant un hectare d'étendue, 24 à 26 journées d'arracheurs et 48 à 56 journées de ramasseurs.

Les safranières qui n'ont pas été envahies par la *mort* et qui existent sur des terres propres au safran, fournissent par hectare assez d'oignons pour planter un hectare et demi à deux hectares.

Plantes et animaux nuisibles.

La bulbe du safran est attaquée pendant sa végétation par un mycélium parasite auquel on a donné les noms de *mort* dans le Gâtinais, d'*affarum* dans le Comtat.

Ce champignon, que les botanistes ont nommé *rhizoctonia crocorum*, D. C. (fig. 42), apparaît d'abord sur les tuniques externes, puis ensuite sur celles subjacentes. Dans le premier cas les filaments de nature byssoïde sont blancs, dans le second ils ont une couleur rougeâtre et ensuite pourpre.

Les tuniques des oignons sur lesquels ce redoutable parasite forme une sorte de réseau violacé ou une enveloppe violet noir, se dessèchent, et la partie solide prend une teinte jaunâtre, devient molle, gluante et ensuite fétide.

La mort apparaît en automne et au printemps. Dans le premier cas, les fleurs deviennent blanchâtres; dans le second, les feuilles jaunissent avant l'époque ordinaire.

En général elle n'est plus à craindre après le milieu de mai. On reconnaît que ce parasite s'est développé aux pla-

Fig. 42. — Safran attaqué par le rhizoctone.

ces vides qu'on remarque dans les safranières bien plantées et qui ont de 2 à 3 mètres de diamètre.

Ce parasite se propage très rapidement. C'est cette propagation rapide qui a fait regarder la mort comme contagieuse. Jusqu'à ce jour on ne connaît point encore de moyen pour la prévenir. On arrête ses progrès en circonscrivant les parties qu'elle a envahies par une tranchée large $0^m,20$ à $0^m,30$ et profonde de $0^m,30$ à $0^m,40$.

Les oignons sur lesquels le rhizoctone s'est développé doivent être arrachés avec soin, exposés au soleil et ensuite brûlés.

Les safranières envahies par ce terrible champignon,

doivent être livrées pendant six ou huit années à la culture des céréales et des légumineuses fourragères.

Le *tacon* est une sorte de carie (fig. 43), un véritable ulcère qui se développe sur les bulbes. Les oignons qui sont attaqués par cette altération présentent d'abord une nuance rouge ou jaune brun qui ne tarde pas à devenir noire. Cette maladie est plus commune, plus redoutable dans les sols

Fig. 43. — Bulbe sain.   Fig. 44. — Bulbe taconé.

humides que dans les terrains perméables. Elle apparaît surtout dans les terrains argileux lorsque le mois de mai est humide.

Les *oignons taconnés* qui ont leur partie centrale attaquée ou désorganisée doivent être regardés comme perdus, car le tacon peut être regardé comme une sorte de pourriture.

Les *rats* et surtout les *mulots* causent quelquefois de très grands dommages dans les safranières. Ainsi ils s'attaquent aux bulbes et les déchirent. On met un terme à ces désastres en enfumant les galeries qu'ils ont creusées dans le sol ou en les détruisant au moyen de pièges particuliers.

Les *lièvres* et les *lapins* nuisent aussi au safran ; ils mangent les fleurs et coupent les feuilles et empêchent par là les oignons de produire des caïeux. Aussi doit-on s'empresser de les détruire dans les localités où ils sont abondants.

Variétés de Safran.

Le commerce connaît trois sortes de safran.

1. *Safran du Gâtinais*. — Le safran du Gâtinais a des filaments longs, souples, élastiques et larges, d'une belle couleur rouge vif pourpré. Son odeur est très aromatique et agréable, et sa saveur légèrement amère. Il contient une très faible quantité de filaments un peu jaunes à leur extrémité. Enfin, il colore la salive quand on le mâche et tache les doigts quand on le pulvérise. C'est le plus estimé parce qu'il est riche en *safranine*.

On le livre dans des sacs de toile de 12 ^{kil}.500.

2. *Safran du Comtat*. — Le safran du Comtat a des filets maigres et allongés d'une couleur sombre. Il contient de nombreux filaments jaunâtres. Il est inférieur aux autres. Son parfum est plus faible, moins agréable et sa saveur est plus âcre.

On l'expédie dans des sacs de toile de différents poids.

3. *Safran d'Espagne*. — Le safran d'Espagne est le plus estimé après celui du Gâtinais. Il a des filaments aussi longs, mais plus maigres, plus secs et plus rouge foncé. Il contient beaucoup de filaments jaune doré.

On l'expédie dans des sacs de toile ou de peau de mouton pesant de 20 à 40 kilogr. ou dans des caisses de fer blanc du poids de 11 à 18 kilogr.

Le safran qu'on importe en Europe de Perse et de Cashemere est de très belle qualité.

En général le bon safran se compose de filaments longs, souples, élastiques, rouge orange foncé avec une odeur vive, forte et pénétrante. Il ne doit contenir aucune matière étrangère, ni fragments d'étamines et de pétales.

Valeur commerciale.

Le prix du safran est très variable. Ordinairement on le vend de 50 à 70 fr. le kilogramme. Dans certaines années, les cultivateurs du Gâtinais l'ont vendu jusqu'à 200 et même 300 fr. Celui de Valence, lorsqu'il est pur, a deux fois plus de valeur que le safran d'Alicante.

En général, le safran du Gâtinais se vend plus cher que le safran du Comtat.

La culture du safran exige un fort capital par hectare. Suivant les localités, les dépenses varient entre 1600 et 3000 fr. par hectare pour deux ou trois années. Quant aux bénéfices annuels, ils varient par hectare de 600 à 700 fr. Le prix de revient du kilogr. de safran oscille entre 30 et 45 fr.

Usages.

Le safran sert à colorer les pâtes d'Italie, les liqueurs, le beurre, les sucreries, les vernis. On l'emploie aussi en médecine dans la préparation du laudanum, de l'élixir de Garus, de la thériaque, etc., comme stimulant, antispasmodique et emménagogue.

Le peu de stabilité de sa couleur ne permet pas de l'utiliser dans la teinture des étoffes.

C'est avec raison que Vogel a dit que son odeur suave égaie l'esprit et excite la joie.

CHAPITRE III

ÉPINE-VINETTE.

BERBERIS VULGARIS.

Arbuste de la famille des Berbéridées.

L'épine-vinette est répandue dans toute l'Europe. On la rencontre principalement dans les sols calcaires perméables.

Ce grand arbrisseau a une racine rampante, ligneuse et jaunâtre. Ses tiges sont droites, à écorce grise et à rameaux portant des épines. Ses feuilles sont alternes, ovales, coriaces, luisantes, crénelées et épineuses. Ses fleurs jaunes disposées en petites grappes axillaires et pendantes, produisent des fruits rougeâtres, ovales et aplatis.

L'épine-vinette ou *vinettier* réussit très bien sur les sols calcaires secs et pierreux. On la propage aisément par ses graines, les nombreux drageons qu'elle émet et à l'aide de marcottes. Les semis doivent être faits aussitôt la maturité des semences. Celles-ci germent au printemps suivant. On repique les plants quand ils ont un an et on les met en place à l'âge de 2 à 3 ans.

Cet arbrisseau est ordinairement exploité tous les dix ou douze ans.

Le bois du vinettier contient une belle couleur jaune d'une bonne solidité ayant pour base la *berbérine*.

Le *Berberis tinctoria* n'est cultivé que dans les Indes.

CHAPITRE IV

NERPRUN.

RHAMNUS.

Arbrisseau de la famille des Rhamnées.

Espèces cultivées. — Multiplication. — Récolte des fruits. — Variétés commerciales. — Emplois.

Les fruits du nerprun qu'on récolte en France, en Espagne, en Perse et dans la Turquie d'Europe sont depuis fort longtemps employés en teinture. Cet arbrisseau est commun dans les lieux arides situés dans les contrées tempérées de l'Europe.

Espèces cultivées.

Les espèces cultivées pour le principe tinctorial jaune que renferment leurs fruits pisiformes et drupacés sont au nombre de cinq, savoir :

1. Le *Nerprun des teinturiers ou nerprun à baies jaunes* (RHAMNUS INFECTORIUS) est indigène dans les sols arides de la Provence, du Bas Languedoc, du Comtat Venaissin et du Dauphiné. Cet arbrisseau a 1^m,30 de hauteur, des rameaux diffus et terminés en épines, des feuilles caduques petites, ovales, dentées en scie, un peu velues mais d'une belle couleur. Ses fleurs sont très petites, axillaires, dioïques, jaune verdâtre et disposées en petits bouquets; leur saveur est amère et leur odeur est désagréable. Les

fruits sont charnus, gros comme des petits pois, jaunâtres ou vert foncé et à 2 ou 4 noyaux osseux. Ces fruits sont très irréguliers et marqués de trois sillons.

Les fruits de cette espèce constituent les *graines d'Avignon* quand ils ont été récoltés avant leur maturité.

2. Le *Nerprun purgatif* (RHAMNUS CATHARTICUS) est commun dans les taillis appartenant à la région septentrionale et aux contrées méridionales. Les Espagnols le nomment *espino cerval*. Sa tige est droite, rameuse, épineuse, haute de 2^m,50 à 3 mètres. Ses feuilles sont alternes, caduques, arrondies ou ovales, dentées et d'un beau vert. Ses fleurs sont petites, dioïques et blanchâtres. Ses fruits rappellent ceux du genévrier ; ils sont d'abord verts et ensuite noirs à trois nucules accolés. Ces baies contiennent un suc vert, amer, purgatif et ayant une odeur désagréable. Récoltées avant leur maturité, elles fournissent une *couleur jaune* qui, combinée avec la chaux ou l'alun, constitue le *vert de vessie* qui est employé pour teindre le papier de cuir, etc.

3. La *bourdaine* ou *bourgène* ou *aune noir* (RHAMNUS FRANGULA) est un arbrisseau non épineux, à feuilles caduques, très commun dans toute l'Europe. Ses fruits servent à préparer le *vert de vessie*. Le charbon que fournit son bois sert à la fabrication de la poudre de guerre.

4. Le *nerprun des rochers* (RHAMNUS SAXATILIS) est un petit arbrisseau qu'on rencontre dans les montagnes du midi de l'Europe ; ses rameaux sont diffus et à écorce noire ; ses feuilles sont ovales, lancéolées, glabres et légèrement dentées ; ses fleurs unisexuées sont petites et réunies en bouquets axillaires ; ses baies sont moins développées que celles du nerprun des teinturiers.

Cette espèce est celle qui fournit le nerprun connu sous les noms de *graine d'Espagne, graines de Hongrie*. La *graine jaune* ou graine d'Espagne sert à préparer le *stil de grain*.

5. On rencontre en Turquie, en Perse et dans le nord de

l'Afrique le *Rhamnus amygdalena* qui fournit le nerprun qui vient du Levant sous les noms de *graine de Perse, graine d'Andrinople, graine de Turquie.*

Quoi qu'il en soit, le nerprun des teinturiers est l'espèce la plus importante. Elle est cultivée dans la Valachie, la Bessarabie, etc. Ce nerprun est plus grand que l'aubépine, mais ses branches sont moins nombreuses et il ne forme pas des haies aussi touffues.

Le *Rhamnus oleifolius* qu'on rencontre dans l'Europe méridionale est rarement utilisé comme végétal tinctorial.

Multiplication.

Le nerprun des teinturiers se multiplie par graine et par marcottes. Les semis sont faits aussitôt la complète maturité des fruits qui a lieu au commencement de l'automne. Ces semences ne germent que l'année suivante.

On repique les plants quand ils ont deux ans. Toutes les terres leur conviennent. Le nerprun des teinturiers talle beaucoup.

Récolte des fruits.

On récolte les baies du nerprun des teinturiers en septembre ou octobre c'est-à-dire bien avant leur maturité, ou lorsqu'elles sont encore vertes. Puis on les fait sécher au soleil pour les conserver ensuite dans un endroit sec.

Les fruits bien mûrs sont noirs et ils renferment un suc qui est très foncé en couleur.

Un hectolitre de fruits desséchés pèse de 42 à 46 kilogrammes.

Variétés commerciales.

Les fruits qu'on récolte dans la vallée du Rhône, le Bas-Languedoc et la Provence, sont vendus sous le nom de *graines d'Avignon*. Ces graines sont plus petites et plus vertes que celles qu'on importe de Perse ou d'Andrinople. Leur saveur est aussi moins forte et leur odeur moins prononcée. Elles sont à deux coques.

La *graine d'Espagne* est la moins foncée en couleur et la moins recherchée.

La *graine d'Italie* est semblable à la graine d'Avignon.

La *graine de Perse* est la plus estimée. Sa grosseur égale celle d'un pois; elle est vert jaunâtre. Sa saveur est très désagréable et son odeur nauséabonde. Elle est à trois coques. La *graine d'Andrinople* est jaune vif avec des grains noirs. La *graine de Valachie* est la plus grosse.

Emplois.

Ces divers fruits servent à préparer avec la craie ou le blanc de céruse une *laque jaune* dite *stil de grain* ou *vert de vessie*. Une légère addition d'alun rend cette teinture d'un très beau jaune et d'une grande solidité.

La sève verte ou le suc contenu dans les feuilles associée à la chaux produit aussi du vert de vessie.

Les graines sont expédiées en balles de 120 à 150 kilog. Elles sont très employées en Suède et en Allemagne.

Le bois du nerprun est très dur et susceptible d'un beau poli.

Les fruits des nerpruns des teinturiers et purgatifs servent à préparer un sirop purgatif très foncé en couleur qui est employé par la médecine vétérinaire.

CHAPITRE V

CURCUMA.

Amomum curcuma.

Curcuma tinctoria, Curcuma longa.

Plante de la famille des Zingibéracées.

Le curcuma ou *safran des Indes* ou *souchet du Malabar* ou *gingembre jaune,* est répandu dans la zone tropicale de l'Asie. Il est indigène dans le Mysore et il est cultivé dans tous les districts indiens. On le rencontre aussi dans l'Archipel indien à Batavia, Java, Tabago, aux îles Barbades, à Madagascar, aux Antilles, en Cochinchine, en Chine, au Japon, dans la Malaisie et dans l'Amérique centrale.

Cette plante, acaule à l'état indigène, croît par touffes et est d'une destruction souvent difficile. Sa souche est vivace, tubéreuse, oblongue et palmée; elle est jaune orangé intérieurement. Ses tiges sont bisannuelles. Ses feuilles sont ovales, lancéolées, et très longuement pétiolées; elles sont odorantes quand on les froisse. Ses fleurs d'un vert jaunâtre ou pâle sont disposées en épis simples, lâches et composés de bractées imbriquées. Le fruit est arrondi et à trois loges.

Les racines, ayant une grande ressemblance avec celles du gingembre, comprennent trois parties; le tubercule central qui est arrondi, les tubercules latéraux de la grosseur et de la forme du doigt, puis les radicelles portant des tubercules ayant la forme d'une olive. Toutes ces racines restent en terre pendant deux ou trois ans.

Les racines fraîches ont une odeur forte, désagréable;

sèches, elles ont une saveur chaude, piquante et aromatique. Elles contiennent 2 p. 100 d'huile essentielle.

Le curcuma ne produit des graines que dans les Indes orientales. On le propage à l'aide de ses semences ou ce qui vaut mieux au moyen de ses petites racines ou en divisant les gros tubercules. Dans ce dernier cas il est utile de laisser bien sécher les sections qu'on a faites avant de mettre les racines en terre. Les plantes doivent être espacées les unes des autres de 0^m,30 à 0^m,40. Les terrains légers ou sablonneux, profonds et fertiles sont ceux qui conviennent le mieux au curcuma.

L'arrachage des racines a lieu quand sa floraison est terminée. Un hectare produit, en moyenne, 2,000 à 2,400 kilog. de racines qui perdent un dixième de leur poids par la dessiccation à l'air libre. Le plus généralement, on les fait bouillir dans l'eau pendant deux heures, on les retire pour les laisser égoutter et on les fait ensuite sécher au soleil pendant trois à quatre jours. Les racines bien sèches ont leur surface ridée.

Le commerce distingue quatre sortes de curcuma :

1. Le *curcuma rond* qui est le plus estimé et qui comprend des tubercules turbinés de la grosseur d'un œuf de pigeon. Sa cassure est terne et son odeur est forte. Il est jaune pâle extérieurement.

2. Le *curcuma obrond* qui est formé par les tubercules ovoïdes et arrondis.

3. Le *curcuma long* qui est composé de racines cylindriques fusiformes ou allongées et palmées.

4. Le *petit curcuma* qui comprend les tubercules ayant la grosseur des noisettes.

Le *curcuma de Batavia* est formé de racines cylindriques ayant une cassure terne et une odeur très prononcée. Sa chair est jaune foncé.

Le *curcuma du Bengale* comprend des morceaux allongés et tuberculés ayant une couleur grise ou verdâtre, leur cassure est brillante et jaune rouge.

Le *curcuma de Java* a beaucoup d'analogie avec le précédent, mais sa cassure est terne.

Le *curcuma de Batavia* a des racines allongées et fibreuses et une écorce jaune foncé; sa saveur est âcre, chaude, mais son odeur est forte.

Le curcuma qui n'est pas piqué par les vers, sert à teindre en jaune orangé la soie, la laine, le coton, le papier, le beurre et le cuir. La couleur qu'on obtient est très belle et souvent jaune d'or. Elle a pour base la curcumine.

La racine du curcuma sauvage qu'on récolte dans la Malaisie contient aussi une belle couleur jaune, mais cette teinture est peu durable.

La *curcumine* est soluble dans l'alcool et les huiles. Les alcalis la font passer du jaune ou rouge foncé.

Le curcuma est à la fois tonique, apéritif et diurétique. Le *jaune de curcuma* qu'il fournit, allié au bleu d'indigo, sert à colorer en vert les confiseries, les sirops, le baume tranquille, etc.

Le curcuma est utilisé comme condiment dans la préparation du *carry*. Les Japonais aromatisent leurs aliments avec le curcuma qu'ils appellent *alcon*.

La racine du curcuma contient aussi une fécule qui est le *tichir* ou arrow-root de l'Inde orientale.

L'huile essentielle qu'on retire du curcuma est rouge.

CHAPITRE VI.

SUMAC FUSTET.

RHUS COTINUS.

Arbrisseau de la famille des Térébinthacées.

Cet arbrisseau appelé *fustet jaune, bois jaune du Tyrol, bois jaune de Hongrie* ou simplement *fustet* est répandu dans l'Asie Occidentale, sur les premières élévations de l'Himalaya et dans le midi de l'Europe.

Il atteint de 2 à 4 mètres de hauteur. Ses rameaux sont grêles et tortueux. Ses feuilles sont longuement pétiolées, simples, glabres, ovales et entières. Ses fleurs jaunâtres en panicules terminales sont portées par des pédoncules longs et grêles; elles s'épanouissent en juin et juillet.

Son bois est jaune veiné de blanc ou de brun et de vert. Il renferme trois principes colorants; le jaune, le brun et le rouge. Le jaune a pour base la *fustine;* on l'utilise pour teindre la laine, le coton, la soie et le maroquin en jaune doré, jaune orangé ou chamois. On le trouve dans le commerce sous forme de petites baguettes ou de branches fendues après avoir été privées de leur écorce. Celui qu'on récolte en Amérique est plus estimé que le bois que fournit le fustet qui croît en Europe.

Cet arbrisseau est d'une culture facile. On le multiplie de graines ou en éclatant ses vieux pieds ou en marcottant les ramifications ayant une ou deux années de végétation.

Les feuilles sèches réduites en poudre du Sumac fustet servent dans les Apennins au tannage des cuirs. (Voir PLANTES TANNIFÈRES). Ce sumac est le *scotino* des Italiens.

CHAPITRE VII

QUERCITRON.

QUERCUS TINCTORIA.

Arbre de la famille des Amentacées.

Ce *chêne jaune* est indigène dans la Géorgie, la Caroline et la Pensylvanie. On le nomme souvent *chêne noir* aux États-Unis parce que son écorce est très brune extérieurement et très épaisse. Il atteint une hauteur de 20 à 30 mètres. Ses feuilles sont profondément lobées et sinuées ; elles sont d'un vert obscur, mais elles prennent une teinte rouge ou rouge jaunâtre en automne. Ses glands sont sessiles courts, épais et tronqués.

Le quercitron est rustique dans le Nord de l'Europe. Il végète bien dans les sols de qualité médiocre. Sa croissance est rapide dans les terres profondes et fraîches. Son écorce et son bois contiennent une forte proportion de matière colorante jaune qui est préférable à celle de la gaude.

Le bois est vendu sous forme de filaments courts ou de poudre. L'écorce est livrée dépouillée de son épiderme. La poudre contient plus de matière jaune que les filaments.

Le commerce distingue le *Quercitron de New-York* du *Quercitron de Baltimore*. Le premier a des brins plus longs que le dernier. Le *Quercitron de Philadelphie* se compose de filaments légers de couleur blonde. C'est le plus apprécié.

Le quercitron sert à teindre en jaune les étoffes de coton et de laine.

CHAPITRE VIII

MURIER DES TEINTURIERS.

BROUSSONETIA TINCTORIA, MORUS TINCTORIA.

MACLURA TINCTORIA.

Arbre de la famille des Morées.

Le murier des teinturiers est l'arbre qui fournit le *bois de Brésil jaune*, le *bois jaune*, le *bois jaune de Fernambouc* et le *bois jaune des Indes orientales*. Il est commun aux Antilles, au Brésil, au Mexique et en Amérique. Il atteint de 15 à 20 mètres de hauteur; sa cime est très touffue. Ses rameaux sont souvent garnis d'épines droites, solitaires et géminées. C'est pourquoi on le nomme parfois *murier à rameaux épineux*. Ses feuilles d'un vert foncé et variables de grandeur, sont ovales, rudes, glabres, entières ou trilobées. Ses fruits sont jaune verdâtre à saveur très douce.

Le bois jaune qui vient de la Jamaïque, de Saint-Domingue, des Indes Orientales, etc., en Europe y arrive sous forme de bûches ayant 1 mètre à 1^m,30 de longueur et 0^m,30 à 0^m,40 de largeur. Il est dur, léger et dépouillé de son écorce brun clair. On l'appelait autrefois *fustique, fustic*. Il sert à teindre en jaune brillant la soie, le coton, etc. On en extrait aussi une *laque* qu'on utilise dans la peinture et les impressions sur tissus.

Le bois jaune le plus estimé provient de la Jamaïque, de Porto-Rico, de Saint-Domingue, de Tampico, de Vera Cruz, de Nicaragua, de la Nouvelle-Grenade.

On le multiplie de semences, de boutures et de marcottes.

CHAPITRE IX

GOMME GUTTE.

GARCINIA.

Arbre de la famille des Clusiacées.

La gomme gutte est produite par plusieurs *garcinia* qu'on rencontre dans les régions tropicales et principalement dans l'Inde centrale, à Siam, au Cambodge dans le nord de la Cochinchine. Elle contient une gomme résine et de l'amidon et donne avec l'eau dans laquelle elle est soluble, une belle couleur jaune.

La gomme gutte de Siam ou de Cochinchine provient du *Garcinia morella* ou *Mangostana morella*. Elle nous arrive du Cambodge, de Chine et de Bornéo. La *gomme gutte de Ceylan* a la même origine. La *gomme gutte de Mysore* est extraite du *Garcinia pictoria* ou *Zanthochymus pictorius*. La *gomme gutte de Cochinchine* provient du *Garcinia pedicellata*. Toutes ces espèces sont indigènes aux Moluques, dans l'Inde, etc.

Le *Garcinia morella* ou *cambodgia* ou *Hebradendron cambodgiodes*, est un arbre de 10 mètres de hauteur; ses feuilles sont opposées, ovales, lancéolées, entières et aiguës; ses fleurs peu nombreuses sont sessiles, solitaires, dioïques et jaunes; elles produisent des fruits à 4 loges qui ont la grosseur d'une très petite orange. On rencontre ce *garcinia* dans le Cambodge, à Siam, dans la Birmanie, dans les forêts montagneuses du Mysore et de la chaîne des Ghattes entre

600 et 1000 mètres d'altitude. Cet arbre ne croit pas dans les plaines. En Tamoul, on le nomme *Mukki*.

Pour obtenir la gomme gutte qu'il contient, on opère des incisions en spirale sur la moitié de la circonférence de son tronc. Alors la sève ou *latex jaune* s'écoule pendant plusieurs mois sous forme de liquide épais, visqueux qui ne tarde pas à se durcir. Lorsqu'on reçoit la sève dans des cylindres de bambou, on a alors la gomme gutte en canons ou en bâtons. Dans le cas contraire, on l'obtient en masse ou en pain.

La *gomme gutte* est un mélange de 75 p. % de résine soluble dans l'alcool et de 15 p. % de gomme soluble dans l'eau. La résine est la partie colorée.

On en extrait aussi du *Garcinia Gaudichaudia* qui croît dans les montagnes de la Cochinchine à Bien-Hoa, à Noa et à Dinhn.

La gomme gutte est principalement employée dans la peinture à l'eau et en médecine comme purgative et anthelmintique.

On retire aussi une *gomme laque* du *Butea frondosa* qui est un très bel arbre à fleurs rouges de la famille des légumineuses et qu'on rencontre dans les Indes orientales et l'Himalaya jusqu'à 1000 mètres d'altitude. Cette laque résine est le *kino du Bengale* ou le *dhâk* des Indous; elle contient jusqu'à 70 p. % de tannin. Elle s'écoule des incisions qu'on fait sur le tronc.

CHAPITRE X

MORINDE A FEUILLE DE CITRONNIER.

MORINDA CITRIFOLIA OU MACROPHYLLA.

Arbrisseau de la famille des Rubiacées.

Cette magnifique plante est originaire de l'Inde. Elle a été importée de Pégou à Calcutta. Elle est très commune dans les halliers et les terres incultes aux îles Philippines, dans la Sénégambie et la Guinée. On la cultive dans la Cochinchine. Dans la Malaisie on la nomme *meng-koulou*; à Java, on l'appelle *wougoudou*, dans l'Inde *aal*. Elle existe aussi au Sénégal, etc.

Cet arbrisseau, haut de 3 mètres, est très droit avec des rameaux quadrangulaires. Ses feuilles très grandes, ovales et presque sessiles sont flasques, glabres et luisantes; elles ont de $0^m,20$ à $0^m,25$ de longueur et $0^m,10$ à $0^m,15$ de largeur. Ses fleurs sont blanches, assez grandes et à odeur très suave. Ses fruits sont gros et ont la forme d'une toupie; ils sont très pulpeux et développent une odeur très désagréable quand ils sont arrivés à maturité.

Les racines sont riches en principe colorant jaune ou safrané qui a pour base la *morindine*.

Le MORINDA TINCTORIA appelé en tamoul *nonamarom* est commun dans l'Inde. Il existe aussi à la Nouvelle-Calédonie. Les fleurs de ce petit arbrisseau sont blanc pur et elles développent une odeur de jasmin. Son bois, mais surtout ses racines, contiennent une matière colorante très abondante et très solide. Cette espèce est cultivée à Salem.

A côté des deux espèces précédentes et des *M. bracteata*, *aspera*, *tomentosa* et *umbellata* qui ont aussi des racines tinctoriales, se range l'OLDENLANDIA UMBELLATA ou HEDYOTIS HISPIDA, sous-arbrisseau appartenant aussi à la famille des Rubiacées et désigné dans l'Inde sous les noms de *chaya vair* ou *saya-ver*. Cette espèce est cultivée dans l'Inde près de Karikal, de Nagour, etc., sur des terrains sablonneux. Ses racines âgées de 18 à 24 mois et alliées à celles du *Morinda tinctoria* servent à teindre les étoffes d'un beau rouge et principalement les foulards de Madras.

Les fruits du *Morinda citrifolia* sont alimentaires. Dans l'Océanie, avant de les manger, on les fait tremper dans l'eau pendant quelques heures pour leur enlever leur amertume.

Le *Morinda umbellata*, le *mang kuda* des Indiens, a des feuilles plus grandes que celles des espèces précédentes. Il sert de support dans les cultures du poivrier. Cette espèce est commune dans les forêts de la Cochinchine.

CHAPITRE XI

ROTTLÈRE DES TEINTURIERS.

ROTTLERA TINCTORIA.

Plante dicotylédone de la famille des Euphorbiacées.

Cet arbre atteint de 12 à 15 mètres de hauteur. Il est répandu dans les districts montagneux de l'Inde, en Chine, aux Philippines, en Arabie, en Abyssinie.

Ses feuilles oblongues, entières et aiguës sont à trois nervures. Ses fleurs sont petites et en grappes axillaires; elles produisent des capsules à trois coques, arrondies, de la grosseur d'un pois et qui sont couvertes d'une poussière d'un très beau rouge. Les graines que renferment les fruits sont noires et aplaties d'un côté; elles sont oléagineuses.

C'est lorsque les gousses sont mûres en février ou mars qu'on brosse les capsules pour détacher la poudre qui y est adhérente. Cette matière est seulement soluble dans l'alcool et les solutions alcalines. Elle sert à teindre, depuis longtemps, la laine en jaune orangé. Elle est très en usage à Madras, et dans le Bangalore où elle est connue sous les noms de *Vasunta goonda* et *Kapila pody*. Les Hindous la nomment *Kamala*.

La poudre qui couvre les capsules est inaltérable à l'eau mais l'alcool la dissout en grande partie. A l'aide des solutions alcalines, on en retire une très belle couleur rouge.

———⟶∾∾⟵———

DEUXIÈME DIVISION.

PLANTES A PRINCIPE TINCTORIAL BLEU.

CHAPITRE PREMIER

PASTEL.

ISATIS TINCTORIA, L.

Plante dicotylédone de la famille des Crucifères.

Anglais. — Woad. *Italien.* — Guado.
Allemand. — Waid. *Espagnol.* — Guasto.
Hollandais. — Weede. *Polonais.* — Similo.
Danois. — Vede. *Russe.* — Ljenak.

Historique. — Mode de végétation. — Variétés. — Terrain. — Semailles. — Culture par transplantation. — Soins d'entretien. — Animaux et insectes nuisibles. — Maladies. — Récoltes. — Transformation des feuilles en coques. — Dessiccation des feuilles. — Récolte des graines. — Rapport des feuilles fraîches aux coques. — Poids des coques. — Quantité de coques fournies par hectare. — Qualité des coques. — Quantité d'indigo contenu dans les feuilles. Usages du pastel. — Raffinage.

Historique.

Le pastel, qu'on a appelé *guède, vouède, guesde, gaide, guerde, herbe lauraguaise* et *indigo français*, est connu depuis les temps les plus reculés. Galien, Dioscoride, César et Pomponius Mela rapportent que les teinturiers l'employaient, aux époques auxquelles ils vivaient, pour teindre les laines. Pline nous apprend que les Armoricaines s'en

14

servaient pour teindre leur corps lorsqu'elles paraissaient
nues dans certains sacrifices ou cérémonies religieuses. Enfin, il est cultivé en Chine, depuis une époque très ancienne.

Les Sarrasins ont introduit le pastel en Afrique et en
Espagne. Abn-el-Jair et Ebem-el-Awam, auteurs arabes
qui cultivaient aux environs de Séville, au XIIe siècle, ont
donné d'intéressants détails sur sa culture.

Le pastel est aussi connu en Italie. On l'a cultivé pendant longtemps dans la Calabre, la Romagne, la Lombardie et la Marche d'Ancône. Il existe aux environs de No-
cera, un village appelé *Guado*, parce qu'on y cultivait
autrefois le pastel très en grand.

Cette plante tinctoriale était connue au Xe siècle en Allemagne. D'après une ancienne chronique manuscrite de
la ville d'Erfurt, du XVIe siècle, les bénéfices que les trois
cents villages de la Thuringe, qui la cultivaient en grand,
réalisaient annuellement étaient si considérables qu'on les
assimilait à ceux d'une montagne d'or. On la cultive encore
dans cette province, dans le Brandebourg et la province
Rhénane.

Son introduction en Angleterre, date de 1582. On la cultive dans les comtés de Somerset, d'York et du Lincoln,
et dans quelques parties de l'Irlande.

Sa culture en France, ne remonte pas au delà du
XIIe siècle. A cette époque il existait à Saint-Denis près
Paris, un marché pour le pastel. La place où il se vendait
est encore désignée sous le nom de *marché de guède* (1).
Les ordonnances de Charles le Bel, en date du 13 décembre
1324; celles que Jean II rendit en 1350, 1353, 1356; celles
publiées en 1358 et 1397, par Charles V, et en 1443, par

____

(1) En 1422, Henri V, roi d'Angleterre, autorisa la ville de Caen
à établir un impôt de 2 sols 6 deniers par cuve de vouède.

Charles VII, prouvent que la culture du pastel occupait chaque année, à ces diverses époques, de grandes étendues de terre dans les diocèses de Toulouse (1), d'Alby, Lavaur, Saint-Papoul, Bas-Montauban et Mirepoix.

Le meilleur pastel se récoltait alors dans le Lauraguais, appelé *pays de Cocaigne* ou *de Cocagne*, parce que ceux qui cultivaient et fabriquaient le pastel s'y enrichissaient promptement. En 1552, Henri II permit, par lettres patentes, aux marchands de Toulouse, d'en exporter en Flandre, en Espagne, en Portugal et en Angleterre. A cette époque, on expédiait annuellement « de Tolose à Bourdeaux, par la rivière de la Garone, 100,000 balles de pastel qui valaient 1,500,000 livres. » C'est en 1527 que les états du Languedoc obtinrent la révocation de l'impôt qui frappait le pastel qu'on expédiait de Bordeaux à l'étranger.

Au XVIᵉ siècle, on préparait annuellement dans les diocèses d'Alby, de Toulouse, de Lavaur, de Saint-Papoul, de Montauban et de Mirepoix environ 200,000 balles de pastel en coques du poids de 100 kilogr.

L'introduction de l'indigo vers la fin du XVIᵉ siècle chassa le pastel des marchés qui lui étaient acquis. Ainsi malgré l'arrêt rendu, en 1609, par Henri IV, qui condamnait à la peine de mort ceux qui emploieraient l'indigo (2), le pastel fut successivement remplacé par cette matière colorante dans l'art de la teinture.

Napoléon 1ᵉʳ rendit, le 6 juillet 1810, un décret par le-

(1) Les plus beaux édifices de Toulouse ont été bâtis par des fabricants de pastel ; l'un d'eux, Pierre de Bernin, cautionna pour la rançon de François Iᵉʳ.

(2) La même prohibition fut faite en Allemagne. Ainsi, en 1577, l'empereur Rodolphe en défendit l'usage à tous les teinturiers sous peine d'amende, de confiscation et de déshonneur. La cour de Rome et l'électeur de Saxe en proscrivirent aussi l'usage en 1652.

quel il proposa : 1° un prix de 25,000 fr., à celui qui ferait connaître un moyen facile d'extraire la fécule colorante que contient le pastel; 2° un prix de 100,000 fr. à celui qui parviendrait à donner à cette fécule la finesse et l'éclat de l'indigo. Enfin il fonda à Alby, en Toscane et à Turin, trois écoles impériales destinées à perfectionner l'art d'extraire l'indigo du pastel. La direction de l'école de Turin fut confiée au célèbre Giobert. La chute de l'Empire n'a pas permis que les prix proposés fussent décernés, et elle entraîna celle des écoles impériales. Nonobstant, les tentatives faites à cette époque, tant en France qu'à l'étranger, pour résoudre le problème sur le pastel, eurent d'heureuses conséquences. Ainsi le jury de l'Exposition de l'industrie de 1819, déclara que l'indigo indigène obtenu par M. Rouguiès ne le cédait en rien au plus bel indigo de Guatémala. Ce jugement prouve que le pastel n'est pas impropre à remplir le but que Napoléon s'était proposé.

Le pastel est cultivé en grand dans quatre départements. Voici les détails que contient la statistique de 1840 :

Départements.	Arrondissements.	Étendue.
Tarn...............	Alby...............	155 hectares.
Lot-et-Garonne ...	Marmande........	12 —
Gironde	Bazas et Blaye ...	140 —
Calvados	Caen	3 —
	Total..............	310 hectares.

Cette étendue permet d'exporter annnuellement 8,000 à 9,000 kilog. de pâte. Cette exportation a lieu principalement en Espagne.

Mode de végétation.

Le pastel (fig. 45), est bisannuel, sa racine est fusiforme et pivotante, sa tige est rameuse, lisse et haute de 1 mètre

à 1^m,20. Les feuilles radicales sont ovales, oblongues, charnues, lisses et pétiolées ; leur longueur varie entre 0^m,30 et
0^m,40. Les feuilles de la tige sont amplexicaules, lancéolées,
sagittées et alternes. Les unes et les autres sont d'un beau

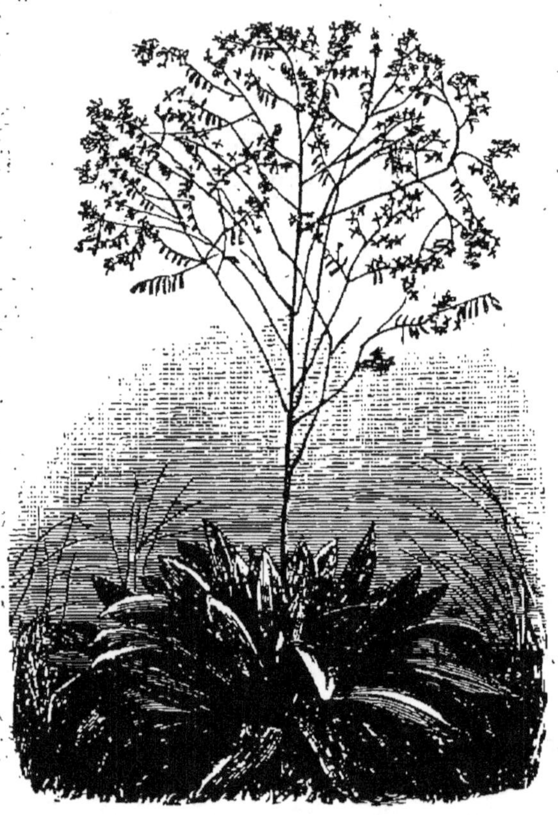

Fig. 45. — Pastel.

vert glauque. Les fleurs (fig. 46) ont quatre pétales de
couleur jaune et sont disposées en corymbe ou en grandes
panicules. Le fruit est une silicule de couleur bleue ou violette pendante, ovale, à deux valves carénées et ailées qui
contiennent chacune une graine.

14.

Variétés.

On connaît deux variétés de pastel :

Le PASTEL CULTIVÉ qui a des feuilles entièrement *lisses* et des *fruits d'un noir violet.*

Fig. 46. — Fleurs et graines de pastel.

Le PASTEL SAUVAGE, qui a des feuilles *velues*, plus étroites, moins charnues et moins glauques, et des *fruits jaunâtres.*

Le pastel sauvage est moins riche en matière colorante.

On le désigne dans le Lauragnais sous les noms de *pastel bâtard, bourg, bourdain, bourdaine*.

Le pastel cultivé s'abâtardit, se rapproche par degrés du pastel sauvage, si on néglige de bien choisir les porte-graines et si on le cultive dans des lieux ombragés et frais.

Terrain.

NATURE. — Cette plante tinctoriale doit être cultivée sur des terres profondes, riches, propres, un peu fraîches, bien exposées au soleil et de consistance moyenne. Elle réussit mal sur les sols très argileux, les terres compactes et humides.

Les terres calcaires, les sols siliceux et argilo-siliceux, chaulés ou marnés et exposés au soleil ont une très grande influence sur sa réussite et sa richesse colorante.

FERTILITÉ. — Le pastel végète très bien sur des sols de fertilité moyenne, mais ses produits n'y sont jamais aussi abondants que lorsqu'il croît sur des terres substantielles ou bien fumées.

Il réussit parfaitement sur un défrichement de prairie naturelle ou artificielle, ainsi que le prouve l'adage des cultivateurs de la Thuringe, ainsi conçu : *terre de prairie, terre de pastel* (1).

Enfin, on a toujours constaté que la matière colorante qu'on obtient des feuilles du pastel qui a végété sur des sols riches, a plus d'éclat, plus de brillant que celle que four-nissent les feuilles obtenues de pieds ayant poussé sur des sols de médiocre fertilité.

A Alby on répand par hectare 1,500 kilog. seulement de fumier, soit 800 à 1,000 kilog. d'engrais par 1,000 kilog. de feuilles récoltées vertes. Cette faible quantité permet

______

(1) Weizenland auch waidland.

aux feuilles d'être riches en matière colorante, et elle prouve que c'est à tort qu'on a considéré le pastel comme une plante épuisante.

On peut remplacer le fumier par des engrais animaux ; poudrette, chair de cheval desséchée, colombine, etc. On doit préférer le fumier décomposé au fumier pailleux.

La chaux, les plâtras sont employés avantageusement à Alby et à Quiers (Italie).

PRÉPARATION. — La terre qu'on consacre à la culture du pastel doit avoir été bien préparée pendant l'hiver par deux ou trois labours exécutés soit à la charrue, soit à la bêche et suivis par des hersages, afin qu'elle soit meuble et exempte de plantes à racines traçantes à l'époque des semailles.

Les terrains à sous-sols imperméables doivent être labourés en petits billons si on les ensemence à la fin de l'été.

Semailles.

ÉPOQUE. — Le pastel se sème soit au printemps, soit en automne.

On accorde dans le midi de la France, en Italie et même en Allemagne, la préférence aux semailles exécutées en automne, parce que les plantes qui proviennent de tels semis fournissent l'année suivante une plus grande abondance de feuilles.

Les *semis d'automne* se font du 15 septembre au 15 octobre.

Les *semis de printemps* se pratiquent depuis le 15 février jusqu'à la fin de mars.

On sème quelquefois le pastel en juillet ; mais les plantes qui proviennent de ces semis montent plus tôt et plus promptement à graines.

Dans quelques parties de l'Allemagne, on sème parfois

le pastel quand la terre est couverte de neige. Alors on enterre les graines lorsque celle-ci a disparu.

En général, les semis exécutés en automne donnent naissance à des plantes qui fournissent plus de feuilles que les pieds qui proviennent de semis opérés en mars ou avril.

PRÉPARATION DES SEMENCES. — On a proposé de faire gonfler les graines qu'on confie à la terre pendant le mois de juillet; mais l'expérience n'a pas démontré l'utilité de cette opération.

QUALITÉ DES GRAINES. — Les graines de bonne qualité sont renflées et elles ont une couleur violet noir. Celles qui n'ont pas bien mûri ont une teinte gris violet ou gris jaunâtre.

Les bonnes graines conservent leur faculté germinative pendant deux ou trois ans; mais on doit préférer celles de la dernière récolte.

QUANTITÉ DE GRAINES QU'ON RÉPAND PAR HECTARE. — On sème par hectare 150 litres de graines de pastel lorsqu'on répand les semences à la volée.

100 à 120 litres suffisent lorsqu'on sème les graines en lignes.

EXÉCUTION DES SEMAILLES. — On exécute ordinairement les semis à la volée. Quand on les pratique en ligne on espace les rayons de 0^m,25 à 0^m,35, suivant la fertilité de la terre.

La graine de pastel étant très légère doit être semée par un temps calme, afin qu'elle soit répandue le plus uniformément possible.

Cette semence est difficile à semer au moyen d'un semoir parce qu'elle est aplatie et peu pesante.

RECOUVREMENT DES SEMENCES. — On enterre la graine soit à la herse, soit au râteau. C'est commettre une faute que d'abandonner les semences sans les enterrer, parce que les plantes n'ont jamais la force, la vigueur que présentent les pieds qui proviennent de graines enfouies à 0^m,01 ou 0^m,02.

On doit rouler après le hersage ou le râtelage, si les semis sont exécutés au printemps sur les sols sujets à souffrir des sécheresses.

GERMINATION DES GRAINES. — La graine de pastel lève ordinairement au bout de quinze à vingt jours si elle est de bonne qualité et si elle a été confiée à la terre avant ou après les gelées.

Culture par transplantation.

On peut semer le pastel en pépinière au mois d'août ou sur couche en janvier, pour le repiquer en octobre ou en mars, au moyen du plantoir.

Le premier mode de culture a été pratiqué avec succès à Turin, en 1810, par M. Valfré; le second a été recommandé en Allemagne.

Soins d'entretien.

PREMIER BINAGE. — On donne un premier binage un mois environ après la semaille, c'est-à-dire lorsque les plantes ont quatre à cinq feuilles et 0^m,05 à 0^m,06 de hauteur.

ENLÈVEMENT DU PASTEL BATARD. — Lorsque le pastel a 0^m,10 à 0^m,15 d'élévation, on arrache les pieds de pastel bâtard. Ces pieds se distinguent du pastel cultivé par leurs feuilles velues et leur couleur moins glauque.

ÉCLAIRCISSAGE. — On profite souvent du premier binage pour procéder à l'éclaircissage des pieds qui se trouvent trop rapprochés les uns des autres.

On doit agir de manière que les pieds soient placés à une distance de 0^m,15 à 0^m,25 suivant la nature et la fertilité du terrain.

GARNISSAGE DES PLACES VIDES. — Les champs présentent quelquefois des places vides. On garnit ces endroits en y transplantant les pieds qu'on a arrachés pendant l'éclaircissage. Cette opération se fait à l'aide d'un plantoir.

DEUXIÈME BINAGE. — On donne au pastel un second binage, avant la première récolte de feuilles.

Si les circonstances l'exigent, on répète cette opération après la seconde et quelquefois aussi la troisième récolte.

ARROSEMENTS. — On a proposé d'arroser le pastel pendant les grandes chaleurs; il faut que la température soit très élevée et le sol entièrement privé d'humidité pour que les arrosements ne nuisent pas à la matière colorante.

Animaux et insectes nuisibles.

Le pastel a pour ennemis l'altise, le ver blanc, le limaçon, la chenille du papillon du chou et les sauterelles. Les uns et les autres s'attaquent à ses feuilles et les détruisent. On doit donc, quand ces insectes sont nombreux, chercher à les détruire par tous les moyens possibles.

Maladie du pastel.

Les feuilles de cette plante se couvrent quelquefois de taches ou de pustules jaunes. Cette altération ne permet pas aux feuilles de contenir autant de matière colorante. On attribue cette rouille à des changements subits qui se manifestent dans l'atmosphère lorsque le pastel est en végétation.

On met un terme au développement de ces taches en procédant à la récolte des feuilles lors même qu'elles ne sont pas arrivées à leur complète maturité.

Récolte.

Signes de maturité des feuilles. — La matière colorante existe dans les feuillés à toutes les périodes de leur végétation. Toutefois, elle est : —

Bleu tendre, dans les jeunes feuilles;

Bleu foncé, dans les feuilles développées;

Bleu noirâtre, dans les feuilles complètement mûres.

L'instruction officielle publiée en 1812 rapporte que des expériences faites à Alby, ont prouvé que les coques provenant de feuilles récoltées avant qu'elles jaunissent ou s'inclinent vers la terre, au moment où elles offrent sur leurs bords une nuance d'un violet clair, produisent une couleur bleue plus belle et plus intense que les coques qu'on obtient de feuilles cueillies plus tôt ou plus tard.

Les feuilles arrivées à maturité sont lisses, épaisses, grasses, glauques ou gris bleuâtre et un peu luisantes.

La matière colorante que contiennent les jeunes feuilles se précipite difficilement. Ainsi, elle reste très longtemps en suspension dans l'eau après le battage. Il est vrai que les jeunes feuilles contiennent plus de matière colorante que les feuilles parvenues à maturité, mais l'indigo qu'elles fournissent est de qualité très inférieure.

Giobert a constaté, à l'aide d'expériences, que la proportion de fécule ou d'indigo que contiennent les feuilles augmente depuis le onzième jusqu'au seizième jour de leur végétation, qu'elle reste alors stationnaire pendant quatre à cinq jours et qu'elle faiblit ensuite. Il faut conclure de ces faits que l'époque la plus convenable pour opérer la récolte est entre le seizième et le vingt-et-unième jour de leur développement.

Nombre de cueillettes. — Le nombre des cueillettes varie suivant les latitudes. Dans les environs d'Alby, on fait ordinairement cinq récoltes.

La première a lieu pendant la deuxième quinzaine de juin, c'est-à-dire à l'époque de la maturité du froment.

La dernière s'exécute vers le milieu du mois d'octobre.

Ainsi, les récoltes ne se répètent que de mois en mois ou au plus tôt tous les 15 jours.

En Italie, on les renouvelle tous les vingt ou vingt-cinq jours.

En Allemagne, on en fait trois et en Normandie deux seulement.

On peut encore en automne, récolter les feuilles qui ont été frappées par la gelée blanche, si elles sont arrivées à maturité. La fécule qu'elles contiennent est de belle qualité.

Nonobstant, les feuilles récoltées en dernier lieu sont les moins riches en matière colorante.

Autrefois il était interdit dans l'Albigeois de faire une sixième récolte de feuilles. Cette récolte et la cinquième sont désignées sous le nom de *marouchins*. Elles se font ordinairement à un intervalle de cinq à six semaines parce qu'en automne, les feuilles du pastel se développent toujours moins rapidement.

MODE DE RÉCOLTE. — La cueillette des feuilles se fait en cassant le pétiole avec le pouce et l'index ou en tordant avec la main tout ce qu'elle peut contenir.

Il faut éviter d'arracher les feuilles dans la crainte de déraciner les pieds.

Il est très utile de récolter les feuilles par un beau temps et après la disparition de la rosée. On doit profiter autant que possible d'un temps sec et chaud.

On a proposé de substituer à l'emploi de la main celui d'une paire de ciseaux ou de la faucille. Ce moyen est plus expéditif et plus économique et il ne nuit pas au développement des plantes. Aussi est-ce bien à tort que l'ordonnance de 1699 défendit l'emploi des outils dans la cueillette des feuilles.

Les feuilles une fois récoltées sont déposées dans des paniers qui servent à les transporter du champ à la ferme. On doit éviter d'ensacher les feuilles, car elles s'échauffent dans les sacs et fermentent promptement.

Quand elles arrivent à la ferme, on les dépose dans l'atelier. On ne doit pas les laisser soit au soleil, soit à la pluie, si on veut qu'elles conservent leurs propriétés tinctoriales.

Un hectare de pastel effeuillé cinq fois, donne à Alby de 15,000 à 20,000 kilogr. de feuilles fraîches.

Chaptal porte le produit moyen à 22,000 kilogr. Ce chiffre est un peu élevé. La statistique générale l'évalue à 15,000 kilogrammes.

Transformation des feuilles en coques.

OPÉRATION PRÉLIMINAIRE. — Avant de triturer les feuilles, on les laisse un peu se flétrir. Ainsi, on les abandonne à elles-mêmes afin qu'elles perdent une partie de leur humidité et qu'elles ne fournissent pas une trop grande quantité de jus pendant le triturage. On a soin de les remuer de temps à autre pour qu'elles ne puissent s'échauffer.

Cette méthode, en usage à Alby, n'est pas celle qu'on suit en Angleterre. Dans cette contrée, les feuilles sont triturées aussitôt qu'elles ont été récoltées. Ce procédé ne doit pas être imité.

A Alby, on secoue toujours les feuilles couvertes de terre; en Allemagne, on les lave dans un ruisseau et on les fait sécher sur une prairie. Cette méthode présente de grandes difficultés lorsqu'on agit sur de grandes masses et lorsqu'il survient des pluies pendant qu'on l'exécute.

DISPOSITION DE L'ATELIER. — Le local (fig. 47), dans lequel on prépare le pastel est un hangar entouré d'une muraille sur trois côtés. Le quatrième est ouvert et exposé au midi. Le sol est carrelé en briques ou en dalles de pierre

Fig. 47. — Transformation des feuilles de pastel en pâte et en coques.

et légèrement incliné du nord au midi ; il aboutit à une rigole parallèle au mur du fond.

Le moulin se compose d'une auge circulaire, crénelée, à

bords évasés, dans laquelle roule une meule verticale ayant des rainures sur sa circonférence, afin qu'elle ne glisse pas sur les feuilles. Cette meule est traversée à son centre par un arbre auquel on attelle le cheval qui lui donne le mouvement de rotation.

BROYAGE DES FEUILLES. — Lorsqu'on veut réduire les feuilles en pâte, on en jette une certaine quantité dans l'auge et on les broie jusqu'à ce qu'on ne distingue plus leurs nervures.

Le mouvement de la meule ne doit pas être très rapide, pour ne point échauffer la pâte et aussi pour qu'on puisse la remuer facilement avec une pelle et rendre ainsi la trituration des feuilles plus rapide et plus parfaite.

COMPRESSION DE LA PATE. — Au fur et à mesure qu'on retire la pâte de l'auge, on la comprime avec les pieds ou les mains, et on la dispose en tas longitudinaux qu'on bat ensuite avec une pelle.

Les tas doivent être convexes à leur partie supérieure et leur surface bien unie.

L'eau de végétation qui s'écoule de la masse n'entraîne pas de parties colorantes, car celles-ci restent fixées dans la pâte.

FERMENTATION DE LA PATE. — La pâte ainsi disposée est abandonnée à elle-même sous le hangar, afin qu'elle fermente et se *mûrisse*. Au bout de quatre à six jours on divise la masse, on la mélange et on la remet en tas pour qu'elle fermente de nouveau. On répète cette opération chaque semaine.

La pâte en fermentation se gonfle et se dessèche ; sa surface devient noirâtre et se couvre de crevasses plus ou moins profondes qu'on doit s'empresser de boucher en battant la pâte avec une pelle. Si on négligeait cette opération, la masse *s'éventerait*, se couvrirait de filaments blanchâtres, et il s'engendrerait dans les crevasses une foule de petits vers.

Il est utile pendant cette opération, qui dure de un à deux mois pour chaque cueillette, d'enlever avec soin les parties moisies et celles attaquées par les vers.

La pâte saisie par la gelée perd une notable partie de ses propriétés colorantes.

FORMATION DES COQUES. — Lorsque la pâte a suffisamment fermenté, on procède à son moulage. Alors, on la soumet à un deuxième broyage, afin qu'elle soit plus homogène et on l'expose ensuite sur des claies à l'action du soleil et non de la pluie, et lorsqu'elle est à demi desséchée on la moule en *coques* ou *cocagnes* (fig. 48). Ces pains ont la forme d'une poire allongée ou d'un cône tronqué.

Fig. 48. — Coque de pastel.

Le moulage se fait au moyen de deux moules en bois qu'on presse fortement l'un contre l'autre.

SÉCHAGE DES COQUES. — Au fur et à mesure du moulage, on range les coques sur des claies qu'on place sous des hangars ou dans un grenier parfaitement aérés et éclairés.

Cette dessiccation dure environ un mois.

CONDITIONS DE RÉUSSITE. — Toutes les opérations qui précèdent doivent être faites par un beau temps. Lorsqu'on les opère par un temps humide, la pâte prend une teinte jaune, ce qui rend le *pastel roux*.

Dessiccation des feuilles.

Depuis plusieurs années, on a substitué, dans quelques fermes du Tarn, la dessiccation des feuilles à leur transformation en coques. Ce procédé est pratiqué depuis longtemps en Allemagne.

Voici comment on l'exécute :

Lorsque les feuilles ont été récoltées, on les étend pendant deux ou trois jours sur des toiles au soleil ou dans un local bien aéré. On les retourne deux ou trois fois par jour.

Quand la dessiccation est complète, on les emballe et on les conserve dans des locaux secs et aérés.

Le commerce accorde aujourd'hui la préférence aux feuilles qui ont été ainsi préparées.

Récolte des graines.

Le pastel étant sujet à dégénérer, exige qu'on choisisse sévèrement les porte-graines. Les plantes les plus vigoureuses, celles qui n'ont aucun des caractères qui distinguent le pastel bâtard, sont celles qu'il faut réserver. Toutefois, c'est à tort qu'on attacherait une importance très grande à la coloration des silicules. L'expérience a prouvé que lorsque le pastel cultivé commence à passer au pastel sauvage, il produit encore des graines qui ont une teinte aussi violette que celle des graines du pastel cultivé réputé de premier choix.

Quoi qu'il en soit, il faut éviter d'enlever des feuilles aux pieds qui doivent produire des graines.

Les graines mûrissent en juin dans le Midi et en juillet dans le Nord.

On coupe les tiges à la rosée afin de perdre le moins possible de semences par l'égrenage, quand les silicules ont une belle couleur violet noirâtre.

On les rentre ensuite dans une grange et on les étend sur l'aire où on les expose sur une bâche à l'action du soleil. Quand elles sont sèches, on les bat avec des fléaux ou des perches légères, on sépare les tiges des graines avec un râtean et on nettoie ensuite celles-ci avec un van ou un tarare.

Un hectare de pastel peut produire de 200 à 400 kilogr. de graines.

Un hectolitre de graines de pastel pèse 10 à 12 kilogr.

Rendement en coques et en feuilles.

Le poids des coques est assez variable ; celles de la grosseur d'un œuf et qui sont les plus communes pèsent 60 à 65 grammes environ. Les moyennes pèsent ordinairement 500 grammes. Le poids des plus grosses ne dépasse pas 1 kilogr. 500.

Un kilogr. de feuilles fraîches produit une petite coque

Ainsi, les feuilles vertes : petites coques :: 100 : 6.

La quantité de feuilles vertes qu'on récolte par hectare dans l'arrondissement d'Alby permet de fabriquer en moyenne 20,000 coques, pesant ensemble environ 1,200 kilogr.

20,000 kilogr. de feuilles fraîches donnent en moyenne 5,000 kilogr. de feuilles desséchées.

Ainsi, les feuilles vertes : feuilles sèches :: 100 : 25.

Qualité des coques.

Les coques de première qualité ont une cassure grossière, exhalent une odeur assez agréable, ont une teinte violette intérieurement et elles bleuissent lorsqu'on les frotte.

Le pastel en coques augmente de qualité en vieillissant. On peut le conserver dix années si le local dans lequel on l'a déposé est sec et aéré.

Les pasteliers d'Alby fraudent souvent le pastel, en ajoutant à la pâte du sable fin, afin de le rendre plus pesant.

C'est ce moyen de fraude qui a conduit le commerce à accorder la préférence aux feuilles desséchées.

Quantité d'indigo contenu dans les feuilles.

Les feuilles vertes contiennent, d'après les expériences faites en 1810, de 18 à 20 millièmes d'indigo.

Rouquès a obtenu 5 kilogr. d'indigo de 600 kilogr. de feuilles.

Un hectare qui produit 20,000 kilogr. de feuilles fraîches ou 1,200 kilogr. de coques, fournit donc 36 à 40 kilogr. d'indigo.

Coques. — Les coques se vendent 2 fr. 50 le cent.

L'indigo du pastel est à l'indigo de l'Inde :: 1 : 2.

Feuilles sèches. — Le prix des feuilles séchées varie entre 18 et 20 fr. les 100 kilogr.

Les coques de pastel sont livrées au commerce dans des balles de 50 kilogr.; les feuilles sèches sont expédiées en balles de 100 kilogr.

Usage du pastel.

On emploie les coques pour monter les cuves d'indigo; elles ont l'avantage de rendre la teinture bleue solide. On les emploie rarement seules, parce que la couleur qu'elles donnent n'est pas assez brillante.

Le cultivateur ne se livre pas au raffinage du pastel. Cette opération constitue une industrie spéciale.

CHAPITRE II

MAURELLE OU TOURNESOL.

CROZOPHORA TINCTORIA, Neck. — CROTON TINCTORUM, L.

Plante dicotylédone de la famille des Euphorbiacées.

Anglais. — Tornsol.
Allemand. — Torn sol.
Hollandais. — Tournesol.

Danois. — Tornesol.
Italien. — Tornasole.
Espagnol. — Tormasol.

Historique. — Végétation. — Terrain. — Semis. — Soins d'entretien. — Récolte — Extraction du suc. — Quantité de suc qu'elle fournit. — Chiffons ou drapeaux. — État des drapeaux préparés. — Récolte des graines. — Valeur commerciale. — Emballage. — Usages des drapeaux. — Prix de revient.

Historique.

Cette plante, originaire d'Orient et naturalisée depuis longtemps dans le midi de l'Europe, est connue sous le nom de croton des teinturiers. Elle croît spontanément dans la partie de la région des oliviers comprise entre les bords de la Méditerranée et le 44° de latitude. Ainsi on la rencontre dans la partie du Bas-Languedoc appelée *la Vaunage,* dans la Provence, le Roussillon et le Dauphiné.

Autrefois les habitants du Grand-Gallargues (Gard) quittaient leur commune pendant les mois de juillet, août et septembre et parcouraient les départements des Bouches-du-Rhône, du Var, du Gard, de l'Hérault, des Pyrénées-Orientales et du Vaucluse pour récolter la maurelle et la préparer sur les lieux mêmes où elle végétait en abondance.

15.

Cette récolte ne pouvait être faite, suivant un ancien règlement, que lorsque les Gallardois avaient obtenu l'autorisation des maires et des consuls du lieu où ils se trouvaient, et pas avant le 25 juillet.

Cette manière d'utiliser la maurelle, l'a rendue aujourd'hui très rare dans la Provence et le Gévaudan. Ce fait n'a rien d'extraordinaire. En récoltant ainsi cette plante tinctoriale, les voyageurs gallardois l'empêchaient de se propager puisqu'ils la coupaient avant qu'elle eût pu mûrir ses graines.

Cette diminution a rendu la culture de cette plante indispensable. Les premiers essais faits remontent à cinquante ans environ ; ils ont été entrepris par M. Yvan, à Perthuis (Vaucluse). Aujourd'hui, l'exploitation nomade est entièrement abandonnée et la culture de la maurelle occupe chaque année une étendue assez considérable sur le territoire du Grand-Gallargues dans le département du Gard.

C'est M. Clergame qui a constaté pour la première fois en 1808 que la maurelle se propageait par semence.

Le suc des tiges et feuilles vertes de la mouselle sert à faire les drapeaux violet bleuâtre qu'on utilise principalement pour colorer en rouge violacé la croûte des fromages de Hollande.

Végétation.

La maurelle est annuelle ; sa tige, haute de $0^m,30$ à $0^m,40$, est cylindrique, rameuse, cotonneuse et blanchâtre ; ses feuilles sont alternes, ovales, molles et longuement pétiolées. Les fleurs mâles sont disposées en grappes courtes et sessiles au sommet des rameaux ; les fleurs femelles sont situées à la base des grappes et produisent des capsules à trois coques, globuleuses, écailleuses, tuberculeuses ou épineuses, longuement pédonculées, pendantes et d'un vert foncé. Les unes et les autres sont jaunâtres. Les capsules sont très déhiscentes.

Terrain.

Nature. — La maurelle doit être cultivée sur des sols secs et caillouteux, semblables à ceux sur lesquels elle croît spontanément. Elle végète bien sur les sols calcaires des terrains tertiaires, mais elle réussit difficilement sur les terrains primitifs : granitiques, porphyriques, schisteux, etc., et sur les sols calcaires jurassiques. A Gallargues, on la cultive sur la mollasse, le terrain néocomien et les sables et les marnes du terrain sub-apennin.

Les sols argileux, les terrains d'alluvion humides ne sont pas favorables à la maurelle. Sur de tels terrains le suc qu'elle contient reste *vert d'oignon.*

Fertilité. — On a dit que cette plante tinctoriale exigeait des terres très fertiles. J'ai constaté le contraire à Grand-Gallargues. Ainsi, j'ai vu que les terrains qu'on lui consacre annuellement, sans être aussi arides que ceux sur lesquels elle croît naturellement dans la région méditerranéenne, sont de qualité ordinaire et peuvent être désignées sous le nom de *terres à froment.*

On fume ces terrains avec des fumiers dans lesquels il entre des tiges et des feuilles de typha et de sparganium.

Préparation. — Les terres du Grand-Gallargues, sont ordinairement labourées à la bêche à $0^m,16$ ou $0^m,21$ de profondeur parce qu'elles sont généralement morcelées. Cette préparation se fait pendant les mois de décembre et de janvier.

Lorsqu'on prépare les champs avec la charrue on complète ce travail par un second labour et un ou plusieurs hersages. Il est très important que la terre soit bien meuble.

Semis.

ÉPOQUE. — Les semis se font ordinairement au mois de février. C'est par exception qu'on les exécute avant l'hiver.

MODE D'EXÉCUTION. — Les Gallardois sèment la maurelle soit à la volée, soit en lignes espacées de $0^m,30$ à $0^m,40$.

On enterre les semences au moyen d'un râtelage.

QUANTITÉ DE GRAINES. — On répand de 4 à 6 kilogr. de graines par hectare.

1 kilogr. contient environ 1,300,000 graines.

Les cotylédons n'apparaissent ordinairement que trois mois environ après le semis, c'est-à-dire au commencement de juin.

Soins d'entretien.

SARCLAGE. — L'apparition très tardive des cotylédons oblige à sarcler le plus tôt possible. Cette opération est ordinairement confiée à des femmes ou des enfants.

BINAGES. — Lorsque les plantes ont été débarrassées sur les lignes des herbes nuisibles qui les enveloppaient, on exécute un binage.

On répète cette opération vers la fin de juin ou dans le commencement de juillet, si elle est nécessaire.

Récolte.

ÉPOQUE. — La récolte se fait depuis la fin de juillet jusque dans les premiers jours de septembre.

MODE D'OPÉRATION. — Cette opération consiste à faucher les plantes lorsqu'elles sont développées et encore vertes, et que les feuilles inférieures commencent à se détacher. Rentrées sèches, elles ne fournissent, suivant l'expression des maurelliers de Gallargues, qu'un *suc vert brûlé*.

Extraction du suc.

Lorsqu'on a récolté une certaine quantité de tiges, on les écrase à l'aide d'une meule verticale de 0^m,33 d'épaisseur et de 1^m,65 de diamètre. Cette meule roule dans une auge circulaire ; elle pèse de 2,500 à 3,000 kilog.

Quand les plantes sont réduites en pâte, on en remplit un *cabas*, sorte de panier de jonc tressé ayant une forme circulaire, et on le presse fortement. Le suc exprimé coule dans un vase en bois que les Gallardois appellent *sémaou ;* sa couleur est vert foncé et avec le temps il devient très visqueux.

Lorsque le suc cesse de couler, on retire le cabas de la presse, on imbibe le marc d'urine humaine et on le presse de nouveau. Le liquide qu'on obtient par cette opération est mélangé au premier.

Un cabas contient environ 12 kilog. de pâte.

On emploie environ 32 kilog. d'urine pour 100 kilog. de tiges vertes.

100 kilog. de plantes fraîches, après avoir été pressées deux fois, donnent environ 50 kilog. de suc.

Chiffons ou drapeaux.

On fait ensuite absorber le suc obtenu, par des *chiffons ou drapeaux.*

On donne ces noms à des morceaux de toile de chanvre très grossière, entièrement semblable à celle qu'on emploie pour emballer. Cette toile à tissu très peu serré, à maille ayant 0^m,004 à 0^m,005 d'ouverture, ne doit pas avoir été blanchie par la lessive ou la rosée, probablement parce qu'elle serait alors moins absorbante et moins favorable à la vue puisque la teinture la rendrait moins colorée.

Ces chiffons ont 0^m,90 de longueur sur 1 mètre de largeur.

Le trempage des drapeaux doit être exécuté le plus tôt possible ; autrement le jus ne tarderait pas à *passer*. Voici comment on les charge de suc de maurelle.

Une femme met un drapeau dans un baquet appelé *gamata* et y verse environ 2 litres de suc. Alors, elle froisse la toile avec les mains jusqu'à ce qu'elle soit entièrement imbibée de liquide, et la retire pour la tremper dans le liquide qui contient de l'urine.

Les chiffons qui ont été ainsi préparés sont souples, moites et très colorés.

Lorsqu'un drapeau a été bien imprégné des deux sucs, on relève deux de ses angles et on l'étend sur des cordes exposées au soleil le plus ardent ou au vent, afin qu'il sèche le plus promptement possible. Quand il est entièrement sec, on le réunit à ceux qui ont été préparés et qu'on appelle *blanqueries*.

Le lendemain du jour où les chiffons ont été imbibés de suc de maurelle, on les expose à l'action d'une couche de fumier de cheval, de mulet ou de mule.

Cette couche de fumier doit être en pleine fermentation et avoir été couverte soit d'une couche de paille fraîche, soit de plusieurs morceaux de bois ; son épaisseur varie entre 0^m,30 et 0^m,50. Les Gallardois la nomment *aluminadou*.

Quand la couche est prête, on met par dessus les chiffons entassés les uns sur les autres. Ces chiffons doivent être couverts d'un drap ou d'une couche de paille fraîche. Au bout d'une heure, on les visite pour s'assurer de leur état. Si les toiles commencent à se colorer en bleu, on les retourne. Une heure après on les visite de nouveau et lorsqu'elles ont pris une teinte bleu foncé ou bleu violet, on les retire et on les expose une seconde fois à l'influence du soleil.

En général une heure et demie à deux heures suffisent,

lorsque la meule est en pleine fermentation, pour que les drapeaux soient fortement colorés.

Les couches de fumier qui fermentent lentement et qui dégagent très peu de vapeurs ammonicales, obligent le maurellier à laisser les chiffons trois, quatre et six heures exposés à leur action.

On doit éviter que les toiles ne séjournent trop longtemps sur les meules de fumier parce qu'elles perdraient la teinte bleue qu'elles y ont acquise. Ainsi un drapeau qui reste sur une meule au delà du temps nécessaire prend toujours une teinte jaunâtre.

Le plus ordinairement on n'expose qu'une seule fois les drapeaux à l'influence de l'aluminadou.

Lorsqu'on fabriquait chaque année 15,000 kilog. seulement de drapeaux, on exposait les toiles à l'action de l'urine. Il y a bientôt un siècle qu'on a commencé à abandonner ce procédé. L'emploi de l'urine avait une supériorité sur les fumiers : les drapeaux qu'on soumettait à l'ammoniaque qu'elle dégage ne prenaient jamais d'autre teinte que le bleu.

L'ammoniaque de l'urine ou des fumiers ne fait que rendre apparente la couleur bleue qui réside dans le suc verdâtre de la maurelle.

Lorsque les chiffons ont été préparés suivant les procédés qui précèdent, on les imbibe quelquefois de nouveau de suc de maurelle sans les exposer une seconde fois à l'action de l'aluminadou. Ce second trempage a pour effet de rendre la teinte des drapeaux plus foncée. Quand ceux-ci sont bleu foncé ou violet noirâtre, on les retire du baquet et on les expose une troisième fois au soleil et au vent.

100 kilog. de plantes vertes fournissent assez de suc pour préparer 25 kilog. de chiffons.

La quantité de production verte qu'on récolte par hectare permet d'en préparer environ 1,200 kilog.

État des drapeaux préparés.

Le suc de la maurelle dit *bleu du Languedoc*, s'interpose entre les fibres du chanvre et il rend la toile si raide qu'on dirait qu'on l'a encollée.

Les drapeaux ont alors une couleur pourpre brun, une odeur un peu désagréable et ils se décolorent très aisément dans l'eau froide.

Chaque drapeau pèse de 800 à 900 grammes.

Récolte des graines.

La récolte des graines n'est pas une opération facile, parce que les capsules qui les contiennent sont très déhiscentes. On parvient à en obtenir en faisant cueillir chaque jour les fruits qui sont arrivés à presque maturité. Cette cueillette se fait à la main. On la confie à des femmes ou des enfants. On expose ensuite les capsules à l'action de l'air dans une chambre aérée ou sur une toile placée dans une grange ou sous un hangar. Alors, elles se sèchent et ne tardent pas à s'ouvrir pour laisser échapper les graines qu'elles renferment.

Chaque jour, il mûrit sur chaque plante conservée pour graines, une ou deux capsules seulement.

Valeur commerciale.

Il y a un siècle, en 1754, les drapeaux de tournesol se vendaient en moyenne 60 et 64 fr. les 100 kilog. Sous l'Empire, à l'époque du blocus continental, leur valeur a varié entre 300 et 400 fr. Aujourd'hui, le commerce les paye en moyenne de 100 à 120 fr. On les a vendus en 1856, 140 fr.

La vente des drapeaux se fait ordinairement pendant les mois de septembre, octobre et novembre.

Lorsque les drapeaux sont bien secs, ils ont une couleur lie de vin; on les emballe dans des toiles après les avoir serrés. Quelquefois on les garantit par un second emballage et de la paille. Chaque balle pèse 200 kilog.

Usage des drapeaux.

Les chiffons préparés par les Gallardois sont expédiés en Hollande, par les ports de Cette et de Marseille.

Les Hollandais emploient la matière colorante rouge bleuâtre dont ils ont été imprégnés pour donner une teinte rouge violâtre à la croûte du fromage dit *tête de Maur*.

En Angleterre et en Allemagne, la maurelle sert à colorer les liqueurs, les gelées et les conserves.

Enfin, dans quelques parties de l'Europe, on l'emploie pour colorer les papiers et augmenter la couleur du vin.

Le *tournesol en drapeaux* ne doit pas être confondu avec le *tournesol en pains* qu'on utilise dans les laboratoires et qu'on obtient en mélangeant l'orseille pluvérisé d'abord avec de la chaux imbibée d'urine, puis avec de la craie en poudre.

Dans cette préparation, la matière colorante rouge devient bleue par sa combinaison avec une substance alcaline, mais elle reprend sa couleur native quand elle se trouve en contact avec un acide.

Le tournesol en drapeaux ne jouit pas de ces propriétés, c'est-à-dire ne devient ni rouge avec les acides, ni bleu avec les alcalis.

Prix de revient des drapeaux.

D'après M. Hugues, la préparation de 100 kilog. de drapeaux occasionne les dépenses suivantes :

$$
\begin{array}{lr}
\text{Toile} \dots\dots\dots\dots & \text{20 fr. 70} \\
\text{Fabrication} \dots\dots\dots & \text{18 \quad 30} \\
\hline
\text{Total} \dots\dots\dots & \text{39 fr. 00}
\end{array}
$$

M. de Gasparin porte le prix de revient de 100 kilog. de plantes vertes à 7 fr. 80. Les 400 kilog. nécessaires à la préparation des 100 kilog. de chiffons coûtent donc 31 fr. 20. Cette somme élève la dépense totale à 70 fr. 20

Il résulte de ces chiffres que le compte de 1 hectare doit être établi comme il suit :

$$
\begin{array}{lr}
\text{Dépenses} \dots\dots\dots & \text{842 fr. 40} \\
\text{Recettes} \dots\dots\dots & \text{1,200 \quad 00} \\
\hline
\text{Bénéfices} \dots\dots\dots & \text{357 \quad 60}
\end{array}
$$

Ce bénéfice est suffisant pour que les Gallardois continuent la culture et la préparation de la maurelle.

La maurelle est le *maourela* des Languedociens.

CHAPITRE III

PERSICAIRE DES TEINTURIERS.

POLYGONUM TINCTORIUM.

Plante dicotylédone de la famille des Polygonées.

Historique. — Mode de végétation. — Climat. — Terrain. — Semis. — Transplantation. — Soins d'entretien. — Récolte. — Extraction de l'indigo. — Quantité d'indigo fournie par la persicaire.

Historique.

Cette plante est originaire de la Chine où on la cultive depuis les temps les plus reculés pour la matière colorante bleue que contiennent ses feuilles.

Cette persicaire fut introduite en France, en 1776 par John Blacke, mais sa propriété tinctoriale ne fut connue qu'en 1789, époque où le père d'Incarville traduisit la relation du voyage que lord Macartney fit en Chine et dans laquelle Aiton la signala pour la première fois. En 1816, Jaume Saint-Hilaire en a donné une description dans son mémoire sur les indigotifères du Bengale et de la Chine.

Delile après l'avoir expérimentée à Montpellier l'a proposée en 1835, à l'agriculture française comme plante tinctoriale. Il avait reçu les graines qu'il sema, de M. Ficher, directeur du Jardin impérial de Saint-Pétersbourg. L'année suivante, en 1836, le gouvernement fit venir une caisse de graines qui fut distribuée dans les principales régions par les soins de la Société centrale d'agriculture. Les essais de culture et les travaux entrepris par Chevreul, Baudrimont, Robiquet, Girardin, Vilmorin fils, etc., prouvèrent que la persicaire des teinturiers végète bien en France, et que ses feuilles contiennent un indigo de belle qualité.

Jusqu'à ce jour, la culture de cette plante tinctoriale ne s'est pas répandue, parce que la pratique n'a pas obtenu la quantité d'indigo constatée dans les laboratoires par les chimistes.

Mode de végétation.

La persicaire des teinturiers a une racine fibreuse, une tige cylindrique ou légèrement anguleuse, interrompue de distance en distance par des nœuds arrondis à la base desquels se développent des stipules engaînantes. Cette tige s'élève de 0^m,50 à 1 mètre et porte quatre à six ramifications vertes ou rougeâtres. Les feuilles sont pétiolées, alternes, oblongues-lancéolées, luisantes et d'un beau vert; leur surface est ondulée ou boursouflée. Les fleurs sont petites et nombreuses; elles terminent les rameaux et forment des épis cylindriques, serrés, allongés, roses ou rougeâtres. Les fruits sont triangulaires et noirâtres.

Cette plante rustique est annuelle en Europe, bisannuelle et vivace en Chine et au Japon.

Composition des feuilles.

Les feuilles vertes de la persicaire des teinturiers contiennent, d'après MM. Girardin et Preisser, les principes suivants ;

Indigo..	1,00
Matières colorantes rouge et jaune rougeâtre	5,40
Chlorophylle	6,10
Ligneux	7,40
Matières organiques azotées et non azotées	4,82
Matières minérales	8,62
Eau	66,66
	100,00

L'indigotine existe dans les feuilles à l'état incolore et soluble.

Climat.

Tous les essais faits depuis 1836, ont démontré que la persicaire des teinturiers végétait très bien dans toutes les régions de la France. Toutefois, si elle y produit sous toutes les latitudes des feuilles riches en indigotine, elle n'y mûrit ses graines que dans les contrées qui appartiennent à la région méridionale.

Terrain.

NATURE. — La persicaire des teinturiers doit être cultivée sur des terres de moyenne consistance, fertiles et fraîches ou arrosables, parce qu'elle exige, pour développer des feuilles nombreuses, larges et épaisses, que le sol soit continuellement frais.

Cette plante végète mal sur les terrains compactes, les sols pauvres et les terres qui se dessèchent facilement pendant l'été.

On a constaté, en 1835, en Arménie que les plantes qui végètent sur les terres riches et bien fumées ont des feuilles d'un vert foncé, tandis que celle des plantes qui croissent sur des terres médiocres présentent toujours une teinte vert clair.

PRÉPARATION. — On laboure le sol à la charrue ou à la bêche suivant l'étendue qu'on consacre à la culture de cette plante tinctoriale.

On termine la préparation par un hersage ou un râtelage.

Semis.

Les graines de cette plante doivent être semées en pépinière. Les semis en place ne sont possibles que lorsqu'on la cultive dans les jardins.

Les semis se font sur un terrain léger, perméable, substantiel, exposé au midi, abrité du nord, et garanti la nuit et le jour si l'air est froid, par des paillassons, des châssis ou des cloches.

Les semis se font au commencement de mars, dans le midi de la France ; dans le nord, on ne doit pas les exécuter avant la fin de ce mois.

En Chine et au Japon, on les pratique en février.

Un are de pépinière exige environ 1 kilogr. de graines.

Les graines abritées par des cloches mettent quinze jours à lever quand la température moyenne a atteint $+ 12°$ et vingt-cinq jours si elle ne dépasse pas 10°.

Les Chinois et les Japonais rendent la germination des graines moins prolongée, en les faisant tremper dans l'eau jusqu'à ce qu'elles commencent à germer.

Un are de pépinière, fournit le plant nécessaire pour repiquer un hectare.

Lorsque les graines ont germé, on enlève les mauvaises herbes au fur et à mesure qu'elles apparaissent, on arrose légèrement si cela est nécessaire et on opère un éclaircissage lorsque les plantes sont trop rapprochées les unes des autres.

Transplantation.

ÉPOQUE. — La mise en place des plants ne peut être faite qu'en avril, dans la région du Midi, c'est-à-dire lorsque la température moyenne a atteint $+ 12°$ et que les plants ont de quatre à six feuilles. Dans les contrées du Nord on l'exécute dans la seconde quinzaine de mai ou au commencement de juin.

Il faut éviter de repiquer les plants trop jeunes, parce qu'ils sont délicats et leur reprise difficile.

EXÉCUTION. — La transplantation se fait sur les terres que l'on a préparées ou ameublies et fumées. On l'exécute au moyen d'un plantoir ordinaire.

On doit, autant que possible, la pratiquer quand le sol et le temps sont frais ou humides.

On repique les plants sur des lignes distantes les unes des autres de $0^m,65$.

Les plants doivent être espacés les uns des autres dans les rayons de $0^m,40$ à $0^m,50$.

On compte en moyenne 30,000 plants par hectare.

Soins d'entretien.

Quinze jours ou un mois après la plantation, on exécute un binage dans le but de détruire les mauvaises herbes et ameublir la couche arable.

On répète cette opération après chaque récolte de feuilles.

Les binages présentent des difficultés. Ainsi la facilité avec laquelle les tiges se cassent ou s'éclatent, oblige les ouvriers à agir avec beaucoup de précaution.

On doit arroser, si cela est possible, quand le sol devient sec. Les arrosages ainsi que les pluies accélèrent le développement des rameaux et surtout des feuilles d'une manière remarquable.

On peut butter la persicaire des teinturiers lorsqu'elle a atteint $0^m,40$ à $0^m,50$ d'élévation.

Les *vers blancs* sont les seuls insectes qui nuisent à cette plante tinctoriale.

Récolte.

On procéde à la cueillette des feuilles quand elles sont bien marbrées de bleu.

Cette opération se fait ordinairement un mois après la

mise en place des plants, c'est-à-dire pendant la première quinzaine de juillet. On la fait tous les mois ou toutes les six semaines, suivant le climat qu'on habite.

Les femmes qui récoltent les feuilles détachent celles-ci une à une des tiges en cassant ou en coupant les pétioles, et les déposent dans un panier ou dans le tablier qu'elles ont devant elles. On ne doit pas déchirer les feuilles.

Lorsque ces objets sont pleins on les vide dans des sacs ou de grands paniers.

Une femme peut récolter de 80 à 100 kilogr. de feuilles vertes par jour.

Les feuilles, après avoir été détachées des tiges, sont exposées sur des toiles à l'action du soleil pour qu'elles se sèchent. On peut aussi les étendre dans des granges ou des greniers.

Les feuilles qui ont perdu leur humidité, ont une teinte presque bleue. Cette coloration particulière est due à l'oxygénation de l'indigotine incolore qu'elles contiennent.

La persicaire des teinturiers que l'on a effeuillée trois ou quatre fois depuis la fin de juin jusqu'à la fin de septembre, fournit ordinairement de 100 à 150 kilogr. de feuilles fraîches par are, soit de 10,000 à 15,000 kilogr. par hectare.

Extraction de l'indigo.

Voici comment on opère l'extraction de l'indigo lorsqu'on suit le procédé qu'on doit aux recherches de M. Girardin :

On met les feuilles dans un cuvier long, étroit et muni d'un robinet à sa partie inférieure, et on verse par dessus de l'eau à 30° dans la proportion de trois fois environ le poids des feuilles. On couvre ensuite la cuve et on abandonne l'opération à elle-même. Lorsque l'eau a acquis une teinte verdâtre et qu'elle présente à sa surface de belles écumes irisées, on la soutire rapidement en comprimant peu à peu les feuilles et on y ajoute immédiatement 1/100ᵉ à 1/100ᵉ 1/2 d'acide chlorhydrique.

Deux minutes après, on passe le liquide à travers une toile peu serrée, pour isoler les matières vertes et albumineuses qui nagent en flocons dans le liquide acidulé. Alors, on agite fortement le liquide filtré pendant dix à quinze minutes afin d'oxygéner l'indigo dissous et on le laisse en repos pendant vingt-quatre heures.

Le lendemain, on décante le liquide, on jette sur un filtre l'indigo qui s'est précipité au fond du vase et on lave à l'eau bouillante légèrement alcoolisée. Quand l'eau n'entraîne plus de matière colorante, on retire l'indigo du filtre et on le dessèche à une température de 40 à 50°.

Ce simple procédé fournit de l'indigo presque aussi riche en indigotine pure que l'indigo Bengale cuivré bon ordinaire.

Voici comment on procède en Chine à l'extraction du bleu (*Tien*) contenu dans les feuilles de la persicaire (*Lân*) :

On laisse macérer les feuilles pendant 24 à 48 heures. Au bout de ce temps on ajoute à l'eau 1 kilog. de chaux par 50 kilog. de feuilles et on bat fortement le liquide. Pendant cette opération l'eau prend une couleur bleue pour passer ensuite au violet. Alors, on laisse reposer le liquide pour que le bleu se concentre au fond de la cuve et on retire le dépôt pour le faire sécher à l'ombre.

L'eau dans laquelle on met les feuilles à macérer doit avoir une température de + 20 à + 25.

Quantité d'indigo fournie par la persicaire.

Les feuilles de la persicaire des teinturiers contiennent de 0,500 à 0,900 p. 100 d'indigo. M. Girardin porte le rendement moyen à 0,776.

16

Il résulte de cette donnée moyenne qu'un hectare qui fournit 12,000 kilogr. de feuilles doit donner 99 kilogr. d'indigo.

En général, l'indigo augmente progressivement jusqu'à la floraison. Alors il existe dans la proportion de 1 p. 100. A partir de l'épanouissement des fleurs, il décroît et atteint son degré minimum, qui est 0,300 p. 100.

M. Girardin a comparé l'indigo extrait de la persicaire des teinturiers à l'indigo Bengale cuivré bon ordinaire. Voici les résultats qu'il a obtenus :

	Indigo du Bengale.	Indigo de la persicaire.
Indigotine bleue.................	61,40	49,10
Résine rouge.....................	7,20	15,60
Brun d'indigo....................	4,60	8,50
Matières minérales...............	19,60	14,80
Mat. colorante rouge sol. dans l'eau.	ꝑ	3,40
Gluten	1,50	1,80
Eau.	5,70	6,80
	100,00	100,00

Ainsi, la richesse en indigotine pure, dans ces deux indigos, est sensiblement dans le rapport de 4 à 5.

CHAPITRE IV

INDIGOTIER.

INDIGOFERA.

Plante dicotylédone de la famille des Légumineuses.

Historique. — Espèces cultivées. — Climat. — Terrain. — Semis. — Soins d'entretien. — Récolte. — Produit herbacé. — Produit qu'on obtient par hectare. — Variétés d'indigo. — Caractères d'un bon indigo. — Valeur commerciale.

Historique.

Les peuples de l'antiquité ont-ils connu l'indigotier ? On est porté à croire que non. Si on lit attentivement les écrits de Dioscoride et de Pline, on constate que ce qu'ils appelaient *indicum* provenait du pastel ou de coquillages. Rhazès, Avicenne, Sérapion, Averrhoès, Muratori, qui vivaient au dixième, onzième et douzième siècles, citent aussi les mots *nil, anil* ou *indicum,* mais pour exprimer seulement une teinture bleue mêlée de violet.

Marc Paul, qui a parcouru les Indes, pendant le treizième siècle, est le premier auteur qui ait parlé de l'indigo fourni par l'indigotier. Ainsi, il rapporte que les teinturiers indiens emploient une matière colorante qu'ils nomment *endico* et qu'on retire d'une plante. Balducci-Pegoletti, qui vivait au milieu du quatorzième siècle, a décrit les caractères qui servaient à distinguer ses diverses qualités, et Conté, qui a aussi voyagé au travers des Indes, le siècle suivant, le mentionne sous le nom d'*endego.* Enfin Gioanventura Rosetti signale dans son traité sur la teinture publié en 1540, l'indigo fin de Bagdal (*endego fino de Bagad*). De Lasteyrie est porté à croire que ce sont les Juifs qui introduisirent au moyen âge dans le Levant et en Italie, l'art de teindre les étoffes par le moyen de l'indigo. J'ai dit, en parlant du pastel, que l'indigo avait commencé à remplacer cette matière colorante après la découverte de l'Amérique.

Les premiers indigos venus d'Amérique en Europe, ont été produits à Guatémala, au Mexique et à Saint-Domingue. C'est de ces contrées que la culture de l'indigotier s'est étendue à l'Ile-de-France, à Java, au Sénégal, en Cochinchine, à Manille et au Bengale.

L'indigotier est connu en Chine et au Japon, depuis les temps les plus reculés.

On le cultive dans les trois présidences de l'Inde. Il est indigène au Cap vert.

On a tenté depuis longtemps de cultiver cet arbrisseau en Europe. Sa culture a réussi à Malte, en Sicile, dans la Calabre, en Toscane et en Espagne, et elle a donné des résultats passables en France, dans le département du Vaucluse. Il est permis de croire qu'elle s'introduira en Algérie et qu'elle y fournira de l'indigo aussi beau que les sortes ordinaires du Bengale.

Espèces cultivées.

Le nombre des espèces aujourd'hui connues et décrites par de Candolle, dans son *Prodromus*, dépasse 140, mais on n'en cultive ordinairement que trois comme plantes tinctoriales :

1° *Indigofera anil*, L. — Cette espèce (fig. 49), nommée *indigotier franc*, *indigotier anil*, *indigotier de la Louisiane*, est sous-frutescente et originaire des Indes-Orientales. Sa

racine est pivotante ; sa tige a 0^m,80 à 1 mètre de hauteur ;
elle est dressée, un peu rameuse et ses rameaux sont effilés,
d'un vert glauque et garnis de feuilles ayant trois à sept

Fig. 49. — Indigotier (rameau).

paires de folioles ovales, allongées et un peu pubescentes à
leur face inférieure. Les fleurs sont disposées en grappes
axillaires et elles ont une teinte pourpre et une faible odeur.

16.

Ses gousses sont comprimées, non bosselées et courbées en faucille ; elles renferment de cinq à six graines brunes et anguleuses.

Cette espèce est très répandue dans l'Amérique intertropicale, l'Afrique tropicale, aux Antilles, au Brésil. Elle a produit un grand nombre de variétés, dans la Malaisie et dans l'Inde.

2° *Indigofera tinctoria*, L. — Cette espèce, connue sous les noms d'*indigotier des Indes*, *indigotier tinctorial* et *indigotier français* parce qu'elle a été introduite dans nos colonies intertropicales, est originaire de l'Inde. Elle est cultivée en Asie, dans l'Afrique Australe, à Madagascar, à Bourbon, à Java, en Chine, au Sénégal et dans l'Amérique du Sud. Elle diffère de l'espèce précédente par ses fleurs qui sont blanchâtres ou rosées.

Cet indigotier est bisannuel, mais on le cultive comme plante annuelle. Ses gousses presque cylindriques renferment dix à quinze graines qui sont tronquées à leurs extrémités.

3° *Indigofera argentea*, L. — Cette espèce, très voisine de l'indigotier franc, est originaire d'Égypte. Elle ne dépasse pas $0^m,80$; sa tige, ses rameaux et ses feuilles sont revêtus d'un duvet soyeux et blanchâtre. Ses gousses sont cotonneuses, bosselées et peu comprimées ; elles contiennent deux à quatre graines plus grosses que celles des précédentes espèces.

Cet indigotier est cultivé très en grand en Arabie, en Égypte, au Japon, dans l'Afrique centrale et dans quelques parties de l'Inde. D'après M. Boussingault, cette espèce est celle dont la culture est la plus avantageuse.

On est porté à croire que cette espèce est celle qui présente le plus de chance de succès en Algérie.

Au dire de M. P. Greco, l'indigotier argenté est cultivé dans la province de Reggio (Italie).

L'Inde possède une espèce indigène et rustique qui est l'*Indigofera rigida*. Cette espèce, très désagréable au toucher, cause des démangeaisons aux ouvriers qui l'arrachent.

L'*Indigofera polyphylla* est indigène à la Martinique. Il est herbacé. On en extrait l'indigo du commerce.

L'Indigotier que l'on désigne dans le nord de la Chine sous les noms de *Tein-hoa* ou *Tein-ching* sert à colorer les thés verts.

Climat.

L'indigotier exige un climat chaud à température presque régulière. M. de Gasparin a constaté que la limite de sa culture est fixée par un climat où l'on n'obtient pas pendant trois mois consécutifs une chaleur moyenne de $+22°$ au moins. En outre, il a reconnu qu'il donne sa première coupe quand il a reçu 2400° de chaleur totale, après que la température moyenne a atteint $+18°$. C'est le soleil qui développe le principe colorant dans les feuilles.

L'indigotier exige 4000° de chaleur totale ou 180 jours pour mûrir ses semences.

Ainsi, on le récolte pour la première fois :

Sur la côte de Coromandel ....   60 jours après le semis.
A Tahiti   60   —
A Alger   90   —
A Avignon 120   —

Ces faits prouvent qu'on ne doit pas désespérer d'introduire la culture de l'indigotier dans les régions de l'Algérie, qui ne sont pas sujettes à des intermittences de chaleur et de fraîcheur, de pluie ou de sécheresse. On le cultive depuis longtemps dans les royaumes de Tunis et de Tripoli. On sait du reste que le climat de la Caroline et de la Louisiane, n'est pas plus chaud que celui des pays européens qui bordent la Méditerranée.

Terrain.

NATURE. — L'indigotier réussit bien lorsqu'on lui consacre des terres légères silico-argileuses ou silico-calcaires, profondes, perméables, fraîches et fertiles ; mais il végète mal sur les terres argileuses, les sols froids à sous-sols imperméables, les terrains bas et épuisés.

Mais il ne suffit pas que les terres soient de bonne qualité et plutôt légères que compactes, il faut aussi que leur couleur soit foncée et que leur surface soit peu accidentée. Ainsi, on a toujours constaté que les terrains dont la couleur est blanchâtre ne permettent pas à l'indigotier d'avoir des feuilles très chargées de principe colorant. On sait que ces terrains s'échauffent difficilement parce qu'ils réfléchissent les rayons lumineux. Par contre, on a remarqué que les feuilles des indigotiers qui végètent dans des sols ayant une teinte gris foncé ou brunâtre, ont toujours une couleur vert foncé et qu'elles sont très riches en indigotine.

Enfin, on a reconnu que les terrains de consistance moyenne situés dans les vallées et les plaines et qui subissent de temps à autre l'action de pluies chaudes, et ceux dont l'inclinaison n'est pas très prononcée, sont plus favorables que les terres qui offrent de fortes pentes ou présentent des collines, des montagnes très apparentes. J'ai dit, en étudiant les *terrains agricoles*, que la température des pays montagneux ou accidentés est toujours plus humide et moins uniforme que celle des pays peu ondulés.

Tout permet de croire que l'indigotier réussira très bien en Algérie, dans la partie de la plaine de la Mitidja, qui est abritée par le Sahel, dans la vallée du Chéliff, dans une partie des plaines de la Mina, de l'Habra, de Theluth, de Méléta et de l'Hil-Hil, et dans les environs de Biscara, pays qui participe un peu du climat brûlant du Sahara.

Dans l'Inde, les terres hautes ne sont arrosées que par les pluies.

Sa culture sera certainement impossible à Milianah et à Médéah, qui sont à 900 et 1,100 mètres au-dessus du niveau de la mer. M. Boussingault a reconnu qu'à une altitude de 1,000 mètres, là où la température moyenne n'est plus que de 22° à 23°, la culture de l'indigotier cesse d'être productive.

FERTILITÉ. — L'indigotier est un arbrisseau qui épuise les terres dans lesquelles on le cultive. Aussi est-on obligé au Sénégal, etc., ou de fertiliser les champs qu'on lui consacre avec les résidus qui proviennent de la fabrication de l'indigo, ou de le déplacer chaque année. On ne peut le cultiver plusieurs années de suite sur le même champ que lorsque la couche arable est douée d'une grande fécondité ou qu'elle a été nouvellement défrichée. L'indigotier qui végète sur des terres pauvres, reste rabougri et se couvre de feuilles petites et d'un vert pâle.

PRÉPARATION. — L'indigotier ayant une racine pivotante, exige que les terres soient labourées aussi profondément que possible. Ordinairement on ameublit les terrains qu'on lui consacre à l'aide de trois labours exécutés avec la charrue ou de deux labours pratiqués avec la bêche. Les terres qui doivent être occupées par l'indigotier sur la côte de Coromandel reçoivent toujours trois labours.

On complète la préparation du sol par des hersages, en ayant soin, toutefois, de ne pas complètement émietter la surface de la couche arable, si celle-ci est susceptible, après les semis, de se tasser et de se durcir sous l'action simultanée des pluies et de la chaleur solaire.

Une terre est convenablement préparée lorsqu'elle a été divisée dans toute son épaisseur et qu'elle est exempte de plantes nuisibles.

Semis.

Époque. — Les semis, au Sénégal, dans l'Inde, en Cochinchine se font à l'époque de la saison des pluies. En Algérie, on pourra les pratiquer soit en novembre ou décembre, soit en mars ou avril, époques auxquelles on les exécute à Saint-Domingue.

Les semis en Égypte sont exécutés en mars, mais ils exigent des arrosements continuels. A Java, on remplace souvent les semis par des boutures plantées deux à deux à une distance de 0ᵐ,20 à 0ᵐ,30 sur des lignes espacées de 0ᵐ,50 les unes des autres.

Préparation des semences. — Avant de confier les graines à la terre, on les extrait des gousses en brisant celles-ci dans un mortier en bois. Lorsque ce travail est terminé on les nettoie à l'aide d'un van ou du vent.

Pratique des semailles. — On répand les graines de l'indigotier *en lignes* ou *à la volée*. Lorsque la température moyenne a atteint + 22°.

Lorsqu'on sème en lignes, on rayonne le terrain suivant sa longueur et sa largeur, et on dépose sur les points où les lignes se coupent, huit à dix graines qu'on couvre de terre.

Les lignes et les poquets doivent être espacés de 0ᵐ,65. En Égypte on espace les lignes de 0ᵐ,75 et les plantes de 0ᵐ,50.

Il faut opérer autant que possible lorsque la terre est humide ou la veille d'une pluie.

On répand par hectare 3 à 5 kilog. de graines quand les semis sont exécutés en lignes et 12 à 15 kilog. lorsqu'on les pratique à la volée. A la côte de Coromandel on répand de 10 à 12 kilog. de graines par hectare.

Les graines doivent être couvertes, suivant leur grosseur

et la nature du sol, de 0^m,02 à 0^m,05 de terre. Cette opération se fait au moyen du râteau ou d'une herse.

Les semences germent au bout de huit à douze jours.

L'indigotier est ordinairement cultivé comme une plante annuelle.

Soins d'entretien.

L'indigotier réclame, pendant sa végétation, des *sarclages*, des *binages* et des *arrosages*.

Ordinairement, on opère un premier sarclage quand les jeunes plantes ont de 0^m,07 à 0^m,10 de hauteur et un second lorsqu'ils ont atteint de 0^m,16 à 0^m,20. Quant aux binages, on les répète toutes les fois que les plantes nuisibles commencent à couvrir la terre. Enfin, on butte, on arrose avec ménagement lorsque le sol ne fournit pas aux plantes l'humidité dont elles ont besoin.

Dans l'Inde, on arrose après chaque coupe quand les circonstances le permettent. Au Sénégal, depuis Saint-Louis jusqu'à Galam, l'indigotier argenté est cultivé sans arrosages.

Récolte.

ÉPOQUE. — On coupe l'indigotier lorsque ses fleurs commencent à s'épanouir, c'est-à-dire 90 jours après le semis ; alors les feuilles ont une teinte foncée ou bleuâtre ou un reflet argenté et elles se brisent aisément quand on les presse entre les doigts.

Dans diverses contrées, on opère le première coupe deux mois après le semis et la seconde six semaines à deux mois après.

Dans l'Inde et au Sénégal, la récolte a lieu de novembre à décembre avant la floraison ou quand les fleurs commencent à s'épanouir.

Les feuilles qu'on récolte trop tôt rendent moins d'indigo, mais celui-ci a une couleur plus belle. Celles qu'on a laissé sécher sur pied, fournissent aussi moins d'indigotine et celle-ci est toujours de moins belle qualité.

On renouvelle cette récolte deux, trois et même quatre fois dans l'année, suivant les latitudes sous lesquelles l'indigotier est cultivé. A la côte de Coromandel et au Mexique, on fait ordinairement trois coupes. La seconde est toujours la plus productive. La troisième est celle qui donne l'indigo le moins beau. A Pondichéry, la première coupe a lieu en juin ou juillet quand les fleurs apparaissent. A Java, on n'opère la première récolte que six mois après la plantation des boutures; les autres coupes ont lieu tous les trois mois à partir de mi-septembre, bien que l'indigotier soit cultivé à l'arrosage sur les terres basses. En Égypte, on exécute la première coupe au commencement de l'été, la seconde au milieu de cette saison et la troisième en automne. Dans l'Inde, et en Cochinchine, on opère la première coupe en novembre ou décembre avant la floraison.

OPÉRATION. — La coupe des tiges s'effectue à l'aide de serpes ou de faucilles bien tranchantes. Toutes les tiges doivent être coupées à $0^m,03$ ou $0^m,06$ du sol. Les ouvriers qui exécutent cette opération les déposent sur des toiles qui servent à les transporter à l'indigoterie où ils les mettent en tas sur le sol. Dans ce dernier cas d'autres ouvriers les ramassent et les réunissent en paquets de $1^m,50$ environ de circonférence.

La coupe doit être faite par un beau temps.

Après la troisième ou quatrième récolte, on arrache tous les indigotiers, après avoir réservé un certain nombre de pieds comme porte-graines.

SÉCHAGE DES FEUILLES. — Quand la fabrication de l'indigo doit être faite avec la feuille sèche, on laisse les tiges indigotifères coupées sur la terre jusqu'à trois ou

quatre heures de l'après-midi. Alors, on étend des toiles çà
et là sur le champ, et à l'aide de civières on y apporte les
tiges. A mesure que celles-ci y sont déposées, des ouvriers
armés de gaules les frappent et en détachent les feuilles.

Quand le battage est terminé, ou au fur et à mesure qu'on
le pratique, on transporte les feuilles à l'indigoterie où on
les dépose sous un hangar ou dans un magasin aéré. Les
jours suivants on remue la masse si les feuilles ne sont pas
parfaitement sèches pour éviter qu'elles s'échauffent et fermentent.

Sur la côte de Coromandel, on sépare les feuilles des tiges
et on les fait sécher au soleil. Alors on les presse, on les met
dans le *trempoire*.

Les feuilles qui ont été bien séchées ont une teinte verdâtre et l'odeur qu'elles développent rappelle celle que possède le foin de luzerne.

Produit herbacé. — Le produit herbacé que l'indigotier fournit par hectare varie depuis 20,000 jusqu'à
60,000 kilog., suivant sa force végétative et le nombre de
coupes qu'on opère.

La production herbacée laisse toujours à désirer quand
les chenilles ont causé d'importants dommages dans les
cultures.

Extraction de l'indigo.

La préparation de la matière tinctoriale que contient
l'indigo, s'exécute de deux manières : 1° lorsque les feuilles
sont encore vertes et humides ; 2° lorsqu'on les a fait sécher
au soleil. Ce dernier procédé est celui que l'on a adopté
dans les Indes-Orientales, sur la côte de Coromandel.

L'extraction de l'indigo contenu dans les feuilles exige
diverses opérations qui ne sont pas d'une exécution facile
(fig. 50).

Le premier travail consiste à mettre les parties herbacées dans une cuve remplie au 3/4 d'eau à $+$ 35° dans le but de faire macérer ou fermenter les feuilles pendant 16 à 36 heures, suivant les circonstances. Cette cuve est appelée *trempoire*. Pour éviter que les plantes y surnagent, on les charge avec des madriers ou des pierres.

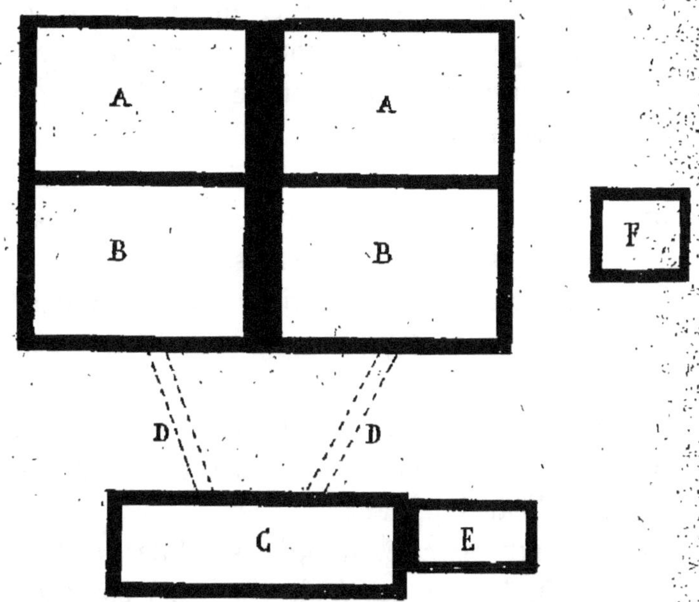

Fig. 50. — Plan d'une indigoterie.

A,A Trempoires. — *B,B* Batteries. — *C* Reposoir. — *E* Diablotin. — *F* Réservoir pour la chaux.

La couche d'eau qui les domine doit avoir environ $0^m,30$ d'épaisseur. Lorsqu'on constate que l'eau est devenue verdâtre ou jaune verdâtre et qu'elle est couverte d'une sorte d'écume irisée, on la décante dans une seconde cuve appelée *batterie*. Alors des ouvriers armés de battoirs l'agitent vivement pendant 20 à 30 minutes, pour que l'oxigène de l'air puisse agir sur la fécule que les feuilles ont abandonnée. Quand l'eau est devenue bleue ou violet bleu et qu'elle s'est épaissie ou se caillebotte, on la décante de nouveau dans une troisième cuve dite *reposoir* et on y ajoute un lait de chaux ou un peu d'alumine pour précipiter la matière colorante et empêcher sa putréfaction. Parfois, on la fait bouillir pour donner plus de cohésion à sa partie colorante. Quand la fécule s'est déposée, on la fait arriver dans un petit réservoir appelé *diablotin* pour qu'elle se filtre au travers d'une toile un peu serrée. Alors on la laisse égouter, on la presse, on la moule et on la fait sécher à l'ombre pendant 4 à 5 jours. Lorsqu'elle est bien sèche, on la divise en masses cubiques plus ou moins fortes qui constituent l'indigo.

Dans diverses contrées où l'extraction de l'indigo est mal comprise, on pile les feuilles avec un maillet dans un mortier, on moule la pâte et on la fait sécher au soleil ou on fait bouillir les pousses et les feuilles avec de la chaux et lorsque le tout est demi-liquide on le moule et on le fait sécher.

La *macération des feuilles sèches* dure de 4 à 5 jours. Sur la côte de Coromandel l'indigo est extrait des feuilles sèches à l'aide de l'eau bouillante.

L'indigo fabriqué par les indigènes à l'île de Java est de qualité très inférieure, mais il est épuré par les Hollandais, opération qui lui fait perdre 65 pour 100 de son poids.

Produit qu'on obtient par hectare.

La quantité d'indigo que fournissent les feuilles qu'on récolte sur un hectare varie suivant la nature et la fertilité du terrain, la manière d'être du climat, l'espèce cultivée et le procédé de fabrication qu'on a adopté.

Voici les rendements que l'on a indiqués :

D'après Godozzi, un hectare fournit à Venezuela. . . . . 127 kil. d'indigo.
— Burka, — à la Caroline . . , . 73 —
— Plagne, — côte de Coromandel. 53 —

Dans les circonstances ordinaires, il faut traiter 500 kilog. de tiges et feuilles vertes ou 200 kilog. de feuilles sèches pour obtenir un kilog. d'indigo.

A Pondichéry 6,962,000 kilog. de feuilles sèches, traitées dans 92 indigoteries, ont produit 37,131 kilog. d'indigo. Ces feuilles avaient été récoltées sur 1,100 hectares, ce qui donne par hectare 63,000 kil. de feuilles et 33 kilog. d'indigo.

Variétés d'indigos.

Les indigos vendus par le commerce français viennent principalement des Indes anglaises, des Indes hollandaises, et de Vénézuela.

Les indigos du Bengale se divisent en quatorze classes : 1° bleu surfin ou flottant ; 2° bleu fin ; 3° bleu violet ; 4° violet surfin ; 5° pourpré surfin ; 6° violet fin ; 7° violet rouge ; 8° violet ordinaire ; 9° rouge tendre ; 10° rouge ; 11° cuivré fin ; 12° cuivré moyen ; 13° cuivré ordinaire ; 14° cuivré bas.

On divise les indigos de Guatémala en sept classes : 1° flor ; 2° sobré saliente ; 3° sobré fin ; 4° sobré ordinaire ; 5° corté ou corticolor fin ; 6° corté terne ordinaire ; 7° corté inférieur.

L'indigo de l'Inde comprend l'indigo du Bengale, l'indigo de Madras, l'indigo de Coromandel.

L'*indigo du Bengale* se rapproche de l'indigo flor ; il est en gros morceaux prismatiques ; sa pâte est ferme et unie et il happe fortement à la langue ; il prend un beau poli cuivré quand on le frotte avec l'ongle. Sa cassure est à reflet bleu pourpre. Il contient 72 pour 100 d'*indigotine*. L'indigo violet rouge ou pourpré est plus dense, mais il est moins estimé. L'*indigo de Madras* est bleu violet et moins riche en indigotine que le précédent ; il happe aussi à la langue. On l'emploie pour teindre les *toiles bleues dites Guinées*.

Calcutta est le grand marché de l'indigo du Bengale.

L'*indigo de Guatemala* où *indigo flor* est le plus léger et d'un beau bleu violet. L'*indigo de la Louisiane* est le plus compacte et le plus foncé en couleur. L'*indigo de Java* est à pâte tendre et fragile ; il a l'aspect de l'indigo Bengale. L'*indigo du Sénégal* contient jusqu'à 60 pour 100 d'indigotine. L'*indigo de Cochinchine* est de qualité inférieure ; on y mêle toujours de la chaux ; l'*indigo d'Égypte* est toujours mal préparé.

Sous toutes les latitudes où la culture de l'indigotier est possible, la qualité de l'indigo est en raison directe de la quantité d'*indigotine* qu'il contient. Cette indigotine y existe depuis 20 jusqu'à 80 pour 100.

Caractères du bon indigo.

L'indigo le plus estimé est plus léger que l'eau ; sa couleur est brillante, d'un beau bleu rehaussé de violet ; il se casse sans effort entre les doigts et sans tomber en poudre.

L'indigo de qualité très inférieure a une densité plus grande que celle de l'eau ; il est terne, bleu noir foncé ou cuivré et très dur.

L'indigo doit ses propriétés à l'*indigotine* qui est blanche dans les végétaux, mais qui devient bleue au contact de l'air, par suite de son oxydation ; il est insoluble dans l'eau et inaltérable à l'air. Quand il est pur et qu'il a été bien fabriqué, il ne donne pas à l'incinération au delà de 7 pour 100 de cendres.

C'est Marco Polo qui le premier a fait connaître que l'indigo provenait d'un végétal.

Valeur commerciale.

Tous les indigos sont expédiés dans des caisses.

La valeur commerciale des indigos varie selon leur provenance et leur qualité. Voici les prix courants, à Paris, des années 1810 et 1857 :

	1810	1857
Bengale, bleu surfin	60 à 65 fr.	24 à 26 fr.
— violet surfin	58 à 60 fr.	22 à 24 fr.
— violet fin	55 à 56 fr.	20 à 21 fr.
Bengale, bon cuivré.......	38 à 42 fr.	16 à 17 fr.
— cuivré ordinaire ..	36 à 38 fr.	14 à 15 fr.
Guatemala , flor..........	60 à 62 fr.	15 à 16 fr.
— sobré...........	55 à 57 fr.	12 à 14 fr.
— corté	46 à 48 fr.	10 à 12 fr.

La différence que l'on remarque entre ces divers prix est en rapport avec l'accroissement qu'a pris le commerce de l'indigo. En 1827, on n'a importé en France que 745,089 kil. d'indigo ; en 1855, l'importation a atteint 1,154,474 kilog.

Voici les prix moyens des indigos du Bengale :

Surfin violet........	le kilog	20 à 22 fr.
Fin violet pourpre...	—	18 à 20
Beau violet........	—	16 à 18
Bon violet........	—	12 à 16
Moyen violet.......	—	13 à 14
Fin rouge,........	—	15 à 16
Beau rouge........	—	14 à 15
Bon rouge	—	13 à 14
Cuivre ordinaire	—	8 à 9

L'indigo de Guatémala vaut de 15 à 16, celui de Java, 10 à 14 fr. et celui de Manille de 4 à 8 fr.

Prix de revient. — A la côte de Coromandel, où la main d'œuvre est à bon marché, la culture de l'indigotier n'engage par hectare que 85 à 90 fr. La valeur des feuilles sèches récoltées sur la même surface varie de 105 à 120 fr.

CHAPITRE V

PLANTES INDIGÈNES.

Il existe quelques plantes indigènes qui peuvent servir à teindre en bleu.

Les *fleurs du bleuet des blés* (Centaurea cyanus) servent en Allemagne à colorer en bleu les sucreries. Cette teinture n'est pas assez solide pour être utilisée dans la teinture des étoffes.

On extrait des racines de l'*inule aunée* (Inula helenium), après les avoir fait sécher, une couleur bleue qui est assez solide.

Les fruits de l'*Airelle myrtille* (Vaccinium myrtillus) fournissent en Suède et à l'île de Ceylan un indigo bleu pâle. Ces fruits sont appelés *brimbelles, myrtilles, raisins de bruyère;* ils servent aussi à fabriquer de l'encre bleue, une laque bleue ou à colorer le vin en bleu noir.

Les feuilles du *Galéga officinal* (Galega officinalis) contiennent aussi une teinture bleue.

Les Japonais retirent une couleur bleue des racines du *Gremil officinal* (Lithospermum officinale).

Les feuilles de l'*Eupatoire des teinturiers* (Eupatorium tinctorium) contiennent de l'indigo.

En Chine on extrait des feuilles du Spilanthus tinctoria une belle teinte bleue.

TROISIÈME DIVISION.

PLANTES A PRINCIPE TINCTORIAL ROUGE.

———

CHAPITRE PREMIER

GARANCE.

RUBIA TINCTORUM, L.

Plante dicotylédone de la famille des Rubiacées.

Anglais. — Madder.   *Polonais.* — Marzanna.
Allemand. — Krapp.   *Italien.* — Robbia.
Hollandais. — Meekrap.   *Espagnol.* — Guanzo.

Mode de végétation. — Composition. — Terrain. — Préparation du sol. — Quantité d'engrais nécessaire. — Mode de propagation : reproduction par graines. — Reproduction par racines. — Soins d'entretien. *Première année.* — *Deuxième année.* — *Troisième année.* — Récolte des graines. — Fauchage des tiges comme fourrage. — Agents atmosphériques. — Insectes. — Plante et nuisibles. — Arrachage de la garance. — Mode d'exécution. — Opérations qui suivent l'arrachage. — Produits par hectare : racines et tiges. — Séchage et conservation des racines. — Qualités des garances. — Valeur commerciale des produits. — Commerce des garances. — Moyen d'estimer la valeur tinctoriale des racines. Réduction des racines en poudre. — Valeur des marques du commerce. — Produits qu'on extrait des racines. — Prix de revient.

Historique.

La garance est connue depuis longtemps. Elle était cultivée par les Aquitains du temps de Strabon. Dioscoride mentionne aussi sa culture en Toscane.

Les Grecs l'appelaient ερυδροδανον et les Romains la nommaient *rubia*. Son nom de *garance* vient du mot *varantia*, désignation sous laquelle on connaissait au moyen âge sa racine, et qui signifiait *vraie couleur* ou *couleur rouge*.

La culture de cette plante remonte, en France, à une époque très ancienne. On la pratiquait déjà au temps de Charlemagne et sous Dagobert; les habitants de la Neustrie et de l'Armorique en apportaient à Saint-Denis (Seine), ville où il y avait un marché à garance sur lequel l'abbaye de cette ville prélevait un droit. Ce marché existait encore en 1275, sous Philippe le Hardi. Un cartulaire de Troarn, de 1122, porte que la garance était soumise en Normandie à un droit de dîme. Le drap qu'on teignait à cette époque avec celle qu'on récoltait dans la Basse-Normandie, et qu'on appelait *écarlate de Caen*, était très estimé et très recherché en Italie.

Les Flamands s'emparèrent au quinzième siècle de la culture de cette plante tinctoriale. Ils lui consacrèrent une telle étendue de terre qu'au siècle suivant la Normandie y renonça presque complètement.

C'est à cette époque qu'elle fut introduite dans la Zélande.

Colbert, qui n'avait qu'une seule pensée, celle de rendre les manufactures prospères, publia en 1671 une instruction pour engager les agriculteurs à étendre la culture de la garance, afin que la France ne fût plus tributaire de la Hollande. A cette époque, les Hollandais avaient donné une extension considérable à la culture de cette plante, et ils étaient le seul peuple qui importât en Europe les garances récoltées en Perse, en Syrie, dans l'Asie Mineure et en Grèce.

Louis XV rendit à Versailles, le 24 février 1756, un arrêt qui exemptait de la taille pendant vingt ans, les exploitations et leur personnel qui se livreraient à la culture de la garance dans des marais nouvellement desséchés ou

17.

sur des terres non cultivées et de même nature. Cet édit n'exerça pas une très grande influence sur la prospérité de cette culture. Toutefois, il engagea Frauzen à introduire en 1760 cette plante tinctoriale dans les environs de Hagueneau.

C'est vingt ans avant la publication de cet édit, à l'époque où Nadir-Chah usurpa le trône de Perse, que Jean Althen fut proscrit de ce royaume, arrêté par une horde arabe, vendu comme esclave et conduit en Anatolie. Après avoir cultivé pendant quatorze ans la garance, il parvint à s'échapper et à gagner le port de Marseille, où il se maria quelques années après.

Les 30,000 écus que lui apporta sa femme lui permirent de se rendre à Versailles et de solliciter une audience de Louis XV. Le roi lui ayant accordé la mission qu'il sollicitait, il revint dans le Midi et créa près de Montpellier un établissement séricicole. Ayant anéanti dans cette entreprise le patrimoine de sa femme, il écrivit au roi, se rendit de nouveau à Versailles, mais toutes ses tentatives restèrent sans résultat aucun. C'est alors qu'il conçut l'idée d'introduire la culture de la garance dans le midi de la France.

Il cultiva d'abord la garance indigène. N'ayant pas réussi au gré de son désir, il intrigua pour se procurer des graines de garance de Smyrne (1). Après bien des peines et du temps, il eut le bonheur, dit-il, de recevoir 60 à 90 grammes de graines du Levant. Ces semences, il les sema à Avignon et fut bientôt à même d'étendre ses expériences sur une terre appartenant à madame de la Clausenette. Cette tentative ayant complètement réussi et lui ayant permis, en 1767, de récolter 2,500 kilog. de racines, il établit une grande garancière sur la propriété de Caumont, ap-

(1) A cette époque la peine de mort était pronocée contre ceux qui exportaient de Smyrne des graines de garance..

partenant au marquis de Seytre de Caumont, près duquel il avait eu le bonheur de trouver une hospitalité bienveillante. C'est ainsi que Althen parvint à doter la France, sa patrie adoptive, d'une culture qui devait être un jour la principale richesse d'une province entière.

Hélas! cet homme de bien mourut pauvre et ignoré à Caumont, en 1774, laissant une fille, Marguerite Althen, qui vécut aussi dans l'indigence (1). La reconnaissance publique ne pouvait laisser périr son nom; elle le comprit un peu tardivement et fit placer, en 1821, dans le musée Calvet, à Avignon, une table de marbre sur laquelle elle fit graver une inscription rappelant que Althen avait été l'introducteur et le premier cultivateur de la garance dans le comtat d'Avignon. Toutefois, par une coïncidence fatale, sa fille mourut dans l'hôpital de cette ville le jour même où cette inscription fut inaugurée. Enfin dans ces dernières années on éleva à Althen une statue au milieu du rocher des Doms, en face du vieux palais des papes. Cette statue le représente tenant dans sa main gauche des racines de garance et indiquant de la droite le sol du Comtat comme le plus propice à la culture de cette plante.

Bertin, ministre et secrétaire d'État au département de l'agriculture sous Louis XV, poursuivit l'œuvre conçue par

_____

(1) Cette malheureuse infortunée s'épuisa en sollicitations auprès du roi et des habitants du Comtat. Rostoul, qui a écrit la vie d'Althen, cite la supplique qu'elle adressa aux Avignonnais quelque temps avant sa mort. Ce n'est pas sans émotion qu'on y lit les lignes suivantes : « La fille de celui qui vous affranchit de l'empire du besoin « en vous apprenant à fertiliser les champs les plus stériles, languit « dans une triste servitude et gagne un pain qu'elle humecte de ses « larmes. Cependant dans sa douleur, à qui doit-elle adresser ses « prières? Déjà, vingt fois, elle a fait parvenir une voix plaintive « jusqu'aux oreilles des grands et des princes, et tous l'ont oubliée! » Les habitants du comtat Venaissin oublièrent aussi sa misère et ses souffrances !

Colbert. Il fit venir des graines de garance du Levant, en 1767 et 1769, et les fit distribuer gratuitement. Ces importations secondèrent les louables tentatives d'Althen, et celle que fit Dambourney, à la même époque, en Normandie, avec tant de dévouement et de persévérance.

Grâce aux efforts d'Althen, la culture de cette plante se répandit dans les communes de l'Isle, Cavaillon, Carpentras, Monttieux, Entraigues dans le comtat d'Avignon, d'Arles et de Toulon dans la Provence, de Fourques et Clausonnette dans le Bas-Languedoc. Toutes ces nouvelles garancières furent établies et dirigées par les soins d'Althen. En 1772, les garancières de Caumont avaient plus de 10 hectares d'étendue. Enfin, à la même époque, la garance était cultivée dans le Poitou, le Maine, l'Anjou, la Touraine, la Picardie, etc.

Avant la découverte de l'alizarine artificielle la garance était très cultivée dans les départements du Vaucluse, des Bouches-du-Rhône, du Gard, de la Drôme, de l'Allier, du Puy-de-Dôme et en Alsace.

Les provinces où les garancières constituaient un objet important de culture étaient d'abord le Comtat et ensuite l'Alsace. En 1840, elles y occupaient 14,674 hectares, qui produisaient annuellement plus de 16,000,000 de kilog. de racines ayant une valeur vénale de 10,000,000 de francs.

En 1855, la France a exporté 16,798,000 kilog. de garance.

Mode de végétation.

La garance a des *racines vivaces* (fig. 51), pivotantes rameuses, articulées et rougeâtres et des *tiges annuelles*, quadrangulaires, rameuses, à articles noueux, couchées ou grimpantes. Les feuilles sont opposées, munies de stipules et forment un verticille; elles sont, comme les tiges, mu-

nies de poils raides et crochus,
et d'un vert obscur. Ses fleurs
(fig. 52) sont petites, axillaires
ou terminales, et munies d'une
corolle campanulée jaunâtre à
cinq divisions. Ses fruits sont
charnus et formés de deux baies
accolées d'abord vertes, puis rougeâtres, enfin noires, qu'on sépare facilement quand elles sont
complètement mûres et sèches.

Cette rubiacée commence à
végéter quand la température
moyenne, à la fin de l'hiver, a
atteint $+ 10°$ à $+ 12°$. Elle fleurit en juillet, forme ses fruits à
la même époque et les murit en
août, époque à laquelle les tiges
commencent à jaunir. On arrache
ses racines quand elle a dix-huit
ou trente mois de végétation.

La garance croît en France,
mais celle qu'on cultive dans le
Comtat, l'Alsace et la Hollande,
est originaire de Smyrne.

Le climat n'a aucune influence
sur le degré de coloration du
principe tinctorial.

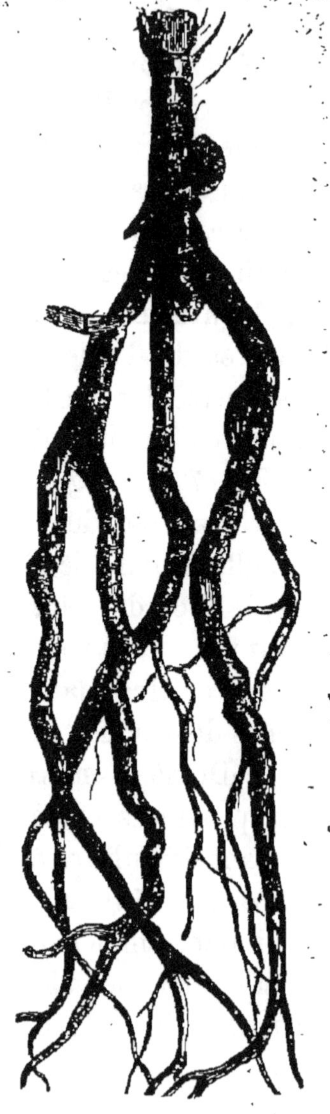

Fig. 51. — Racine de Garance.

Composition.

La racine de garance présente trois parties distinctes :
1° L'*épiderme*, pellicule rougeâtre qui sert d'écorce ;

2° La *partie corticale*, qui est rouge et située sous l'épiderme ;

Fig. 52. — Fleurs et fruits de la Garance.

3° Le *cœur*, qui est ligneux, jaune et occupe le centre
de la racine.

Pendant longtemps on a cru que la racine de la garance ne contenait que deux principes colorants :

1º La *garancine* ou matière rouge ;

2º La *xanthine* ou matière jaune.

La garancine réside dans la partie corticale ; elle contient, d'après MM. Robiquet et Colin, l'*alizarine* et la *purpurine* ou *colorine*. La xanthine est située dans le ligneux.

Suivant Runge, la garance renferme sept principes différents :

1º Le pourpre de garance ;	5º Le brun de garance ;
2º Le rouge de garance ;	6º L'acide garancique ;
3º L'orange de garance ;	7º L'acide rubiacique.
4º Le jaune de garance ;	

Gerber et Dollfus croient que l'alizarine, signalée pour la première fois par Robiquet et Colin, est un mélange du pourpre et du rouge de garance du chimiste Runge.

Quoi qu'il en soit, l'alizarine et la purpurine sont les seules substances qui teignent les tissus de coton mordancés.

Decaisne pense que la garance ne renferme qu'un seul principe colorant, qui est liquide et jaune, et qui devient rouge en absorbant une certaine quantité d'oxygène. Cette opinion est aussi celle qu'ont admise Gerber, Dollfus et Schwartz.

D'après Decaisne, la matière colorante se produit dans la partie cellulaire de la racine.

Nonobstant, voici, d'après John, les matières que contient la racine de cette plante :

Matières colorante	20,00
— extractive	5,00
— grasse	1,00
Résine rouge	3,00
Gomme et fibre.....................	43,50
Matières salines	19,50
Eau	3,00
	100,00

Koechlin a constaté que les racines de garance récoltées en Alsace, étaient composées comme il suit :

Racines fraîches :

$$\text{Parties charnues } 90,36 = \begin{cases} \text{eau} \dots\dots\dots\dots\dots & 73,42 \\ \text{matières sèches} \dots\dots & 16,94 \end{cases}$$

$$\text{Parties ligneuses } 9,64 = \begin{cases} \text{eau} \dots\dots\dots\dots\dots & 4,96 \\ \text{matières sèches} \dots\dots & 2,50 \end{cases}$$

$$\overline{100,00} \qquad\qquad \overline{100,00}$$

Racines sèches :

Xanthine soluble dans l'eau froide	55,00
Garancine soluble dans l'eau bouillante	3,00
Xanthine et garancine solubles dans l'alcool ...	1,50
Ligneux	38,00
Perte	$\overline{100,00}$

D'après cette analyse, la racine de garance contiendrait à l'état normal 78 p. 100 d'eau. Bastet a constaté que les racines du Comtat en contiennent 0,74 à dix-huit mois et 0,72 à vingt-huit mois.

Enfin, Payen a reconnu que ces racines renfermaient :

A l'état humide	1,24	p. 100 d'azote.
A l'état sec	1,33	—

Et que les tiges, qui contiennent à l'état normal 18,4 p. 100 d'eau, dosaient :

A l'état vert	0,66	p. 100 d'azote.
A l'état sec	8,31	—

Terrain.

NATURE. — La garance demande des terres douces, substantielles, profondes, perméables et fraîches. Elle réussit mal sur les sols compactes, à sous-sols imperméables et dans les terrains secs.

Dans le comtat d'Avignon, on la cultive de préférence dans les *palus*. On désigne sous ce nom d'anciens marais qui ont été comblés par les alluvions de la rivière appelée la Sorgue. Les terres de cette contrée les plus propres à la garance sont situées à une faible distance du Trenten, sur les confins des communes du Thor, Montueux, Saint-Saturnin et Perne. Ces terrains sont noirâtres lorsqu'ils sont humides, et grisâtres quand ils sont secs. Ils ne renferment pas de pierres et ils reposent sur des sous-sols presque crayeux et toujours frais.

On cultive aussi la garance sur les *sols paludiens* (on donne ce nom aux alluvions limoneuses du Rhône), dans les terres calcaires situées aux environs de la fontaine de Vaucluse et aux portes d'Avignon, et sur les terres légères, sablonneuses et accidentées, situées entre Carpentras et le Mont-Ventoux.

Les terres qu'on consacre à la garance dans les environs de Hagueneau, Bischeviller et Reichshoffen (Bas-Rhin), et de Sainte-Marie (Allier), sont aussi sablonneuses.

En général, les terrains les plus favorables à la garance sont ceux qui renferment une notable quantité d'argile et surtout de carbonate de chaux. Ainsi Bastet a constaté que les meilleures terres du département du Vaucluse, contenaient en moyenne :

	T. d'Orange.	T. de Causens.	T. de Courthezon.
Calcaire.....	41,00	47,00	38,00
Argile	18,00	28,00	35,00
Sable	35,50	20,00	21,50
Humus	5,50	5,00	5,50
	100,00	100,00	100,00

Ces trois analyses donnent les moyennes suivantes :

Carbonate de chaux	42,00
Argile	27,00
Sable	25,67
Matières organiques.......	5,33
	100,00

Les terres si fertiles de l'Isle, contiennent 47 p. 100 de parties calcaires et celles de Mallemont en renferment 37.

D'après des analyses faites par Koechlin, les cendres de racines de garance récoltées en Alsace, contiennent jusqu'à 34,92 p. 100 de parties calcaires. Les cendres de garance récoltées en Zélande ne renferment, suivant May, que 16,29 p. 100 de carbonate de chaux. Ces faits justifient l'importance du calcaire dans les terres consacrées à la culture de cette plante tinctoriale.

Enfin, Bastet a reconnu que les anciens palus produisent des racines rouges, les palus nouvellement cultivés et les alluvions nouvelles des racines d'un très beau rose. Il n'en est pas de même des alluvions anciennes du Rhône, des terres très argileuses, des sols très calcaires et des terrains quartzeux ; tous ces terrains ne produisent que des racines d'un rosé ordinaire.

En général, les terres vierges, celles fertiles, profondes, fraîches, douces, qui n'ont point encore produit de la garance, fournissent des racines de très belle qualité. Ce fait explique pourquoi les racines de garance obtenues dans la vallée de la Limagne et en Algérie, sont remarquables par la richesse de leur principe colorant rouge.

Si le terrain influe par sa nature sur la richesse tinctoriale des racines, il exerce aussi une action très remarquable sur leur développement par ses propriétés physiques. Ainsi, les terres qui conservent le plus de fraîcheur pendant l'été sont celles qui fournissent les plus belles racines. Voici les faits que M. de Gasparin a observés :

Terrains	Faculté de rétention de l'eau.	Pouvoir productif.
Paludien du Thor	56,48	77
Alluvion d'Orange	51,30	68
Paludien d'Orange	48,36	60
Marneux de Tarascon	43,60	57
Bolbenes	32,60	42

Ces chiffres expliquent pourquoi on cultive toujours la garance dans les vallées recouvertes par des alluvions ayant une épaisseur de 0^m,60 à 1 mètre.

FERTILITÉ. — La garance est une plante très épuisante. Aussi doit-on la cultiver sur des terres riches et abondamment fumées.

Lorsqu'elle végète sur des sols de fertilité ordinaire, elle produit peu et les racines qu'elle fournit sont grêles, effilées et leur épiderme est très épais.

En général, les bonnes terres à garance ne contiennent normalement jamais moins de 4 à 5 p. 100 d'humus ou de matières organiques.

Les terres propres à la garance se vendaient et se louaient un prix très élevé. Quand elles sont de première qualité, leur valeur vénale variait entre 5,000 et 8,000 fr. l'hectare et leur valeur locative entre 220 et 360 fr., alors que les terres ordinaires se louent 150 à 200 fr.

Préparation du sol.

La préparation des terres qu'on consacre à la culture de la garance comprend deux opérations distinctes : 1° les travaux de défoncement ; 2° les opérations qui ont pour but unique l'ameublissement du sol arable et sa disposition en planches.

DÉFONCEMENT. — La terre sur laquelle on veut établir pour la première fois une garancière doit être défoncée de 0^m,65 à 1 mètre de profondeur suivant la nature du sous-sol et la durée d'existence de la garance. Ce travail est indispensable ; il permet aux racines de mieux se développer en longueur et en grosseur.

En France, on exécute ce défoncement à bras et en automne au moyen du louchet ou de la bêche. En Hollande, des ouvriers munis aussi chacun d'une bêche suivent la charrue et ils défoncent le sous-sol de manière que la partie divisée ou ameublie ait au moins 0^m,50 de profondeur.

Le défoncement exécuté entièrement par des ouvriers ne laisse rien à désirer s'il est pratiqué par un beau temps et avant les fortes gelées, mais il est très coûteux.

On compte qu'il faut pour défoncer un hectare à 0^m,75 de profondeur quatre-vingt-cinq à quatre-vingt-dix journées d'ouvriers lorsque la terre est de consistance moyenne, et de cent trente à cent quarante journées lorsqu'elle est argileuse ou compacte.

Ainsi, dans le premier cas, un ouvrier défonce par jour de 111 à 117 mètres carrés, et dans le second, de 71 à 76 mètres.

De Gasparin dit qu'un défoncement pratiqué à 0^m,50 de profondeur dans une terre de consistance moyenne exige quarante-quatre journées de huit heures de travail. Ce résultat ne concorde pas avec les faits pratiques. Il est difficile, en effet, d'admettre qu'un ouvrier puisse en un jour défoncer 227 mètres carrés, et remuer et ameublir 113 mètres cubes de terre.

Ameublissement ordinaire. — Lorsqu'il est question de préparer des terres qui ont déjà porté de la garance, on les laboure avant les gelées avec une charrue ou à l'aide de la bêche ou du louchet.

Lorsqu'on opère dans le Comtat avec une charrue, on emploie d'abord la charrue dite *coutrier*. Cet instrument, ordinairement traîné par quatre ou six chevaux ou mules, ameublit la couche arable de 0^m,16 à 0^m,25 de profondeur. Au mois de février, quand le fumier a été conduit et répandu, on exécute un second labour avec une charrue sans versoir et traînée par deux chevaux. Ce labour est perpendiculaire au précédent. Enfin on complète la préparation du sol en exécutant, quelques jours avant l'époque des semailles, un labour à l'aide d'une charrue à un cheval.

Les terres que l'on a défoncées à bras avant l'hiver ne reçoivent au printemps que les deuxième et troisième labours précités.

La préparation faite à l'aide du louchet est supérieure à la préparation exécutée avec une charrue, mais elle occasionne des dépenses plus considérables.

Dans la plupart des cas, le dernier labour est suivi par un ou plusieurs hersages et roulages.

On compte qu'il faut par hectare pour exécuter :

Le premier labour, 3 journées d'attelage à 4 à 6 chevaux.
Le second   —   1 — 1/2 — à 2   —
Le troisième —   1 — 1/2 — à 1   cheval.

LARGEUR DES PLANCHES ET DES SENTIERS. — Au dernier labour on dispose toujours le sol en planches séparées les unes des autres par des sentiers dont la largeur varie suivant les contrées.

Dans le département du Vaucluse, la largeur des planches varie de 1 mètre à 1^m,65 et celle des sentiers de 0^m,30 à 0^m,40. En Alsace, les planches ont de 6 à 8 mètres de largeur et 10 mètres de longueur; la largeur des sentiers est

Fig. 53. — Culture du Comtat.

de 0^m,60 à 0^m,70. En Hollande, la largeur des planches est de 1 mètre et celle des sentiers de 0^m,50 à 0^m,60.

DIRECTION DES PLANCHES ET DES SENTIERS. — La direction des planches et des sentiers varie aussi suivant les localités.

Voici comment on dispose ordinairement les garancières en Alsace (fig. 54).

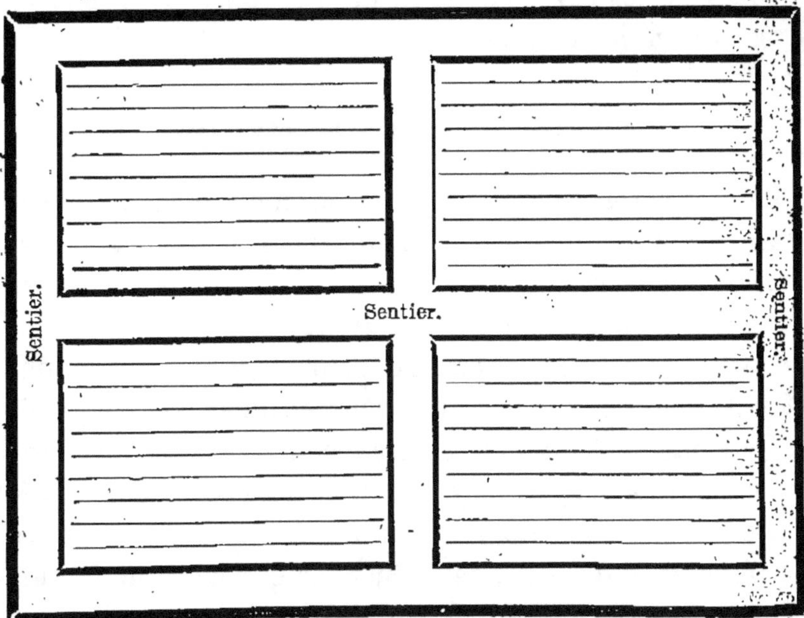

Fig. 54. — Culture alsacienne.

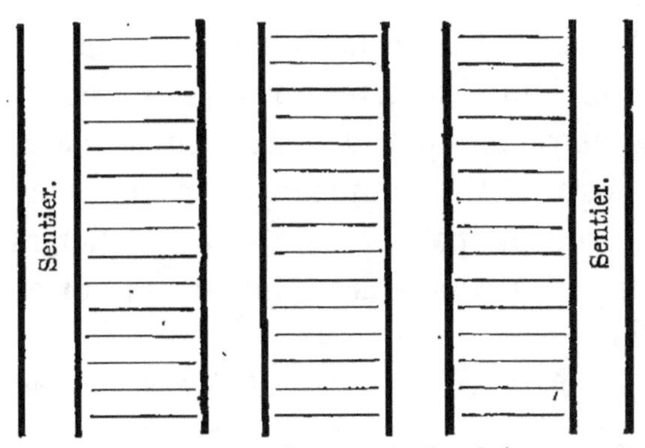

Fig. 55. — Culture hollandaise.

Dans le Comtat, le sol est disposé de manière que les planches et les sentiers soient parallèles à la longueur du champ (fig. 53).

En Hollande, on dispose le sol tel que l'indique la fig. 55.

Les lignes maigres des trois figures précédentes indiquent la direction des rayons dans lesquels on opère les semis où la plantation des racines.

Quantité d'engrais nécessaire.

La garance est une plante qui consomme beaucoup d'engrais. Si elle est productive à Montueux (Vaucluse), c'est qu'elle y est bien cultivée et qu'elle y végète sur des terres fertilisées avec des engrais abondants.

De Gasparin admet comme principe qu'il faut appliquer 3,000 kilogr. de fumier pour chaque 100 kilogr. de racines desséchées qu'on espère récolter. Ainsi, une terre qui produirait 3,000 kilogr. par hectare devrait être fumée à raison de 90,000 kilogr. de fumier, et celles sur lesquelles on récolte 5,000 kilogr. de racines, exigeraient une fumure de 150,000 kilogr.

Applique-t-on en pratique des quantités de fumier aussi considérables ? Je ne l'ai jamais ouï dire ni dans le Comtat, ni dans l'Alsace, ni dans la Limagne. Ainsi, au Trenten (Vaucluse), on fume les terres à raison de trente-six charretées à trois chevaux ou 150 mètres cubes pesant environ 100,000 kilogr. Cette fumure est considérable. Favier, à Orange, ne répand par hectare que 51 mètres cubes ou 36,000 kilogr. En Alsace, les fumures varient entre 60,000 et 75,000 kilogr.

J'ai dit, dans le volume des *Matières fertilisantes*, que 2,000 kilogr. de fumier permettaient à la garance de donner 100 kilogr. de racines sèches. D'après cette donnée, une terre pouvant produire 5,000 kilogr. de racines doit être fumée avec 100,000 kilogr. de fumier; celle qui ne peut en fournir que 3,000 kilogr. exige l'emploi de

60,000 kilogr. Les bonnes terres du Trenten, le centre de la culture de la garance, produisent par hectare 5,000 kilogr. de racines sèches et celles situées dans le rayon de Haguenau (Bas-Rhin), n'en fournissent, en moyenne, que 3,000 kilogr.

On dit ordinairement qu'on applique, dans le Comtat, de 500 à 800 fr. par hectare. Le fumier est cher dans cette province. Rendu sur place, il revient au minimum à 12 fr. les 1,000 kilogr. Il suit de là qu'une fumure de 50,000 à 60,000 kilogr. occasionne une dépense de 600 à 720 fr. Appliqué à la dose de 150,000 kilogr., le fumier nécessiterait une avance de 1,800 francs.

Lorsque les cultivateurs du Trenten n'ont pas la quantité de fumier nécessaire pour fumer les terres qu'ils consacrent à la garance à raison de 100,000 kilogr., ils n'appliquent par hectare que 50,000 ou 75,000 kilogr. de fumier et répandent, quelques jours avant la semaille, 1,000 ou 950 kilogr. de *trouille* ou tourteau.

On remplace quelquefois par nécessité, le fumier par des boues de ville, qui sont loin de valoir cet engrais.

Les terres sur lesquelles on propage la garance par racines, exigent beaucoup moins d'engrais, puisque l'arrachage se fait à la fin de la deuxième année.

Ainsi, une terre qui produit 5,000 kilogr. de racines et sur laquelle on plante 2,000 kilogr. de pourettes ou de provins, doit être fumée à raison seulement de 60,000 kilogr. de fumier, puisqu'elle ne doit fournir que 3,000 kilogr. de racines.

Mode de propagation.

La garance se propage par graines et par racines.

REPRODUCTION PAR GRAINES. — 1° **Époque des semis.** — Les semis se font dans le midi comme dans le nord de la

France, depuis le 1er mars jusqu'au 1er mai, lorsqu'on ne craint plus de gelées blanches, et que la température moyenne a atteint + 8 à + 10°.

En général, il faut semer la garance aussitôt que la température le permet, afin de profiter de la fraîcheur de la couche arable.

On sème très rarement en automne, parce que les jeunes plantes sont souvent détruites par les gelées pendant l'hiver.

2° **Semis en place.** — Les semis en place ne se font plus à la volée. On les pratique en lignes plus ou moins éloignées les unes des autres, suivant le mode de culture qu'on adopte.

3° **Quantité de graines.** — La quantité de graines qu'on répand par hectare s'accroît d'année en année. Voici les quantités que l'on a indiquées depuis 1772 :

1772	Althen	28 à 36 kilog.
1794	Rosier	2 —
1810	Yvart	20 à 30 —
1825	De Gasparin	85 —
1835	Bastet	88 à 99 —
1838	Leclerc-Thouin	144 —
1848	De Gasparin	120 —
1852	Chambaud	138 —
1855	Favier	180 —

Quelle est la cause de cet accroissement ? Il est probable qu'il faut l'attribuer à la qualité imparfaite des semences. Celles-ci, en effet, germent, de nos jours, moins facilement qu'il y a un demi-siècle. Aussi est-on porté à admettre que la garance qu'on cultive dans le Comtat n'a plus les qualités qui la distinguaient à l'époque où elle fut introduite en France par Althen.

4° **Caractères des bonnes graines.** — Les graines de garance de bonne qualité, celles qui ont bien mûri, sont noires et elles développent une odeur suave semblable à celle de la figue sèche ou de la cassonade rousse.

18

On doit rejeter les semences qui n'ont plus leur pédicule et qui offrent un périsperme brunâtre ou brun, parce qu'elles ont fermenté et qu'elles germent toujours très difficilement.

Les graines de deux années qui ont été convenablement conservées, germent bien.

5° **Préparation des semences.** — Althen a proposé, en 1772, de faire subir aux semences une préparation, afin qu'elles germent promptement, qu'elles donnent naissance à des plantes plus vigoureuses et munies de racines ayant une couleur plus vive.

Je ne rapporterai pas cette préparation, parce que je ne crois pas qu'elle puisse empêcher la garance de s'abâtardir et qu'elle s'oppose à la diminution graduelle de la matière colorante observée en 1856, par M. de Gasparin, dans les contrées où cette plante est le plus anciennement cultivée.

On rend la germination des graines plus prompte, en les *stratifiant* pendant deux ou trois semaines dans du sable frais ou en les faisant *tremper* dans l'eau pendant douze ou vingt-quatre heures avant le moment de les confier à la terre.

Quand on met en pratique l'un ou l'autre de ces deux moyens, il faut avoir le soin de bien enterrer les graines afin que leurs germes ne se dessèchent pas.

6° **Mode d'exécution.** — L'ouvrier chargé d'exécuter les semis de garance, trace sur une planche, au moyen du cordeau et d'un rayonneur à main, une raie ou rigole profonde de 0^m,04 à 0^m,06. La femme ou l'enfant qui l'accompagne y répand les graines en ayant soin qu'il existe entre chacune d'elles un intervalle de 0^m,03 à 0^m,05.

Lorsque l'ouvrier a ouvert la première raie, il en trace une seconde et emploie la terre qui en provient pour couvrir les graines déposées dans le premier rayon.

Quelquefois, l'ouvrier se borne à ouvrir les raies et, lorsque celles-ci sont ensemencées, on y enterre les graines par un hersage.

Nonobstant, les semences doivent être couvertes d'une couche de terre épaisse en moyenne de 0^m,05.

8° Espacement des lignes. — La distance qui sépare les rayons varie entre 0^m,22 et 0^m,65.

En général, les rayons qu'on trace sur les terrains disposés en planches ayant 1^m,32 à 1^m,65 de largeur, sont espacés les uns des autres de 0^m,25 à 0^m,35.

Lorsque la garance est cultivée en billons, on espace les lignes de 0^m,50 à 0^m,65.

9° Germination des graines. — Les semences de garance germent ordinairement entre le quinzième et le vingtième jour qui suivent l'époque où le semis a été pratiqué.

10° Dépenses occasionnées par les semis. — Dans le Comtat, un homme et une femme ensemencent un hectare de garance en huit jours. Or, huit journées d'hommes à 2 fr. et huit journées de femme à 1 fr. occasionnent une dépense de 24 fr. Dans le Puy-de-Dôme, cette opération coûte 21 fr., soit douze journées d'homme à 1 fr. 25 et douze journées de femme à 50 c.

11° Circonstances où les semis en place ne sont pas avantageux. — En général, les semis ne donnent pas des résultats très favorables quand on les exécute sur des terres fortes et argileuses et sur les terres sujettes à être desséchées au printemps par les hâles et les sécheresses des mois de mars, avril et mai. Aujourd'hui, on sème la garance moins fréquemment qu'autrefois dans les palus sur lesquels le *vent mistral* exerce une si fâcheuse influence à la fin de l'hiver ou pendant les premiers jours du printemps.

REPRODUCTION PAR RACINES. — On multiplie la garance par racines de trois manières : 1° à l'aide de racines provenant de pépinières, auxquelles on donne quelquefois le nom de *pourettes*; 2° de boutures enracinées appelées *provins*; 3° de tronçons de racines.

1° **Semis en pépinière.** — On sème la graine de garance en pépinière lorsqu'on doit planter de nouvelles garancières avec des plants de six à huit mois seulement.

Cette manière de cultiver la garance est très bonne, elle est très en usage en Alsace. Voici les avantages qu'elle présente : les garancières établies au moyen de racines ont moins de durée et elles exigent moins d'engrais; en outre, elles n'ont pas à solder une valeur locative aussi considérable que lorsqu'elles occupent le sol pendant trois années. Aussi doit-on recommander ce procédé de culture aux agriculteurs qui cultivent la garance sur des terres sablonneuses, légères et très perméables.

J'observerai, toutefois, que ce moyen ne doit pas être toujours pratiqué sur la même exploitation, parce qu'il est moins favorable que le semis à la régénération de la garance. L'expérience a prouvé en Alsace, qu'il est utile de temps à autre de renoncer à ce mode de propagation pour adopter la multiplication par graines.

Les semis en pépinière sont toujours exécutés à la volée, sur des planches de 1^m,50 à 2 mètres de largeur et avec 300 kilog. de graines à l'hectare.

Il faut éviter de disposer le sol en planches très larges, parce que celles-ci rendent toujours l'exécution des sarclages plus difficile et plus coûteuse.

2° **Boutures de racines.** — La propagation de la garance par boutures de racines est pratiquée en Hollande et aussi dans quelques communes de l'Alsace, contrées où la graine de cette plante tinctoriale mûrit très difficilement.

Ces boutures, qui ne sont que des tronçons de racines pourvus d'un bouton ou bourgeon, se récoltent en automne à l'époque à laquelle on arrache les garancières.

On les conserve fraîches jusqu'au printemps en les stratifiant dans du sable déposé dans une cave ou un cellier.

3° **Boutures enracinées ou provins.** — Pour obtenir ces boutures, on plante au printemps, dans une terre fertile et bien préparée, des tronçons de racines rouges de 0^m,08 de longueur. A l'automne suivant, alors qu'elles ont développé des racines, on les arrache de cette pépinière pour les planter à demeure.

4° **Plantation des racines.** — La mise en place des pourettes, provins ou boutures se fait en automne. On peut aussi l'exécuter au printemps, mais le mois de novembre est l'époque la plus favorable parce qu'elle s'allie mieux avec la végétation de la garance. Toutefois, on doit éviter quand on opère pendant cette saison, que les racines restent exposées, après leur arrachage, à l'action des gelées.

On arrache d'abord les pourettes et les provins avec un louchet ou à l'aide d'une bêche, on les met en bottes ou en paquets et on les transporte ensuite à destination.

Le champ sur lequel on doit établir une garancière à l'aide de racines, doit avoir été préalablement labouré, fumé, disposé en planches rayonnées.

Les rayons sont plus grands que les raies destinées à recevoir des graines. Ordinairement on leur donne 0^m,10 à 0^m,15 de profondeur et de largeur.

Lorsque les rayons sont tracés ou à mesure qu'on les exécute, des ouvriers, aidés par des enfants, y plantent les racines à plat ou verticalement.

En Alsace, on exécute la mise en place des plants à l'aide d'un couteau courbé à angle droit en forme de plantoir. La lame de cet outil a 0^m,16 de longueur et 0^m,08 de largeur. En outre, on humecte quelquefois les racines en les trempant dans un baquet rempli d'eau avant de les enterrer. Cette opération assure leur reprise si la plantation a lieu au printemps par un temps sec. Enfin, parfois les ouvriers placent les plants contre l'un des bords des rayons qui sont inclinés à 45°, les couvrent de terre et les consolident avec leurs pieds.

Les pourettes, les provins et les boutures sont plantés dans les rayons à 0^m,15 ou 0^m,16 de distance les uns des autres.

La plantation d'une garancière ayant un hectare d'étendue exige de 3,500 à 4,500 kilog. de racines fraîches suivant l'espace qui sépare les rayons. C'est bien à tort que l'on a dit qu'il fallait en planter 1,800 à 2,400 kilog.

En général, on compte qu'il faut 200,000 plants ou boutures par hectare.

Les racines fraîches étêtées et pouvant fournir des boutures se vendent en moyenne de 8 à 12 fr. les 100 kilog.

On compte que la plantation d'un hectare de garance revient à 70 fr. et qu'elle exige quarante journées d'homme et vingt journées d'enfant.

Soins d'entretien.

Les opérations qu'on donne aux garancières sont assez nombreuses et elles varient suivant l'âge de la garance. (fig. 55).

1° PREMIÈRE ANNÉE. — *Roulage*. — Lorsque la terre après les semis s'est prise en croûte, sous l'influence simultanée des pluies et de la chaleur ou des hâles, on la roule à l'aide d'un rouleau armé de pointes de fer. Cette opération est faite dans le but de détruire la dureté que présente la terre superficiellement et faciliter la sortie des cotylédons.

Ce rouleau, qu'on appelle *barlaïe* à Avignon, a quatre-vingt-seize dents espacées les unes des autres de 0^m,04 et longues de 0^m,07. Il pèse 5 kilog. 300 et a 0^m,47 de longueur. Le cylindre sur lequel les dents ont été fixées a 0^m,08 de diamètre. J'ai acheté ce rouleau 15 fr.

Un homme roule avec cet instrument 50 ares par jour.

On répète quelquefois son emploi une ou deux fois sur le même terrain.

On peut remplacer cette opération par un *râtelage*.

Fig. 56. — Garance de deux ans. — Garance d'un an.

Épierrage. — Lorsque les terres consacrées à la garance sont caillouteuses, on les épierre après le semis, afin de pouvoir mieux exécuter, à l'automne suivant, la fauchaison des tiges.

Sarclage ou binage. — Lorsque la garance est sortie de terre, on la sarcle à la main ou on lui donne un binage. Ces deux opérations ont pour but la destruction des mauvaises herbes.

Le sarclage est pratiqué par des femmes qui se tiennent à genoux dans les sentiers. On opère le binage avec une houe à lame triangulaire et pointue.

On répète le sarclage pendant l'été une ou deux fois.

Chaque sarclage exige l'emploi de vingt à vingt-cinq

journées de femme par hectare, suivant le nombre de plantes nuisibles qu'elles doivent arracher.

La garance doit toujours végéter sur un sol exempt pour ainsi dire de mauvaises herbes.

Lorsqu'on aperçoit vers la fin d'avril, qu'il existe des lacunes dans les garancières plantées, on doit s'empresser de les garnir de boutures si on manque de pourettes ou de provins. En agissant ainsi, on a la certitude que les lignes seront productives sur tous les points de leur étendue.

Rechaussage. — Après chaque sarclage on exécute une opération que l'on désigne par les mots *recouvrir, éborgner.*

Ce rechaussage a pour but : 1° de combler les trous ou les vides causés par l'enlèvement des mauvaises herbes; 2° d'élever le niveau du sol qui s'est tassé sous l'action des pluies et qui a mis à nu le collet des plantes ; 3° de couvrir de terre les pousses qui se développent au collet des garances pendant le mois de juillet.

Le premier rechaussage doit être exécuté quand les tiges de garance ont de 0^{m},08 à 0^{m},10 de hauteur.

Avant de pratiquer cette opération, on ameublit à la houe la terre des sentiers qui séparent les planches. Goubet, à Saint-Saturnin (Vaucluse), a inventé un petit scarificateur de forme particulière et qui est destiné à remplacer dans cette opération d'ameublissement le travail de l'homme.

Lorsque la terre a été bien pulvérisée et émiettée, des ouvriers munis de pelles en fer ou de louchets, couvrent chaque planche de 0^{m},01 à 0^{m},02 de terre. Cette opération doit être confiée à des ouvriers adroits et intelligents, afin que les plantes ne soient pas couvertes de terre.

Ce rechaussage exige par hectare 4 journées d'homme : 2 pour ameublir les sentiers et 2 pour projeter la terre.

Arrosement. — La garance se trouve bien d'être arrosée lorsqu'elle végète sur des terres très fortes ou légères.

Quand les arrosages sont possibles on les pratique par infiltration. A cet effet, on utilise les sentiers que l'on a creusés pour pratiquer le rechaussage.

On doit les répéter tous les quinze jours pendant l'été, si les circonstances le permettent.

Buttage. — En novembre et avant l'apparition des gelées, on charge tous les planches de la garancière de $0^m,05$ à $0^m,08$ de terre suivant la nature de la couche arable. Les terres légères doivent être plus chargées de terre que les sols argileux ou compactes.

La terre avec laquelle on opère ce chargement est prise avec le *lichet* ou la bêche, le *trengo* où la houe à lame dans les sentiers qui séparent les planches dont la largeur varie de $0^m,65$ à $1^m,50$.

Dans le Vaucluse, on paye aux ouvriers qui exécutent ce

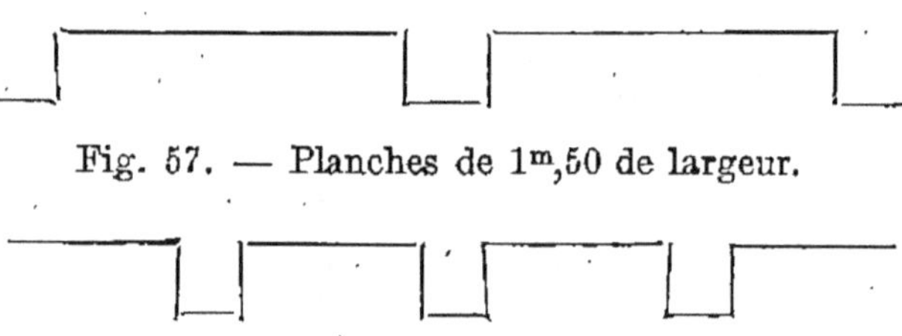

Fig. 57. — Planches de $1^m,50$ de largeur.

Fig. 58. — Billons de $0^m,65$ de largeur.

buttage de 20 à 25 fr. par hectare, parce qu'il exige dix à douze journées d'homme.

Quand cette opération est terminée, les planches présentent les profils indiqués par les fig. 57 et 58.

Le buttage n'a pas pour but de garantir la garance des gelées, car cette plante ne craint pas le froid. On l'exécute comme l'a démontré M. Decaisne, pour augmenter la masse végétale chargée de matière colorante. Ainsi la chromule ou matière colorante verte des parties herbacées se change facilement en xanthine ou en principe colorant jaune lorsqu'on la soustrait au contact de la lumière. C'est en s'oxygénant que la chromule passe à la couleur jaune qui, elle-même, se change en principe tinctorial rouge.

2° DEUXIÈME ANNÉE. — *Râtelage.* — A la fin de l'hiver de la seconde année, on exécute sur toute la garancière une sorte de hersage avec un râteau à dents de fer. Cette opération a pour but : 1° de détruire ou pulvériser les mottes qui existent sur les planches ; 2° d'aplanir la surface du sol ; de détruire la croûte ou les mauvaises herbes que présente la couche arable.

Labour à la houe fourchue. — Dans quelques localités où les terres sont argileuses et compactes, on les laboure quelquefois avec la houe fourchue. Cette excellente opération ne peut être pratiquée que lorsque les garancières ont une faible étendue, soit 50 ares ou 1 hectare, car elle occasionne des dépenses assez considérables.

Sarclage ou *binage.* — Un mois environ après le râtelage, on exécute un sarclage ou un binage. On renouvelle le sarclage chaque fois que cela est nécessaire.

Rechaussage. — On répète aussi pendant la seconde année l'opération dite *rechaussage.*

Arrosements. — Les garancières qu'on peut arroser doivent l'être encore tous les quinze jours, si la quantité d'eau dont on dispose le permet.

Fauchage des tiges. — En septembre de la seconde année, on fauche les tiges avec soin. Ces parties herbacées peuvent être données aux bêtes à cornes comme fourrage (voir page 239).

Buttage. — En novembre on butte de nouveau la garance. Alors, on creuse encore les intervalles des planches et on couvre celles-ci de 0^m,05 à 0^m,06 de terre. Il est inutile, pendant ce travail, de diviser les mottes que le louchet dépose sur la couche arable, car elles se déliteront d'elles-mêmes à la fin de l'hiver sous l'influence des gels et des dégels.

3° TROISIÈME ANNÉE. — *Râtelage.* — Vers la fin de février ou au commencement de mars, on exécute de nouveau un râtelage.

Quand les terres sont argileuses et qu'elles présentent, à la fin de l'hiver, des mottes dures ayant résisté à l'action des gelées, on pratique un hersage avec un ou deux chevaux ou mulets.

Lorsque cette opération est terminée, on exécute un râtelage dans le but unique d'unir la superficie de la terre.

Sarclage. — Au fur et à mesure que les mauvaises herbes apparaissent et se développent, on les extirpe avec la main.

Arrosements. — Pendant la troisième année, on arrose encore, si cela est possible.

Récolte des graines.

Le plus généralement, c'est pendant la troisième année qu'on s'occupe de la récolte des graines. Cette opération se fait, dans le Comtat, en août et en septembre, lorsque les fruits ont pris une teinte violet noir.

On l'exécute aussi quelquefois dès la seconde année.

On opère cette récolte suivant trois procédés :

1° Des femmes munies de serpettes et de paniers, coupent les sommités des tiges qui portent des graines mûres, et quand les paniers sont pleins, elles les vident sur un drap ou une bâche qui sert à les transporter à la ferme.

Alors, on les dépose sur une aire où elles restent exposées à l'action du soleil. On les retourne de temps à autre. Quand elles sont sèches, on les bat au moyen de baguettes pour en détacher les graines.

2° Des hommes coupent les tiges de garance au-dessous des basses grappes, avec une faux à lame bien tranchante, afin qu'elle n'occasionne pas la chute d'un certain nombre de graines. Les femmes qui exécutent cette récolte sont munies de faucilles et coupent les tiges dans le sens de la verse ou de leur inclinaison. Celles-ci sont ensuite déposées en tas sur les planches ou les billons et transportées à la ferme où on les étend sur une aire.

On doit agir de préférence le matin à la rosée, afin de perdre le moins possible de graines.

Lorsque le soleil a séché les tiges, on les bat avec une fourche.

3° Enfin, on peut récolter les semences graine à graine avec la main. Cette méthode, recommandée par Althen, est longue et coûteuse, mais elle est la seule qui permette de récolter des graines bien mûres et d'excellente qualité.

En général, la récolte des graines de garance ne peut être faite avantageusement que dans les départements méridionaux. C'est en soutenant les tiges de garance avec des échalas, en plantant cette plante le long des haies, qu'on parvient à récolter des graines au point précis de maturité.

Les graines sont d'abord vertes, puis rougeâtres et ensuite noires. Cette dernière coloration est le signe d'une maturité complète.

Les pluies abondantes font souvent couler les fleurs de garance, et elles nuisent à la maturation des semences.

Quand les graines ont été détachées des tiges, on les nettoie au van ou au tarare, et on les expose ensuite sur un drap, au soleil, en couche peu épaisse. Dès qu'elles sont sèches, c'est-à-dire quand elles ne teignent plus les doigts lorsqu'on les presse dans la main, on les dépose en tas dans un local sec. On doit les remuer souvent, pour qu'elles ne s'échauffent pas et ne contractent pas une odeur de moisi.

Un hectare de garance produit ordinairement 300 kilogr. de graines. On récolte rarement dans les bonnes années au delà de 400 kilogr. sur la même étendue.

Un hectolitre de graine de garance pèse de 50 à 52 kilogr.

Fauchage des tiges comme fourrage.

Les tiges de garance constituent une bonne nourriture. Les bêtes à cornes les mangent avec beaucoup d'avidité, soit vertes, soit sèches.

On les fauche en août et septembre, lorsque les baies sont encore peu développées.

Cette opération exige deux faucheurs. Le premier ouvrier dirige sa faux de manière qu'elle coupe les tiges à $0^m,12$ ou à $0^m,15$ au-dessus du sol, c'est-à-dire au-dessus du point où elles passent, pour ainsi dire, à l'état ligneux. Le second coupe la partie laissée par le premier faucheur. Ce second fauchage est connu sous le nom de *râclage*, parce que la faux coupe les tiges aussi près de terre que possible.

Le fauchage d'un hectare ainsi pratiqué exige huit journées d'homme.

Agents atmosphériques, insectes et plantes nuisibles.

La garance redoute les sécheresses prolongées.

Les chenilles du *sphinx de la garance* (SPHINX GALLII) s'attaquent quelquefois aux jeunes plantes et en détruisent un certain nombre. Aussi doit-on surveiller leur apparition à l'époque du sarclage qui suit la germination et les détruire par tous les moyens possibles.

Les chenilles de ce lépidoptère sont olive, avec une raie sur le dos et des taches latérales couleur de soufre. Les pattes de devant sont noires. Elles entrent en terre en automne, passent l'hiver sous cette forme, et deviennent insectes parfaits l'été suivant.

La garance est attaquée pendant sa végétation par un rhizoctone que l'on a appelé *fârum* dans le Comtat, et auquel les botanistes ont donné le nom de RHIZOCTONIA RUBIA, D. C. Ce champignon présente des caractères indentiques à ceux qui caractérisent le rhizoctone du safran.

On reconnaît que la garance est atteinte par ce parasite redoutable et très envahissant, au desséchement et à la décoloration de ses feuilles et de ses tiges.

Les mesures à prendre pour arrêter ses ravages consistent à entourer les parties dans lesquelles il se développe, par un fossé profond, à arracher la garance et brûler ses racines.

Arrachage.

ÉPOQUE. — L'arrachage de la garance se fait ordinairement depuis la fin d'août ou le commencement de septembre jusqu'à la fin de novembre.

Dans certaines années, alors que la valeur commerciale des racines est très élevée, on commence l'arrachage vers la fin de juillet. Par contre, cette opération se prolonge quelquefois jusqu'en décembre et janvier.

En général, on arrache plus tôt dans le Midi qu'en Alsace et en Hollande, afin de profiter des derniers beaux jours de l'été pour sécher les racines.

On commet une faute quand on procède très tard dans le Midi à l'arrachage; non seulement on a alors à craindre qu'il survienne des pluies qui détrempent la terre et rendent l'opération plus difficile, plus longue et plus dispendieuse, mais on a à redouter que la dessiccation des racines, qui se fait à l'air et non pas dans des sécheries comme cela a lieu en Alsace, soit contrariée par des pluies ou par des jours nébuleux.

AGE DE LA GARANCE. — Les agriculteurs du Comtat arrachent ordinairement la garance lorsqu'elle a trente mois, c'est-à-dire à la fin de sa troisième année d'existence. C'est

par exception qu'on attend qu'elle ait quatre années de végétation pour extirper ses racines, et il faut qu'elle se vende
un prix très élevé pour qu'on l'arrache à la fin de sa
deuxième année.

En Alsace, dans les provinces Rhénanes et en Hollande
on arraché toujours la garance à dix-huit mois. Dans de
telles contrées, on ne pourrait pas agir autrement et ha-
sarder un produit qu'on est certain d'avoir à la seconde
année de plantation.

On ne doit pas oublier que les agriculteurs du Midi multiplient le plus ordinairement la garance par graine, tandis
que ceux du nord de l'Europe la propagent presque toujours à l'aide de boutures ou de provins.

Bastet a reconnu que les grosses racines contiennent une
très forte proportion de ligneux et que les petites fournissent une très grande quantité d'écorce. Les racines moyennes, celles de la grosseur d'un crayon, sont celles qui contiennent le plus d'aubier, et par conséquent le plus de
matière colorante.

Enfin cet observateur a constaté que la garance, à

	Ligneux frais.	Aubier frais.
10 mois, contient..........	7,50	78,50
18 — —	13,95	79,05
30 — —	31,00	69,00
40 — —	66,34	30,66

Ces résultats prouvent combien il est utile d'arracher la
garance avant qu'elle ait trois années révolues de végétation.

Procédés d'arrachage.

L'arrachage de la garance se fait suivant trois procédés :
ARRACHAGE A BRAS. — Les ouvriers chargés d'arracher
la garance à bras, ouvrent une tranchée que l'on nomme

quelquefois *atelier*. Cette fosse est tantôt parallèle, tantôt perpendiculaire à la direction des planches ou des billons. On lui donne ordinairement 1 mètre de largeur sur 0ᵐ,50 ou 0ᵐ,65 ou 0ᵐ,80 de profondeur, selon le point auquel sont parvenues les racines.

Quand la tranchée est terminée on enlève un peu de terre en dessus et en dessous de la tranche suivante que l'on fait ensuite tomber dans la rigole. En agissant ainsi la terre se divise aisément et un grand nombre de racines sont mises à nu. On enlève celles-ci avec les mains ou au moyen d'un crochet ou d'une houe à deux dents et on les dépose dans des paniers placés sur la partie non arrachée.

Lorsque les racines de cette première bande de terre ont été extraites, on relève la terre, de manière qu'elle comble la première fosse, et on attaque une troisième tranche.

Les ouvriers qui ameublissent la terre doivent marcher à reculons dans les rigoles. Ils se servent ou de houes à une pointe ou *béchards*, ou de bêches à branches qu'on nomme *lichets*, ou de houes fourchues qu'on appelle *accrocs*.

Lorsque le terrain est déclive et lorsqu'on divise les billons transversalement, on commence toujours l'opération par le bas du champ.

L'arrachage à bras est plus long, mais il exige moins d'avance que l'arrachage à la charrue. Il a, en outre, l'avantage d'être plus parfait puisqu'il permet de mieux extirper les racines et de les avoir moins divisées ou plus entières.

Le nombre de journées nécessaires pour arracher un hectare de garance varie suivant la nature des terres.

> Les terres légères, en exigent de ...... 120 à 140
> Les sols compacts,   —   de ...... 220 à 250

La sécheresse, en durcissant les terres argileuses, augmente le nombre de journées d'un cinquième ou d'un quart.

Il résulte de ces chiffres qu'un ouvrier arrache :

Dans le premier cas, un are garance en 1 jour 1/2
Dans le deuxième,   —   —   2 — 1/2

Il faut que les terres soient très compactes pour qu'un ouvrier emploie trois journées pour exécuter ce travail.

Enfin, ces résultats permettent de dire qu'un ouvrier, auquel on donne 3 fr. par jour, arrache par jour : 1° 70 mètres ; 2° 40 mètres carrés environ.

Les déboursés qu'occasionne l'arrachage d'un hectare de garance dans le Comtat, s'élèvent dans les *terres légères*, de 360 à 420 fr., et dans les terres compactes de 660 à 755 fr.

La Société d'agriculture du Vaucluse évalue les frais d'arrachage à 750 fr. par hectare.

En Alsace, où les racines sont moins nombreuses et moins pivotantes, où les terres sont plus siliceuses on légères, cette opération revient de 175 à 200 fr.

ARRACHAGE A LA CHARRUE. — Cette opération exige une charrue spéciale. Celle que l'on emploie de préférence dans le département du Vaucluse, est connue sous le nom de *charrue Bonnet*, et se vend 240 à 265 fr. selon ses dimensions.

Cette charrue, d'une puissance considérable, pénètre jusqu'à $0^m,80$ de profondeur. On y attèle de huit à seize mules, suivant sa force et la résistance de la couche arable.

La charrue doit autant que possible pénétrer d'un seul rayage à la profondeur à laquelle sont parvenues les racines. Lorsque cet instrument laboure moins profondément et revient dans la même raie pour compléter le travail qu'il doit exécuter, il est rare qu'il ne divise pas les racines en plusieurs parties.

La garance âgée de trente mois exige une charrue plus forte que la garance de dix-huit mois.

Chaque charrue est suivie par douze à seize hommes et femmes, armés de pelles en fer, de fourches ou de râteaux, ayant pour mission d'ameublir la bande de terre qu'elle a renversée, et par vingt-quatre à trente-deux femmes, chargées de séparer les racines. Ainsi, 36 à 48 travailleurs sont nécessaires pour terminer le travail commencé par la charrue.

L'arrachage de la garance, ainsi exécuté, est plus économique que l'arrachage à bras, mais il a l'inconvénient de laisser des racines dans le sol, de les diviser en plusieurs fragments et d'exiger un grand nombre de bras.

Une charrue Bonnet, munie de trois roues et traînée par douze à seize animaux, arrache par jour de 50 à 60 ares de garance quand la terre est fraîche ou qu'elle a été préalablement détrempée par les pluies, et 25 à 30 ares seulement quand on opère pendant une sécheresse.

En général, il faut trois journées d'attelage pour arracher un hectare.

L'arrachage à la charrue est plus économique que l'arrachage à bras. Voici les dépenses qu'il occasionne en moyenne par hectare :

48 journées de mules à......	3 fr.	» c.	144 fr.
12 — de conducteurs à.	3	»	36
48 — d'hommes à.....	3	»	144
90 — — à....	1	50	135
		Total....	459 fr.

La différence qui existe en faveur de l'emploi de la charrue varie donc entre 100 et 200 fr.

D'après la Société d'agriculture de Vaucluse, l'arrachage d'un hectare de garance exécuté avec une charrue traînée par seize animaux revient à 562 fr.

On a proposé d'arracher la garance au moyen d'un appareil imaginé par M. Garcin. Cet appareil consiste en un cabestan mobile faisant mouvoir simultanément deux charrues qui cheminent en sens inverse, et mis en mouvement par un manége auquel on attèle de quatre à six chevaux.

Cet appareil exige l'emploi de dix hommes et de huit femmes, et il opère par jour l'arrachage de la garance sur une étendue de seize ares. Ces résultats donnent pour un hectare : 25 journées de chevaux, 62 journées d'hommes et 50 journées de femmes, ou 305 fr.

D'après les expériences faites par la Société d'agriculture de Vaucluse, les frais d'arrachage se résument ainsi qu'il suit, par 10 kilog. de racines séchées à l'air :

Arrachées à bras .... 0 fr. 15 c.
—   à la charrue ...... »   11
—   au cabestan ...... »   07

Ces résultats sont relatifs à une production moyenne de 2,500 kilog. de racines par hectare.

Opérations qui suivent l'arrachage.

Les racines, après avoir été arrachées, restent toute la journée en tas sur le sol pour qu'elles se ressuient.

Le soir on les rapporte à la ferme, pour procéder, le lendemain, à leur dessiccation. Quand on redoute de la pluie, on les dépose directement, sous un hanger ou dans un bâtiment.

En Hollande, où les pluies détrempent souvent complètement les terres au moment où a lieu l'arrachage, on les soumet à un lavage avant de les conduire dans les sécheries. Cette opération s'exécute dans une grande auge ou dans une eau courante ; elle a l'avantage de débarrasser les racines des parties terreuses qui les enveloppent. On ne doit l'exécuter que lorsque les circonstances l'exigent, car l'expérience a mille fois démontré que les racines de garance perdent, par le lavage, une notable partie de leur valeur tinctoriale.

En Hollande, lorsque la garance est sèche, on la bat au fléau sur une aire planchéiée, afin de détacher l'écorce terreuse et les radicelles. On complète cette opération, que l'on exécute rapidement, et qui concasse les racines en fragments de $0^m,02$ à $0^m,03$ de long, en séparant la poussière des racines au moyen d'un tararage.

Le résidu de ces opérations est employé dans les teintures communes; on le nomme *billons*.

Les racines de garance que l'on a arrachées par un beau temps se conservent fraîches pendant quinze à vingt jours.

Produit par hectare.

RACINES. — La quantité de racines sèches qu'on récolte par hectare a peu varié depuis 1772. Voici les produits moyens et maximum que l'on a signalés :

Garance du comtat d'Avignon.

	Moyenne.	Maximum.
Althen	2,200 kilog.	—
Moll	3,000 —	—
Chambaud...........	2,500 —	6,000 kilog.
Leclerc-Thouin	3,800 —	4,400 —
Favier	— —	6,500 —
De Gasparin	3,500 —	5,600 —
Moyennes	3,000 kilog.	5,600 kilog.

Les terres paludiennes sont celles qui donnent les produits les plus élevés.

Garance d'Alsace.

	Moyenne.	Maximum.
Schwertz.......	2,200 kilog.	3,000 kilog.
Moll..........	2,000 —	— —

La garance s'arrache en Alsace à l'âge de 18 mois.

TIGES VERTES. — Un hectare de garance produit en moyenne 5,000 kilog. de tiges vertes à l'âge de 18 mois, et 3,500 kilog. lorsqu'elle a 30 mois d'existence.

Séchage et conservation des racines.

Après l'arrachage des racines, on procède à leur dessiccation. On exécute cette opération, soit à l'air libre, soit dans une étuve.

DESSICCATION NATURELLE. — Dans le Comtat, on étend les racines sur les aires à battre les céréales, en ayant soin qu'elles ne restent pas longtemps exposées à la pluie ou au grand soleil.

De temps à autre, on les secoue légèrement avec une fourche en bois, dans le but de détacher les parties terreuses qui y sont adhérentes. Le soir on les ramasse en tas qu'on couvre de tiges sèches de garance ou d'une toile.

Lorsque le temps est beau, cette dessiccation dure de trois à quatre jours.

Quand l'état de l'atmosphère ne permet pas de suivre ce procédé, on rentre les racines sous un hangar ou dans une chambre sèche et aérée, et on les dépose sur des claies placées le long des murs ou sur l'aire du bâtiment. Ce mode de dessiccation, en usage quelquefois en Alsace, exige qu'on remue les racines tous les deux ou trois jours, afin qu'elles ne moisissent pas.

DESSICCATION ARTIFICIELLE. — En Alsace et en Hollande, on opère ordinairement la dessiccation des racines dans des *séchoirs* ou *sécheries*.

Ces bâtiments appartiennent ou aux communes ou aux cultivateurs. Haguenau, Pfoffenhoffen, Hochselden (Bas-Rhin), ont une ou deux sécheries communales. Les agriculteurs qui y envoient des racines de garance payent

18.

1 fr. 50 c. par 100 kilog. de racines fraîches, ou 5 à 6 fr. par 100 kilog. de racines sèches.

Les sécheries alsaciennes se composent d'un bâtiment rectangulaire ayant 10 mètres de longueur sur 8 mètres de largeur. Au centre, il existe un ou deux calorifères ou fours au-dessus desquels on a établi plusieurs planchers à claire-voie.

Les séchoirs hollandais sont voûtés en briques inférieurement et supérieurement, et ils présentent de un à cinq et quelquefois sept planchers formés de lattes espacées les unes des autres de $0^m,04$ à $0^m,05$. Les planchers sont situés à $1^m,60$ au-dessus les uns des autres, et à chaque étage il existe des fenêtres ou des lucarnes qui permettent d'aérer à volonté le bâtiment.

Lorsque les racines déposées sur les premiers planchers sont sèches, on les retire pour les remplacer par celles du deuxième plancher, et celles-ci par les racines du troisième étage, etc. Ainsi, chaque fois qu'on enlève de la sécherie des racines sèches, on les remplace par des racines fraîches qui occupent alors le plancher supérieur.

Les racines sont déposées sur les lattes en couches épaisses seulement de $0^m,05$ à $0^m,08$.

On remue toutes les racines une fois par jour.

La chaleur qu'on y entretient varie entre 40 et 50° centigrades. Cette température permet de dessécher les racines en quinze ou dix-huit heures. Une chaleur plus forte que 50° altère les propriétés tinctoriales des racines.

Les racines sont bien desséchées quand elles se brisent aisément sans plier et qu'elles se laissent tordre.

Les racines de garance perdent en moyenne 75 p. 100 de leur poids par la dessiccation. Ainsi, 100 kilog. de racines fraîches se réduisent à 25 kilog.

Les racines de 18 mois éprouvent un déchet un peu plus élevé que celles de 30 mois, celles-ci étant plus ligneuses.

Les racines sèches doivent être conservées dans un local sec et aéré. On doit éviter de les entasser dans des lieux humides, car elles y moisiraient très promptement et prendraient une couleur rouge-brun foncé.

Qualités des garances.

Les garances que l'on récolte en Europe varient entre elles quant à leurs propriétés physiques et colorantes, suivant les lieux où elles ont été récoltées.

Garance de Hollande. — Les racines qu'on récolte en Hollande ont une odeur forte et nauséabonde ; leur saveur, quoique sucrée, a beaucoup d'amertume. Elles varient en couleur du rouge brun au rouge orangé.

Ces garances sont rarement importées en France, à cause des droits qui les frappent à leur entrée. Elles sont réputées de très bonne qualité, surtout lorsqu'elles ont été conservées en tonneau pendant plusieurs années.

Garance d'Alsace. — La garance d'Alsace est inférieure à la précédente sous tous les rapports. L'odeur qu'elle développe est moins pénétrante, sa saveur est aussi moins sucrée, et elle absorde facilement l'humidité. Cette garance acquiert sa qualité colorante maximum au bout de un à deux ans; mais elle s'altère plus facilement et plus tôt que celle de Hollande.

Les garances d'Alsace sont recherchées pour la teinture des draps rouges qui servent à l'habillement des troupes. Celles qu'on estime le plus proviennent de Lampertheim, Hürtigheim et Osthoffen, dans le rayon de Wasselonne. Celles qu'on récolte à Bischeviller, Haguenau et Reichoffen, sont plus menues, et leur épiderme est plus épais et plus foncé en couleur.

Garance du Comtat. — Les garances qu'on récolte dans le département de Vaucluse ont une odeur agréable et peu pénétrante. Leur saveur est légèrement sucrée, mais elles ont moins d'amertume que la garance de Hollande. En outre, elles absorbent plus difficilement l'humidité, et ont un aspect rosé, rouge clair ou rouge brun.

Les racines rouges, dites de *paluds*, proviennent de terres autrefois marécageuses et riches en matières organiques. Les racines rosées sont produites par les autres terrains.

Valeur commerciale des produits.

La valeur commerciale des racines sèches de garance varie suivant les années et les besoins des industries qui les emploient.

En 1802, elles se sont vendues à Avignon 300 fr. les 100 kilog.

En 1837, la *garance jaune* dite *de montagne*, qu'on récolte entre Carpentras et le mont Ventoux, valait 45 à 50 fr. les 100 kilog.; celle désignée sous le nom de *garance rouge* avait une valeur qui variait entre 62 fr. 50 et 75 fr. La *garance rosée* ne se vendait que 50 fr. à 62 fr. 50.

En général, le prix normal des garances rosées est de 50 à 55 fr. les 100 kilog.; celui des garances rouges ou des paluds, dont la couleur rouge est la plus belle, atteint 55 à 60 fr.

Les *garances d'Alsace* se vendent un cinquième plus cher que les belles racines du Comtat. Leur prix moyen est de 80 à 90 fr. les 100 kilog.

Quant aux *garances d'Auvergne*, elles se vendent 6 à 10 fr. de plus par 100 kilog. que les garances du Comtat et d'Alsace.

La valeur commerciale des *racines fraîches* est ordinairement le quart de la valeur des racines sèches.

Les graines de garance se vendent, selon les années, de 1 à 3 fr. le kilog.

Le prix des tiges vertes varie, dans le Vaucluse, entre 3 et 4 fr. les 100 kil.

Commerce des garances.

Les racines de garance sont presque toujours vendues entières par les cultivateurs.

Ceux-ci les emballent dans des toiles. On compte que l'emballage de 100 kilog. de racines occasionne une dépense de 3 fr. environ.

Les frais d'emballage et de transport sont toujours à la charge des producteurs.

Les *garances d'Alsace* sont expédiées à Mulhouse, à Rouen, en Suisse et en Allemagne. Les *garances du Comtat* alimentent les industries de Lyon, de Paris, etc. Enfin, les *garances d'Auvergne* sont livrées aux usines de Saint-Affrique, Castres, Lodève, etc.

Le commerce alsacien achète les racines vertes avec une réduction de 75 p. 100 dans le prix.

Moyen d'estimer la valeur tinctoriale des garances.

La plupart des producteurs de garance ignorent comment le commerce apprécie la valeur tinctoriale des racines. Il résulte de là que la plupart d'entre eux ne peuvent classer les racines qu'ils récoltent et déterminer leur valeur commerciale. Voici le procédé que suivent les négociants d'Avignon quand ils veulent juger la qualité colorante des racines qu'on leur offre à acheter.

A l'aide d'un appareil appelé *machine à rouleaux*, on imprime sur un morceau de coton préalablement blanchi, cinq mordants différents et suffisamment épaissis pour qu'ils pénètrent bien le tissu.

Le mordant qui produit la *couleur lilas*, consiste en *acétate de fer faible ;*

Le mordant qui donne la *couleur rouge*, est de l'*acétate d'alumine ;*

Le mordant qui fournit la *couleur grenat*, est un *mélange faible d'acétate de fer et d'alumine ;*

Le mordant qui produit la *couleur marron foncé*, est un *mélange concentré d'acétate de fer et d'alumine ;*

Le mordant qui donne la *couleur puce*, est un mélange des *deux acétates* dans lequel *domine l'acétate de fer.*

Lorsque le mordançage est terminé, on laisse la toile exposée dans une étente pendant plusieurs jours pour oxyder les mordants, puis on la soumet à l'opération du *bousage*, et on la dégorge avec soin dans la machine à laver. On la sèche ensuite. Alors elle est préparée pour servir à l'essai qu'on veut faire.

On opère cet essai en teignant pendant deux heures dans un bain de garance, pour lequel on prend 5 ou 10 grammes de garance par chaque décimètre carré que présente la toile de coton et 75 centilitres d'eau.

Après la teinture, on lave, on avive au savon et au sel d'étain, puis on dégorge avec soin et on sèche.

C'est alors qu'on peut établir, en agissant comparativement avec différentes garances, leur véritable valeur tinctoriale, indiquée par la richesse et la vivacité des nuances obtenues. La planche précédente représente les couleurs que donnent les garances du Comtat de première qualité.

Le moyen qu'on met en pratique dans quelques fermes du Comtat, consiste à aciduler légèrement de l'eau avec de l'acide nitrique, à faire ensuite une décoction de garance, et à y tremper un écheveau de coton qui s'empare de la matière colorante. Alors on juge des propriétés de l'échantillon par la nuance de l'écheveau.

Réduction des racines en poudre.

Le commerce, après avoir acheté les racines de garance, les réduit en poudre dans des usines à moteurs hydrauliques, et munies de meules à *robber* et de blutoirs.

La garance d'Alsace se *grappe* jusqu'au cœur; mais sa trituration est toujours plus grosse que celle des garances du Midi.

La poudre extra-fine du Comtat est fabriquée avec le cœur de la partie ligneuse des racines. Ainsi préparée, elle a une couleur plus vive, mais elle a moins de valeur tinctoriale.

La poudre de garance des paluds est rouge sombre et peu agréable à l'œil; celle de la garance rosée est rouge clair, tirant un peu sur le jaune.

La poudre moitié palus, moitié rosée, est rouge corsé et brillant, et d'une vente facile.

La garance perd par sa trituration 3, 5, 7, 10, 15 et 20 p. 100 de son poids.

La trituration de 100 kilogrammes coûte de 10 à 12 fr.

Les poudres de garance gagnent en poids et en qualité avec le temps, si on les conserve dans un local sain.

Valeur des marques commerciales.

Les racines ne portent aucune marque. Il n'en est pas de même des poudres. Celles-ci sont désignées, suivant leur qualité, par une ou plusieurs lettres.

Autrefois, les garances du Comtat portaient les marques suivantes :

M. — Mulle.	SF. — Surfine.
FF. — Fine, fine.	SFF. — Surfine, fine.

De nos jours on leur a ajouté les lettres suivantes :

P. — Palus.	PP. — Palus pur.
R. — Rosé.	RPP. — Rouge palus pur.

Ces marques indiquent la finesse ou qualité des poudres, c'est-à-dire si elles contiennent : 1° de la terre ; 2° de l'épiderme et de la terre ; 3° toute la racine ; 4° de l'écorce seulement ; 5° du ligneux seul.

ME. — Mi-fine.	
FF. — Fine, fine.	EXT. F. — Extra fine.
SF. — Surfine.	EXT. SF. — Etra surfine.
SFF. — Surfine, fine.	
SFFF. — Surfine, fine, fine.	EXT. SFF. — Extra surfine, fine.

Ainsi, une poudre rosée extra-fine sera désignée par la marque suivante : R E X T F.

J'observerai que la qualité des poudres ne répond pas toujours aux marques adoptées par le commerce. Nonobstant, à Avignon, chaque fabricant a sa marque particulière. C'est pourquoi on n'achète que *vue dessus*, c'est-à-dire après avoir étendu la poudre sur une feuille de papier blanc.

Les garances en poudre de l'Alsace portent les marques suivantes :

O. — Mulle.	SF. — Surfine.
MF. — Mi-fine.	SFF. — Surfine, fine.
FF. — Fine, fine.	

La poudre la plus employée est désignée par les lettres FF. On y fait très peu de poudre SFF.

Emballage des poudres.

Les garances en poudre du Comtat sont expédiées dans des fûts de bois blanc garnis intérieurement d'un carton très épais. Ces tonneaux pèsent de 200 à 300 kilogr.

Celles d'Alsace s'emballent dans des fûts de chêne du poids de 600 kil., dans des barriques pesant 300 kilogr., et dans des barils contenant seulement 100 kilogr.

La poudre est foulée avec force dans les tonneaux ou barils; toutefois on agit de manière qu'il y existe assez d'air pour oxygéner le principe jaune et le changer en principe rouge.

Produits divers extraits des racines.

GARANCINE. — On donne le nom de *garancine* à une poudre brune que l'on obtient en traitant les racines de garance par un poids égal d'acide sulfurique, et ensuite par une forte pression à la vapeur. Ce produit charbonné, découvert en 1827 par Robiquet et Colin, est employé dans les fabriques d'indiennes; il a un pouvoir colorant trois à quatre fois plus sensible que les garances ou alizarines premier choix; mais les couleurs qu'il fournit sont un peu moins solides.

La garance ainsi traitée perd un tiers de son poids.

EXTRAIT DE GARANCINE. — On extrait de la garancine, par la volatilisation, des cristaux en aiguilles rougeâtres, et destinés à remplacer ce produit charbonné. On obtient avec ces cristaux des teintes d'une vivacité extraordinaire.

FLEUR DE GARANCINE. — On donne le nom de *fleur de garancine* aux racines qui ont été traitées par l'eau. 100 kilogr. de racines donnent 50 kilogr. de fleur de garance.

ALCOOL. — On extrait de l'alcool des racines de garance.

Les eaux que l'on emploie pour préparer la fleur de garance servent aussi à la production de l'alcool.

Prix de revient. — La culture de la garance engage par hectare un capital qui varie entre 1200 et 2400 fr., selon la nature et la fertilité des terres où elle est cultivée. Le bénéfice qu'elle donnait autrefois s'élevait souvent à 600 et même 800 fr. par hectare.

CHAPITRE II

CARTHAME.

CARTHAMUS TINCTORIUS, L.

Plante dicotylédone de la famille des Composées.

Anglais. — Bastard saffron.
Allemand. — Garten safran.
Hollandais. — Wild suffraun.
Bengalais. — Kusum.

Cochinchinois. — Cay-rum.
Italien. — Cartamo.
Espagnol. — Azafran romi.
Égyptien. — Quorton.

Climat. — Mode de végétation. — Composition. — Terrain. — Semis. — Soins d'entretiens. — Récolte des fleurs. — Caractère du carthame. — Récolte des graines. — Rendement. — Emplois des produits.

Le carthame que l'on a appelé *safran bâtard, safran d'Allemagne, faux safran, safranon* et *safranum* est connu depuis 1551. Il est originaire d'Égypte. On le cultive en Orient, à Ténériffe, aux Canaries, en Espagne, en Tunisie, dans le Caucase, en Perse, en Égypte, au Mexique, dans l'Inde, à Combatore, à Moulmein, à Bengalore etc., en Chine, dans la Malaisie, dans l'île de Célèbes. Celui qu'on importe en France vient principalement de l'île Maurice et des Indes anglaises. Dans l'Océanie on la nomme *Kassoumbo.*

Climat.

Cette plante tinctoriale convient au climat méridional de la France. Dans les environs de Paris, elle y accomplit très bien toutes ses phases d'existence; mais ses fleurs, à cause de l'humidité de l'atmosphère pendant le mois de septembre, sont bien moins riches en matière colorante que celles qu'on récolte dans le Midi.

Mode de végétation.

Le carthame est annuel (fig. 59); sa tige est droite, dressée, rameuse, lisse, un peu blanchâtre, rameuse à son sommet, et haute de 0^m,50 à 0^m,80; ses feuilles caulinaires

Fig. 59. — Carthame.

sont alternes, sessiles, ovales, coriaces et bordées de dents épineuses. Ses fleurs capitules sont solitaires, terminales, ovoïdes, comprimées, et composées de fleurons à cinq divisions et d'un beau jaune rouge rappelant la couleur du safran ou de l'orange. Ses graines sont oblongues, quadrangulaires, luisantes, blanches et aussi grosses que les graines de soleil; elles contiennent une amande oléagineuse d'une saveur d'abord douce, et ensuite âcre.

Cette plante ornementale fleurit quelque temps après la maturité du blé, lorsqu'elle a été semée en temps convenable. Aux environs de Naples elle épanouit ses fleurs à la fin de juin.

Composition.

Les fleurs de carthame (fig. 60), contiennent deux principes colorants : 1° une *matière jaune*, gommeuse, soluble dans l'eau et ne contenant pas de carbonate de chaux; 2° une *matière rouge*, très belle, résineuse, qui se dissout dans les alcalis et qu'on précipite avec l'acide citrique. Cette dernière substance est la seule dont on fait usage. On la nomme *carthamine*, mais elle est peu durable.

M. Dufour a constaté que les fleurs de carthame contenaient :

Ligneux	49,60
Extrait	30,60
Albumine	5,50
Cire	0,90
Carthamine	0,50
Résine	0,30
Matières terreuses	1,90
Débris de la plante	3,40
Eau	6,20
Perte	1,10
	100,00

La vraie couleur du carthame est orangé. Dans l'Inde on emploie comme mordants le suc du citron et le sesquicarbonate de soude.

Le carthame d'Espagne est moins riche en carthamine que le carthame d'Orient.

Terrain.

NATURE. — Le carthame doit être cultivé sur une terre légère, profonde et exposée au midi, soit silico-argileuse, soit calcaire siliceuse ou calcaire argileuse. Le carbonate

Fig. 60. — Rameau de Carthame.

de chaux exerce une grande influence sur le principe colorant que contiennent les fleurs. Les sols humides ne lui conviennent pas.

PRÉPARATION. — Les terres qu'on consacre à cette plante doivent être bien préparées, c'est-à-dire très bien ameublies et nettoyées. Il faut, en outre, qu'elles aient été labourées un peu profondément parce que la racine du carthame est fusiforme, pivotante.

FERTILITÉ. — Le carthame ne demande pas des terres riches et fortement fumées, mais il réussit mal lorsqu'on le cultive sur des terres peu fertiles. Il s'élève beaucoup quand on le cultive sur des sols très riches ; alors ses fleurs sont moins nombreuses, moins colorées, moins riches en carthamine.

Semis.

ÉPOQUE. — Les semis se font en mars, en avril ou mai, lorsque la température moyenne a atteint $+ 12°$ à $+ 15°$, c'est-à-dire quand on n'a plus à redouter de gelées tardives.

En Égypte, on sème le carthame après la crue du Nil ; aux environs de Naples, en mars et avril ; en Tunisie, en juin ; dans le midi de la France et en Allemagne les semis sont exécutés dans les premiers jours de mai. Dans l'Inde, les semis sont faits en octobre, le long des champs occupés par le froment.

La graine est sujette à pourrir, si on la confie trop tôt à la terre.

EXÉCUTION. — On pratique les semis en lignes espacées les unes des autres de $0^m,50$ à $0^m,60$. La graine se répand à la main ou au moyen d'un semoir. Les semences doivent être placées dans les rayons à une distance de $0^m,05$ à $0^m,06$ les unes des autres. On répand de 10 à 12 kilogr. de graines par hectare.

On enterre les graines avec la herse ou le râteau.

Soins d'entretien.

PREMIER BINAGE. — Un mois environ après le semis, alors qu'on peut aisément distinguer les jeunes carthames, on exécute un binage à bras.

ÉCLAIRCISSAGE. — Quand les plantes ont environ $0^m,10$ de hauteur, on les éclaircit, c'est-à-dire on arrache les pieds les plus faibles pour que les plantes soient espacées de $0^m,30$ à $0^m,40$. Au Caire, les jeunes plantes inutiles sont mangées en salade.

On utilise les plantes qu'on arrache pendant l'éclaircissage pour regarnir les places vides. Le carthame transplanté reprend très aisément, si on a le soin de l'arracher avec une motte de terre, ou si on évite de laisser ses racines se dessécher à l'air.

DEUXIÈME BINAGE. — Un mois environ après qu'on a éclairci, on pratique un nouveau binage. Cette opération a encore pour but la destruction des mauvaises herbes et l'ameublissement de la couche arable.

BUTTAGE. — On complète les soins d'entretien qu'exige le carthame, en le buttant. Cette opération a l'avantage de donner plus de fixité aux plantes et de leur procurer plus de fraîcheur pendant les mois de juillet et août.

Insectes nuisibles.

Le carthame est attaqué par le *curculio carthami*. Dans les États Napolitains on détruit cet insecte en exposant les semences au soleil ; alors il sort de la graine et on le ramasse pour l'écraser.

Récolte des fleurs.

ÉPOQUE. — La cueillette des fleurs a lieu pendant les mois

de juin et juillet, juillet et août, ou août et septembre, suivant la latitude sous laquelle le carthame est cultivé.

En général, elle dure deux mois.

En Égypte, la récolte a lieu en mars et en Algérie en juillet et août.

Cette récolte se fait chaque jour ou tous les 3 à 4 jours, le matin après la rosée quand elles sont bien ouvertes, afin qu'on puisse enlever toutes les fleurs avant qu'elles commencent à se faner, ou le soir avant le coucher du soleil. La matière colorante que fournissent les fleurs trop épanouies ou que les pluies ont noircies, est moins abondante et de moins belle qualité que celle qu'on extrait des fleurs bien développées et qui n'ont pas perdu leur éclat. Le soleil rend la carthamine plus abondante.

MODE D'OPÉRATION. — La récolte des fleurs se fait de deux manières : 1° On se borne à arracher les fleurons en pinçant ceux-ci entre les doigts. En agissant ainsi, les capitules floraux ont souvent de très bonnes graines. Ce procédé est celui qu'on suit en Allemagne et en Égypte. 2° On coupe les capitules avec des ciseaux ou un instrument tranchant, on les dépose dans un panier qui sert à les transporter à la ferme. Ce procédé a l'avantage de provoquer l'épanouissement des boutons qui ne sont pas encore ouverts, mais il est peu pratique.

La cueillette des fleurs de carthame est longue et minutieuse ; elle doit être faite de préférence par des femmes ou des enfants.

On repasse tous les 4 ou 5 jours entre les lignes.

Chaque hectare exige de 20 à 40 journées de femmes.

DESSICCATION DES FLEURONS. — Lorsque la récolte journalière des fleurons est terminée, et que ceux-ci ont été rapportés à l'habitation, on procède à leur épluchage, opération qui consiste à enlever les débris de calice ou de réceptacle. Quand ce nettoyage a été fait, on procède à la dessiccation dés fleurs. On pratique ce séchage en étendant les fleurons sur des tablettes, des claies ou des nattes dans une chambre aérée et à l'abri du soleil, car les rayons lumineux altèrent facilement la carthamine des fleurons récoltés. On a soin de les remuer de temps à autre, afin que la dessiccation se fasse le plus promptement possible.

CONSERVATION DES FLEURONS. — Quand les fleurons sont secs, on les renferme dans des caisses ou dans des sacs qu'on conserve dans un endroit sec à l'abri de l'air et du soleil. L'humidité détruit leur couleur jaune rouge et les colore en brun ou noirâtre.

Caractères du carthame.

Le *Carthame d'Espagne* est très odorant, d'un beau rouge et très riche en couleur, mais on y trouve souvent des fleurs noires. C'est le moins estimé.

Le *Carthame d'Égypte* a une couleur rouge foncé uniforme et une odeur forte; il est formé de filaments courts, grêles et frisés. Sa qualité tient plus au mode de préparation qu'au climat de l'Égypte. Celui du Caire est plus estimé que le carthame récolté dans la Haute Égypte.

Le *Carthame de l'Inde* est d'un rouge rosé; il contient souvent du sable.

Le plus estimé est celui du Bengale; il est exempt de fleurs noires et de sable; il vient de Dacca.

Le *Carthame de Batavia* est rouge foncé, mais il est moins riche en carthamine que celui de l'Inde.

En Égypte, on réduit les fleurons en poudre et on mouille celle-ci avec de l'huile grasse.

On extrait 1 kilogr. de carthamine de 250 à 260 kilogr. de fleurs.

Le carthame qui a une couleur terne a été mal desséché; il contient peu de matière colorante.

20

Récolte de graines.

Lorsque les graines sont bien formées, on laisse les plantes sécher sur pied pendant une semaine. Quand les tiges sont sèches, on les arrache et on les bat au fléau pour détacher les graines que contiennent les capitules.

Un hectolitre de graines pèse de 48 à 50 kilogr.

Rendements.

Un hectare bien cultivé et récolté produit de 200 à 300 kilogr. de fleurs desséchées et 800 à 1,000 kilogr. de graines.

1 kilogr. de carthamine provient de 250 kilogr. de fleurs.

Le carthame de l'Inde se vend de 250 à 350 fr. les 100 kilogr., celui d'Égypte de 200 à 300 fr. et celui d'Espagne de 150 à 200 fr.

On l'expédie de l'Inde en balles de 75 à 50 kilogr. et d'Égypte en balles pesant 320 à 350 kilogr.

Les semences, à cause de leur propriété oléagineuse, valent de 25 à 30 fr. les 100 kilogr., soit 12 à 15 fr. l'hectolitre.

Emplois des produits.

Les fleurs du carthame servent à teindre les étoffes de soie et de coton en couleurs rose, cerise et ponceau, mais les teintes brillantes qu'elles permettent de produire sont peu solides; elles ne résistent pas à l'action du savon. En Angleterre et en Espagne, elles servent aussi à colorer les potages, les puddings, etc.

Enfin, on emploie ces fleurs pour préparer le *fard* ou le *rouge de toilette* dont les femmes font un si grand usage,

Pour réparer des ans l'irréparable outrage,

pour fabriquer le beau rouge que les peintres ont nommé *rouge végétal, laque de carthame, rouge d'Espagne, fard de la Chine* ou *vermillon d'Espagne,* et pour frauder le safran.

Le fard se fabrique en mêlant de la carthamine au talc réduit en poudre très fine et en broyant le tout avec du blanc de baleine humecté d'éther.

Le carthame d'Égypte de première qualité ou *safranon beledy* se récolte aux environs du Caire ; celui de deuxième qualité ou *safranon sheblaouy* se récolte sur les terrains en remontant le Nil ; le carthame de troisième qualité porte le nom de *safranon de Saydy* où on le cultive.

Le péricarpe des graines de carthame contient un principe âcre et purgatif ; nonobstant, ces semences sont nutritives pour les volailles et surtout les perroquets.

En Égypte, en Abyssinie et dans l'Inde on extrait des amandes une huile douce, un peu laxative mais qui est comestible. 100 kilogr. en fournissent de 25 à 27 kilogr. Cette huile est connue sous le nom d'*huile des carthames.*

Les Égyptiens, dans les provinces de Gizeh, de Kelyoub et de Benisouef, dessèchent les feuilles de cette plante, les réduisent en poudre et emploient celle-ci pour coaguler le lait avec lequel ils fabriquent des fromages.

Les tiges du carthame peuvent servir au chauffage.

CHAPITRE III

CACTUS A COCHENILLES.

CACTUS OU OPUNTIA.

Plante monocotylédone de la famille des Cactées.

Caractères de la cochenille. — Mœurs. — Cactus sur lesquels elle vit. — Création d'une nopalerie. — Entretien qu'exigent les nopaleries. — Maladies et animaux nuisibles. — Multiplication de la cochenille. — Récolte de la cochenille. — Manière d'étouffer les cochenilles. — Produit par hectare. — Variétés commerciales. — Usage de la cochenille.

Historique.

La culture du cactus à cochenille (1) ou *nopal* est connue au Mexique depuis la plus haute antiquité. L'histoire fait connaître qu'elle y était pratiquée du temps des rois aztèques. Toutefois la conquête de cette contrée par Fernand Cortez nuisit à cette culture. Ainsi les Espagnols ruinèrent les *nopaleries* de la péninsule de Yucatan, afin de favoriser celles qui existaient à Vaxaca et à Guaxaca.

Un jour, ils eurent l'idée de monopoliser à leur profit la production de la cochenille et ils en défendirent l'exportation; mais un Français, Thierry de Menonville, se préoccupant peu, il y a bientôt un siècle, des peines sévères pro-

(1) On a cru pendant longtemps que la cochenille était une graine et non un insecte. C'est d'Acosta qui le premier a démontré, en 1530, que la cochenille appartenait au règne animal.

noncées contre les exportateurs, parvint à transporter à Saint-Domingue des nopals chargés d'insectes.

Lorsque les Espagnols perdirent toutes leurs possessions d'Amérique, à l'exception de Cuba, ils introduisirent la culture du nopal dans les environs de Murcie et de Malaga. En 1827, on l'expérimenta avec succès aux îles Canaries, et en 1831, M. Simonnet fit venir des nopals de l'Andalousie, et les progagea très heureusement aux environs d'Alger. Aujourd'hui la culture du cactus à cochenilles a lieu très en grand aux îles de Lancerote, Fostaventure, Canaries, Palma et Ténériffe (Iles des Canaries).

Il y a cinquante ans environ que les Hollandais ont naturalisé la cochenille à l'île de Java.

D'après les faits constatés dans ces dernières années, on peut dire désormais que la culture du nopal et l'éducation de la cochenille prospéreront en Algérie et y donneront des résultats aussi satisfaisants que ceux qu'on obtient aujourd'hui aux îles Canaries jusqu'à 800^m d'altitude. En 1854, on comptait dans une seule province de cette colonie 14 nopaleries contenant 61,500 plants.

En 1834, la cochenille exportée des Canaries, ne dépassa pas 941 kilog. ; mais en 1850, elle atteignit 250,000 kilog. Ce succès permet de concevoir de grandes espérances de son introduction en Afrique.

La France en a importé, en 1855, 413,884 kilog. ayant une valeur de 4,138,840 fr. Elle n'en reçoit plus annuellement que 200,000 kilogrammes.

Caractères de la cochenille.

La cochenille (COCCUS CACTI, L.) qu'on multiplie dans les nopaleries, est connue sous les noms de *cochenille fine, cochenille du cactus* ou *cochenille du nopal.*

Elle appartient à la famille des gallinsectes de l'ordre des hémiptères. Son corps est globuleux, mou et épais ; ses tarses sont d'un seul article. La longueur ne dépasse pas $0^m,002$.

Le mâle est plus petit que la femelle. C'est vers le commencement du printemps qu'il devient insecte parfait ; alors il a une forme allongée, et porte des ailes finement veinées. Il est rouge foncé et son corps se termine par deux grandes soies. Les femelles ont $0^m,002$ de longueur.

Les mâles n'ont pas de bouches ; ils ne vivent que le temps nécessaire à la fécondation des femelles. Ce fait explique pourquoi on en trouve rarement à l'époque à laquelle on récolte les cochenilles.

Les femelles, beaucoup plus nombreuses que les mâles, sont aptères (fig. 61), c'est-à-dire n'ont pas d'ailes ; elles ont une

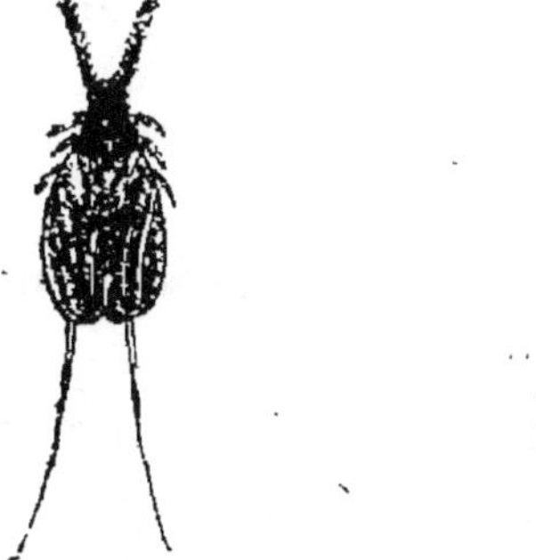
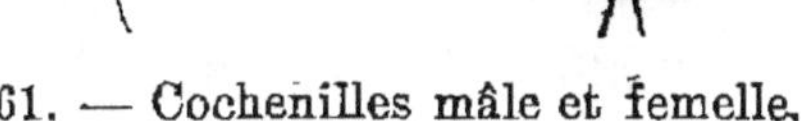

Fig. 61. — Cochenilles mâle et femelle.

vie sédentaire ; elles ont une sorte de trompe au moyen de laquelle elles percent l'épiderme des nopals pour y puiser les aliments dont elles ont besoin. Elles deviennent insectes parfaits après être restées quelque temps immobiles dans un petit nid composé d'un duvet cotonneux. Leur corps est brun foncé et recouvert d'une poussière blanche.

Les femelles qu'on écrase répandent un beau suc pourpre qui est dû à la carmine qu'elles contiennent.

Mœurs.

La femelle après avoir été fécondée pond 250 œufs ovales rouge foncé deux mois après sa naissance et meurt quelque temps après. La durée de sa gestation est de 30 jours. Chaque femelle donne naissance à 5 ou 6 générations par an et vit 60 jours.

La cochenille ne se déplace pas. A peine est-elle née qu'elle enfonce sa trompe dans un nopal pour ne plus l'en retirer pendant son existence.

On distingue deux sortes de cochenille : la *cochenille fine* appelée *grona fina* par les Espagnols ; elle est couverte d'une poudre blanche, fine et très légère ; la *cochenille sylvestre* qui est couverte d'un coton blanc visqueux et épais.

Cactus sur lesquels vit la cochenille.

La cochenille fine vit sur plusieurs *cactus* appelés *nopals* par les Mexicains.

L'espèce la plus répandue et regardée comme la plus favorable est le *cactus à cochenille* (CACTUS COCCINILLIFERA ou OPUNTIA COCCINILLIFERA). Ce nopal a une tige dressée haute de $1^m,50$ à 2 mètres, des rameaux épais, ovales, oblongs longs de $0^m,15$ à $0^m,20$ et larges de $0^m,10$ à $0^m,12$, et presque complètement dépourvus d'aiguillons (fig. 62). Ses fleurs sont rouges et ont $0^m,40$ de largeur (1).

Après ce nopal, vient le *cactus fausse figue* (CACTUS TUNA, L.). Cette espèce a des rameaux très grands, garnis à leur sommet de poils raides et à leur base d'aiguillons plus résistants. Ses fleurs sont rouge terne et ont $0^m,08$ de diamètre.

(1) Les fruits du *cactus opuntia* sont comestibles ; on les connaît sous le nom de *figues de Barbarie*.

A la Guadeloupe, on a remplacé le *C. tuna* par le *C. mo-*

Fig. 62. — Cactus non épineux.

niliformis qui a de très belles raquettes veloutées, qui s'é-
lève peu et résiste très bien aux vents violents. La coche-

nille zacatille et la cochenille argentée y réussissent très bien.

Aux îles Canaries, on cultive un nopal à fleurs jaune-

Fig. 63. — Cactus épineux.

orangé et à fruits vert blanchâtre que les habitants appellent *funera* et qui paraît être le *Ccactus figue d'Inde* (CACTUS VULGARIS, Ten., ou CACTUS FICUS INDICA, L.).

Enfin, on a introduit à Ténériffe, depuis environ trente années, le *Cactus en chapelet* (CACTUS MONILIFORMIS, L.) à fleurs et à fruits rouges. Cette espèce a une tige globuleuse garnie de rameaux diffus et ornés d'aiguillons divergents (fig. 63).

La cochenille élevée sur le *figuier de Barbarie*, cactus épineux (OPUNTIA VULGARIS) produit une matière colorante qui ne le cède pas pour le ton chromatique aux meilleures sortes de l'Amérique et des Canaries.

En général, les nopals à épiderme tendre, à feuilles très charnues et les moins garnies d'épines, sont ceux qui conviennent le mieux à la cochenille.

On désigne les feuilles sous le nom de *raquettes*.

Création d'une nopalerie.

CHOIX DU TERRAIN. — Les nopals doivent être plantés dans les terres perméables et sèches, c'est-à-dire sur les terrains silico-argileux ou argilo-siliceux, caillouteux ou non, mais de moyenne fertilité. Ces plantes végètent mal sur les sols compacts et humides parce qu'elles redoutent les eaux stagnantes ; elles réussissent aussi difficilement sur les sols pauvres ou qui ne sont pas de bonne qualité.

C'est principalement dans les vallons, les gorges des montagnes, à la base des coteaux ou dans les plaines abritées par des élévations qu'on établit les nopaleries.

Les terrains découverts ne conviennent pas pour cette culture, parce que les vents violents y brisent les nopals, enlèvent les jeunes cochenilles des *raquettes* ou nuisent au développement des unes et des autres en les desséchant.

Les terres très déclives doivent être garanties de l'action érosive des eaux par des murs de soutènement qui les disposent en terrasses placées les unes au-dessus des autres.

Les nopals sont les derniers végétaux qu'on rencontre en pénétrant dans les déserts au Mexique et en Syrie.

PRÉPARATION DU SOL. — Le terrain qu'on destine à une nopalerie doit être bien préparé. On le laboure avec une charrue, ou avec la bêche jusqu'à 0^m,20 et même 0^m,30 de profondeur.

Quand la couche arable a été bien ameublie et débarrassée des arbustes et des plantes indigènes qui croissaient à sa surface, on la dispose en planches que l'on sépare par des allées ou des sentiers si la plantation des nopals doit être faite en plein. On doit, lorsque la terre est argileuse et à sous-sol imperméable, séparer les planches par de petits fossés d'assainissement et établir les allées sur la partie médiane de chaque planche.

Lorsqu'on plante les cactus en lignes éloignées les unes des autres de 2 mètres, on se dispense de créer des allées.

MODE DE MULTIPLICATION DES NOPALS. — Tous les cactus se multiplient de boutures.

On obtient ces boutures en détachant des nopals bien développés et âgés de trois à quatre ans, les raquettes qu'ils ont produites. On a constaté par l'expérience qu'il fallait non pas arracher les raquettes mais les couper à leur point d'insertion sur la plante mère. Il faut être très expérimenté pour disloquer les raquettes à leurs articulations sans les endommager ou altérer le pied qui les fournit.

On peut diviser les raquettes en deux parties, mais les nopals que l'on multiplie à l'aide de telles boutures ne sont jamais remarquables par leur développement.

Au fur et à mesure qu'on détache les raquettes, on les pose à plat sur la terre, où elles restent pendant quatre à cinq jours. On agit ainsi par nécessité, c'est-à-dire pour que la partie coupée ou détachée puisse se cicatriser. Les raquettes qu'on abandonne ainsi à elles-mêmes doivent être retournées chaque jour, afin qu'elles ne soient pas courbées au moment de leur plantation.

MISE EN PLACE DES RAQUETTES. — On doit exécuter la

plantation des boutures (fig. 64), en automne ou au printemps. On a reconnu que l'automne est la meilleure époque.

Fig. 64. — Bouture enracinée de Nopal.

A ce moment de l'année les raquettes développent plus aisément leurs racines, et, au printemps suivant, elles poussent avec plus de vigueur que si leur mise en place avait eu lieu en mars ou avril.

La plantation des boutures est simple et facile, il suffit de les enterrer verticalement et la cicatrice en bas, jusqu'à la moitié de leur longueur. Les raquettes que l'on plante trop profondément sont sujettes à pourrir ou à végéter très lentement pendant la première année.

Cette plantation doit être faite de manière que les surfaces des raquettes soient parallèles à la direction des lignes. Enfin, il est nécessaire que les lignes soient perpendiculaires à la direction des vents pluvieux, afin qu'une seule des faces des raquettes reçoive l'action des pluies.

Les nopals plantés au Mexique, au Cap Vert, en boutures, enracinées dans de bons terrains, ont ordinairement, après 24 à 28 mois de végétation de 0^m,80 à 1^m,50 de haut.

Entretien qu'exigent les nopaleries.

ENGRAIS. — On a proposé d'exciter le développement des nopals en appliquant de temps à autre des engrais, soit du fumier, soit du sang desséché. L'expérience, jusqu'à ce jour, n'a pas prouvé l'utilité de leur emploi. Au Mexique, on ne fume jamais les nopaleries.

BINAGES. — On doit exécuter des binages. Ceux-ci sont plus ou moins nombreux, suivant l'aptitude que la terre possède à la production des plantes indigènes. Une nopalerie bien entretenue est toujours plus productive, parce qu'elle ne favorise pas l'existence des ennemis de la cochenille.

Nonobstant, les ouvriers qui exécutent les binages doivent éviter d'endommager les racines des nopals, ou de blesser ces derniers avec les outils qu'ils emploient.

ARROSEMENT. — Les nopals qu'on cultive dans les vallons ou dans les plaines, où la terre conserve une fraîcheur convenable pendant les fortes chaleurs de l'été, n'ont pas besoin d'être arrosés. Il n'en est pas de même des nopaleries établies sur les terres siliceuses et sèches; on doit les irriguer lorsque les raquettes commencent à se flétrir, c'est-à-dire quand elles deviennent flasques et pendantes. Ces arrosements n'ont pas besoin d'être copieux : une grande humidité ferait pourrir les pieds des nopals.

SUPPRESSION DES BOUTONS A FRUITS. — Les nopals produisent des fruits qui nuisent à leur développement. C'est pour ce motif qu'il est utile de les supprimer tous les ans à mesure qu'ils apparaissent.

Les boutons du *cactus* ou *opuntia vulgaris* sont jaunâtres; ceux du *cactus tuna* présentent une teinte rouge.

TAILLE DES NOPALS. — Tous les ans, après la récolte des cochenilles, on supprime toutes les raquettes que ces insectes ont épuisées. Ces feuilles se distinguent des autres par les rides et la couleur jaunâtre que présentent leurs surfaces. Cette suppression a l'avantage de faire naître de nouvelles raquettes.

Une nopalerie bien établie et bien conduite peut durer de 6 à 8 années.

A 2 ans, les nopals ont ordinairement de 1^m à 1^m,65, hauteur qu'on ne dépasse pas, parce que la récolte de la cochenille ne s'effectuerait plus aussi facilement.

Maladies et animaux nuisibles.

Les nopals sont sujets à deux altérations : 1° la pourriture ou gangrène ; 2° la gomme.

On arrête le développement de ces maladies en enlevant complètement avec un couteau la partie altérée. Alors la plaie se cicatrise et le nopal continue à végéter.

Les nopals sont quelquefois attaqués pendant l'hiver par les rats et les lézards ; mais ces animaux ne causent jamais de dégâts aussi grands que ceux que font naître de petites chenilles jaunes et transparentes. Ces insectes couvrent les jeunes bourgeons d'une toile qui les dérobe à la vue, et qui leur permet de pénétrer dans la raquette, où ils vivent aux dépens de la substance charnue qui la constitue. C'est le soir et le matin qu'on doit les chercher pour les détruire.

Enfin, les nopals sont aussi attaqués par des insectes de l'espèce kermès. Ces petits insectes les épuisent, et comme ils couvrent parfois entièrement les raquettes, il en résulte que les cochenilles qui y sont fixées ne peuvent y vivre. Deux mois suffisent pour qu'un nopal en soit couvert depuis la base jusqu'au sommet. On les détruit ou on met un terme à leur propagation, en lavant les nopals qu'ils ont attaqués avec une éponge et de l'eau.

Multiplication de la cochenille.

On propage la cochenille dans une nopalerie de dix-huit mois, en dispersant sur les cactus un certain nombre de cochenilles mères. Cette sorte d'ensemencement se fait le matin, avant le lever du soleil. On l'exécute de deux manières :

1° On réunit quelques femelles dans un petit cocon cylindrique fait avec du coton ou de la filasse et l'on suspend ce nid sur l'une des faces d'une raquette de nopal au moyen d'une épine. Quand le cactus est vigoureux, on attache un cocon sur chaque face de ses feuilles. Ces nids doivent être à claire voie, afin que les jeunes cochenilles puissent passer à travers aussitôt après leur naissance. C'est pourquoi il est préférable de remplacer la filasse ou le coton par un morceau de canevas à mailles moyennes.

On peut aussi déposer les cochenilles dans un étui de jonc à claire voie et fermé par un couvercle de même nature.

2° On renferme des cochenilles dans une boîte non fermée et on les couvre avec de petits morceaux d'étoffe douce et très souple. Dans l'après-midi, on enlève ces chiffons qui sont alors couverts d'un grand nombre de cochenilles d'une extrême petitesse, et on les porte dans la nopalerie pour en fixer un sur chaque côté des raquettes au moyen d'épines de nopals. Ces chiffons une fois enlevés de dessus les cochenilles doivent être remplacés par d'autres afin qu'on puisse le soir, continuer l'ensemencement des nopals.

Cette opération dure ordinairement de quatre à six jours. Lorsqu'elle est terminée, on étouffe les cochenilles que contiennent les boîtes, on les sèche et on les réunit à celles que l'on a précédemment récoltées.

Si les cochenilles déposées dans les boîtes ne donnent

pas de couvain, on les remplace par d'autres plus avancées.

On doit avoir la précaution de placer les cocons ou les chiffons de manière que le soleil levant puisse réchauffer de bonne heure les jeunes cochenilles.

Il faut éviter d'opérer quand l'air est agité, afin que les larves ne soient pas emportées par le vent et lorsque le temps est brumeux ou pluvieux.

Au bout de huit à dix jours les cochenilles sont fixées sur l'épiderme des nopals à l'aide de leur suçoir; un mois après, un certain nombre d'insectes s'enveloppent dans un petit cocon cylindrique formé de duvet blanc pour se métamorphoser en insectes parfaits. Ces cochenilles, sont des mâles qui fécondent les femelles et meurent ensuite.

Lorsque les femelles ont atteint en été soixante-quinze à quatre-vingt-dix jours, et en hiver cent à cent vingt, elles sont alors de la grosseur d'une tique de moyenne grosseur. Alors, on peut les enlever de dessus les cactus et les utiliser pour ensemencer une nouvelle nopalerie, parce qu'elles sont prêtes à pondre.

Les femelles meurent après leur ponte.

Récolte de la cochenille.

Lorsque la nopalerie est nouvelle et lorsqu'elle doit continuer à exister, on attend pour opérer la récolte qu'un certain nombre de femelles ait déjà pondu. Les cochenilles ont alors atteint leur développement maximum.

Aussitôt qu'on a la certitude que les nopals ont été de nouveau ensemencés, on procède à la récolte des cochenilles en les enlevant de dessus les raquettes à l'aide du bec d'une cuiller à demi couverte près de sa queue, ou d'une petite cassolette ronde ou triangulaire. On détache les insectes avec un couteau mousse et on les reçoit dans un panier à mailles serrées.

Cette opération se fait le matin et en deux fois : d'abord on détache les cochenilles qui ont une couleur foncée et la partie postérieure du corps déprimée et ridée ; ensuite, quelques jours après, on renouvelle l'opération pour recueillir les cochenilles qui sont arrivées au dernier terme de leur développement.

On opère ordinairement chaque année quatre récoltes de deux en deux mois.

Cette récolte doit être faite par des hommes ou des enfants. Les femmes, à cause de leurs vêtements qui font tomber les cochenilles sur le sol, ne doivent être employées que quand la nécessité l'exige.

On compte qu'il faut dix-huit ouvriers pour récolter dans une matinée, c'est-à-dire depuis la pointe du jour jusqu'à neuf ou dix heures du matin, les cochenilles d'une nopalerie d'un hectare.

Manière d'étouffer les cochenilles.

Les cochenilles doivent être étouffées aussitôt qu'elles ont été récoltées. Cette opération a pour but de s'opposer à la continuation de la ponte des femelles. On la pratiquait autrefois à l'aide de l'eau bouillante ; voici comment on l'exécute de nos jours :

1º *Dessiccation naturelle.* — On construit des boîtes vitrées ayant 1 mètre de longueur, 0^m,75 de largueur et 0^m,10 de hauteur ; on y met 15 kilog. environ de cochenilles fraîches, on les ferme hermétiquement et on les expose à mi-soleil. Alors, les insectes périssent par asphyxie, diminuent de volume et deviennent secs. On doit avoir soin de ne pas laisser les boîtes exposées à l'action du serein et de la rosée, et de remuer de temps à autre les cochenilles pour que leur dessiccation soit plus complète et plus parfaite.

A défaut de caisses vitrées on peut se servir de bocaux

en verre bien bouchés et pouvant contenir de 3 à 4 kilog. d'insectes. La dessiccation dure deux jours. Le premier, les insectes restent exposés à l'air pendant 7 à 8 heures, et le second durant 3 à 4 heures. Les cochenilles qu'on fait sécher sont légères et ont leur surface ridée.

2° *Dessiccation artificielle.* — Cette dessiccation se fait dans un four après la cuisson du pain ou dans une étuve chauffée de 35 à 40° centigrades. Dans le premier cas, les cochenilles restent exposées à l'action de la chaleur pendant deux heures pour être ensuite placées dans les boîtes vitrées exposées à mi-soleil. Dans le second, on les retire de l'étuve au bout de quarante-huit heures.

Les cochenilles desséchées doivent être conservées dans des boîtes fermées et déposées dans un local bien sec.

Un homme, en une journée, récolte environ 10 kilog. de cochenilles.

1 kilog. de cochenilles fraîches se réduit par la dessiccation à 600 ou 700 grammes.

Produit par hectare.

Un hectare bien garni de nopals fournit de 300 à 400 kilog. de cochenilles, mais la première année le produit dépasse rarement 100 kilog. par hectare. Un kilog. de cochenilles sèches contient 140,000 à 150,000 insectes. Un kilog. de cochenilles mères produit environ 25 kilog. de cochenilles fraîches et marchandes.

Variétés commerciales.

Le commerce distingue plusieurs sortes de cochenilles.

1° La *cochenille noire* est brun noirâtre et luisante. C'est la plus estimée à Londres. On la nomme cochenille *zuccatille* ou *zaccatilla* ou *mestèques* ou *cascarellia;* elle vient du Mexique.

On l'obtient en récoltant les cochenilles qui ont pondu ou en débarrassant, à l'aide d'un sac dans lequel on les a agitées, de la poussière cotonneuse qui les couvre celles qui ont été récoltées avant la ponte.

2° La *cochenille grise* ou *argentée* est couverte d'une poussière blanche et argentée; elle vient de la Vera-Cruz, et est estimée à Marseille et à Cadix, quoiqu'elle soit inférieure à la précédente. Quelquefois, on la rend plus argentée en la couvrant de talc de Venise ou de blanc de céruse.

3° La *cochenille rougeâtre*. Cette sorte est peu estimée; elle vient de la Vera-Cruz ou de Honduras.

La France reçoit aussi des cochenilles noires et argentées de la Guadeloupe et de Ténériffe. Celle de la Guadeloupe contient 65 % de carmine et celle de Ténériffe 52 %. Celle de Java est petite, rougeâtre et de peu de valeur.

En général, la *cochenille* noire comprend la *cochenille ordinaire*, la *cochenille supérieure* et la *cochenille extra* ou *fine*.

Le prix de la cochenille est plus ou moins élevé, selon sa provenance et sa qualité; en outre, il est très variable. Voici les prix moyens auxquels elle est vendue :

```
La cochenille noire vaut........  10 à 13 fr. le kilog.
      —       argentée.........    8 à 10      —
      —       rouge ...........    6 à  8      —
```

La cochenille grise de Honduras et Ténériffe se vend de 2 à 2 fr. 50 le kilog.

On emballe la cochenille dans des sacs recouverts de joncs ou de peau, qui pèsent de 75 à 80 kilog.

Usages de la cochenille.

La cochenille est employée pour préparer le *carmin* et la laque carminée, pour colorer les liqueurs, les sucreries; elle sert aussi dans la teinture des soieries.

CHAPITRE IV

CHÊNE A KERMÈS.

QUERCUS COCCIFERA.

Arbrisseau de la famille des Amentacées.

Le chêne kermès, qu'on rencontre dans le midi de la France et de l'Europe et en Algérie, nourrit une cochenille à laquelle on a donné le nom de *kermès de Provence* ou *kermès d'Espagne.*

En Asie, on utilise cet insecte (COCCUS ILICIS) qu'on récolte avant l'éclosion des œufs produits par les femelles, pour teindre les calottes turques ou *fez.* La couleur rouge ou cramoisie qu'il fournit est très solide ; elle a pour base la *coccine.*

Le kermès se présente sur les plantes sous la forme d'une petite coque d'un rouge foncé et de la grosseur d'un pois. L'insecte est renfermé dans cette excroissance et n'en sort que quand il a atteint son développement. Dans le commerce il est rond, lisse, dur, luisant, solide ; il renferme un suc rougeâtre. Le *kermès de Montpellier* est plus gros et plus vif ; le *kermès d'Espagne* est plus petit et d'un rouge noirâtre ; il contient mois de coccine. Le kermès est aussi récolté par les Arabes en Afrique.

———

CHAPITRE V

ORCANETTE.

ALKANA ET ONOSMA.

Plantes de la famille des Borraginées.

Le produit tinctorial rouge désigné sous le nom d'*orcanette* est connu depuis les temps les plus anciens. Il est fourni par les plantes suivantes :

1. L'*Alkana tinctoria* ou *Anchusa tinctoria* ou *Lithospermum tinctorium* est vivace et indigène dans les Alpes, les Pyrénées, les montagnes du Lyonnais et dans l'Asie Mineure. On rencontre principalement cette borraginée sur les sols arides, incultes et pierreux et sur les sols sablonneux.

L'alkana des teinturiers a des tiges couchées longues de 0^m,60 à 0^m,70. Ses feuilles sont lancéolées, obtuses et duveteuses. Ses fleurs bleues sont disposées en épis feuillés.

Sa racine est pivotante, longue, cylindrique, rameuse, inodore, rouge clair ou rouge foncé extérieurement et blanche en dedans. Le principe colorant qu'elle contient réside dans son écorce qui est ridée. Ce principe est insoluble dans l'eau, mais soluble dans l'alcool et l'éther. On le connaît sous le nom d'*anchusine.*

Cette borraginée n'est cultivée que dans la Turquie.

2. L'*Onosma echinoïdes* est indigène dans la France méridionale et très commune sur les bords de la mer Caspienne. Sa racine fournit une teinture rouge de laquelle

on extrait le fard rouge dont se servent les jeunes filles de cette partie de l'Orient.

Cette borraginée appelée *fausse vipérine* est bisannuelle et herbacée ; ses tiges simples, rarement rameuses et hérissées de poils tuberculeux, ont de 0ᵐ,40 à 0ᵐ,50 de hauteur. Ses fleurs sont blanches ou rosées, elles s'épanouissent au printemps ; ses feuilles sont lancéolées, linéaires, sessiles et pubescentes.

3. L'*Onosma Emodi* est la plante qui fournit l'*orcanette du Népaul.* Cette borraginée est herbacée et vivace. Elle existe dans les montagnes de l'Inde et de l'Asie centrale. Sa racine contient aussi une matière colorante rouge.

Selon M. Naudin, cette plante tinctoriale n'a pas encore été introduite en Europe.

On propage les orcanettes à l'aide de leurs graines ou par éclats de pieds.

On arrache leurs racines pendant l'hiver lorsqu'elles ont deux années de végétation. On les lave et on les fait sécher avant de les livrer au commerce. Les petites racines sont les plus estimées, parce que les grosses racines sont moins riches en principe tinctorial.

L'orcanette sert à colorer les liqueurs, les sucreries, les pommades, les produits pharmaceutiques et l'alcool des thermomètres.

L'*orcanette de Constantinople* est fournie par la racine du *Lawsonia inermis.* (Voir plus loin.)

CHAPITRE VI

ORSEILLE.

ROCELLA ET VARIOLARIA.

Plante cryptogame de la famille des Lichens.

La teinture qu'on nomme *Orseille* est fournie par un lichen gris, légèrement verdâtre, qui croît sur le bord de la mer ou à l'intérieur des terres.

L'orseille de mer ou *orseille des rivages* provient des quatre espèces ci après :

1. *Rocella tinctoria.*
2. — *montagnei.*
3. — *phycopsis.*
4. — *fusiformis.*

Suivant divers botanistes, ces quatre lichens ne forment qu'une seule espèce.

Les touffes formées par ces plantes se composent de rameaux planes et dichotomes.

L'orseille des Canaries ou *orseille des îles* a été découverte au cap Vert en 1732 et exploitée en 1755. Ce lichen forme de petites touffes de $0^m,05$ à $0^m,07$ de hauteur qu'on récolte en raclant les rochers qui bordent la mer ou sur les cimes escarpées des montagnes au cap Vert, à Angola, à Madère, aux Açores, etc.

Cette plante est une véritable richesse pour les îles de Boavista, de Flores et du Pic qui sont situées sur la côte d'Afrique.

La plus estimée est celle qui vient des Canaries. Elle provient du *Rocella tinctoria*. Elle est composée de filaments coriaces blancs ou bruns réunis à la racine qui est arrondie. En Cochinchine, elle existe ordinairement sur les bambous en décomposition.

L'orseille du cap Vert est fournie par la même espèce. Ses filaments ont une couleur fauve sur une face et noirâtre sur l'autre. Elle a souvent $0^m,10$ de longueur.

L'orseille de Madère provient aussi de *Rocella tinctoria*. Elle se compose de filaments enrubanés, aplatis; sa qualité est secondaire.

L'orseille de Madagascar est fournie par le *Rocella fusiformis*; elle est formée de rameaux membraneux gris cendré ou blanchâtre.

L'orseille de Sardaigne est composée de filaments maigres, blanc verdâtre de qualité médiocre.

L'orseille d'Angola (Guinée inférieure) a de $0^m,03$ à $0^m,04$ de hauteur; elle est gris verdâtre ou brunâtre.

L'orseille de la Réunion provient de *Rocella fusiformis* et *montagnei*; elle est de bonne qualité.

L'orseille de l'Inde est fournie par le *Rocella montagnei*.

Ces deux derniers lichens existent sur les roches marines ou sur de vieux manguiers.

L'ORSEILLE DE TERRE est produite par le *Variolaria dealbata*, le *Lecanora porella* et le *Parmelia saxatilis*. On la récolte sur les rochers dénudés en Auvergne, dans les Pyrénées et en Suisse.

L'orseille des Pyrénées provient du *Variolaria dealbata*; ses filaments sont courts, irréguliers et blanc grisâtre.

L'orseille d'Auvergne est produite par le *Variolaria orcina*. Elle existe sur les rochers volcaniques où elle forme des croûtes épaisses.

L'orseille de Suède vient du *Lecanora tartarea*; ses croûtes sont plus larges.

L'orseille de Norwège est produite par le lichen *postulatus*.

Tous ces lichens ne renferment pas de matière tinctoriale toute formée. Voici comment on obtient celle-ci : on nettoie, on broie le lichen, et on le fait tremper, macérer au contact de l'air dans une liqueur alcaline ou dans de l'urine putréfiée, puis, on y ajoute de la chaux qui met à nu l'ammoniaque de l'urine. Alors on obtient la pâte appelée *orseille* qui a une consistance molle, rouge foncé ou rouge violacé avec une odeur très désagréable. Cette pâte colorante a pour base l'*orcéine* ou *orsine* qu'on croit être la pourpre des anciens.

L'orseille sert à préparer le tournesol, produit qu'on obtient en ajoutant de la craie en poudre et qu'on utilise dans les laboratoires de chimie. La pâte qu'on obtient est moulée et séchée.

Ainsi traitée, la matière rouge devient bleue par la combinaison avec une base.

L'orseille donne à l'eau une teinte rouge foncé, mais peu durable.

L'orseille du Brésil ou *cochenille végétale* provient du *Lecanora tinctoria*. Elle sert aussi à teindre en rouge.

L'orseille du cap Vert vaut de 50 à 65 fr. les 100 kilog.

L'orseille qu'on récolte à l'Ile de Fogo, sur la côte d'Afrique, est de qualité inférieure ; elle sert à teindre en Nankin. On l'appelle *escana*.

La culture de l'Orseille est-elle possible ? Cela est douteux. Nonobstant, ainsi que le dit avec raison M. Naudin, cet essai mérite d'être tenté.

CHAPITRE VII

OLDENLANDIE.

OLDENLANDIA UMBELLATA, HEDYOTIS UMBELLATA.

Plante sous-frutescente de la famille des Rubiacées.

Cette petite plante sous-frutescente est très commune dans l'Inde et en Cochinchine. On la trouve dans tous les terrains. Elle est cultivée aux environs de Karikal et de Nagour. Au Malabar et sur la côte de Coromandel, on la nomme *saya-ver* ou *chaya-voir*.

La tige est demi-ligneuse; ses feuilles sont opposées, linéraires et aiguës; ses fleurs sont petites et en cimes corymbifères; les capsules renferment de nombreuses sémences. Les racines contiennent une matière colorante rouge; elles ont de $0^m,40$ à $0^m,50$ de longueur et quelques millimètres seulement de diamètre; elles sont grises, jaunâtres ou rouge foncé.

Cette rubiacée se propage par ses graines qui sont très fines et qu'on sème à la fin de la mousson du sud-ouest, sur des terres légères, propres et profondes. On doit abriter les semis centre l'action du soleil. On arrose et le semis et les jeunes plantes pendant deux semaines deux fois par jour. Quand les plants sont développés suffisamment, on exécute les binages nécessaires pour que le sol soit toujours meuble et exempt de plantes indigènes.

L'oldenlandie est cultivée assez en grand dans les districts de Rajahmundy, Masulipatan et Guntoor. La culture à l'arrosage y est désignée sous le nom de *arutadi podu*; celle qui ne reçoit que l'eau des pluies est appelée *ivaku podu*.

Les graines sont récoltées avant l'arrachage des racines.

Les plantes arrivent à maturité dix-huit mois après la germination des semences. On arrache les pieds à l'aide de la bêche, on enlève les tiges et on met les racines en paquets pour les faire sécher au soleil. Ces racines sont longues de 0^m,50 à 0^m,60; elles sont très petites, tortueuses, gris brun extérieurement et jaune clair intérieurement. La couleur qu'elles fournissent rappelle celle de la garance.

Cette matière colorante sert à teindre en rouge brillant les *foulards de Madras*. Alliée à la racine du morinda et à l'alun comme mordant ou au *Ventilago madecaspotana* (arbrisseau de la famille des Rhamnées) qu'on rencontre dans le Masulipatan et la province de Madras, elle donne une nuance chocolat qui sert à teindre les *mouchoirs pulikat* qui sont très recherchés dans le Bandana et en Hollande.

Les racines rouge pâle sont les plus estimées.

L'*Oldenlandia corymbosa* a des racines qui donnent à la Martinique une teinture rouge très durable. Cette espèce est annuelle.

CHAPITRE VIII.

ROCOUYER OU ROUCOUYER.

BIXA ORELLANA.

Plante dicotylédone de la famille des Bixacées.

Cet arbre de 3 à 4 mètres est répandu ou cultivé dans les Antilles, à Cayenne, à la Guyane, à la Guadeloupe, dans la Colombie, au Brésil, au Mexique, dans les Indes, au Bengale, dans le Travancore et le Mysore, dans la Malaisie, la Cochinchine, etc.

Cet arbrisseau est élégant (fig. 66) ; ses feuilles sont alternes, ovales, entières et glabres ; ses fleurs à cinq pétales sont blanches lavées de rose et en panicules terminales ; ses capsules rouge foncé (fig. 67) et hérissées de poils mous contiennent de 15 à 20 graines anguleuses rouge vif ; celles-ci sont enveloppées d'une matière gluante résineuse qui colore les mains et qui constitue le *rocou*.

Le rocou est appelé *Latkan* dans l'Inde. Il contient de la *buxine* et de l'*orelline*. Il brûle avec flamme, mais il produit beaucoup de fumée.

La récolte des capsules a lieu de juin à décembre. Les *graines fraîches* constituent le *rocou vert*; les *graines sèches* forment le *rocou sec*. Le premier est supérieur au second.

Voici comment on prépare et on obtient la pâte colorante :

On écrase les graines dans une auge en bois, on les délaye dans l'eau chaude, on les fait bouillir dans une chaudière.

Dans les deux cas, on jette le tout sur un tamis un peu
serré. La pâte ainsi obtenue est mise à fermenter. On ter-

Fig. 66. — Rocouyer.

mine la préparation en la faisant sécher à l'ombre. Quand
elle est solide, on la met en pain de 1 à 8 kilog. suivant

Fig. 67. — Capsules du Rocouyer.

les contrées. Ces pains sont ensuite enveloppés avec des
feuilles de balisiers ou cannas.

Le Rocouyer dans les bonnes terres basses de la Guyane produit de 1500 à 2500 kil. de pâte par hectare. Dans les terres hautes et sèches, son rendement dépasse rarement 500 à 600 kilog.

On le propage par ses graines. Il croît rapidement dans les bonnes terres fraîches. A Taïti, il se reproduit de lui-même dans les sols humides.

Le commerce distingue les rocous ci-après :

1. Le *rocou de Cayenne* se présente sous forme d'une pâte homogène, onctueuse au toucher avec une magnifique couleur rouge. Son odeur est urineuse. C'est le plus estimé.

2. Le *rocou des Antilles* a l'aspect d'une pâte granuleuse avec une coloration et une odeur qui rappellent le rocou de Cayenne.

3. Le *rocou du Brésil* a la consistance d'une pâte molle et brune. Son odeur est agréable.

4. Le *rocou des Indes orientales* est sec et d'un rouge foncé. Ce rocou donne lieu dans l'Inde à un commerce important.

Le rocou sert à teindre en rouge ou jaune les étoffes, le beurre, la cire, les peaux de mouton. Son odeur est pénétrante. La teinture du rocou n'a pas une grande fixité. Nonobstant, elle sert dans l'Inde à teindre les vêtements des fakirs, des pandaromes, des byragis ou autres mendiants.

On l'expédie dans des fûts de 200 à 250 kilog.

Le prix commercial du rocou est très variable. Celui de Cayenne se vend de 170 à 200 fr. les 100 kilog. Le rocou des Antilles et de la Guadeloupe est vendu de 30 à 60 fr. les 100 kilog.

CHAPITRE IX

BOIS ROUGE OU BOIS DE BRÉSIL.

CÆSALPINA.

Arbre de la famille des Légumineuses.

Le bois qui sert à teindre en rouge est produit par deux espèces très distinctes, le *Cæsalpina* et l'*Hæmatoxylon*; le bois fourni par la première est connu sous le nom de *bois de brésil*, *bois d'Inde*. On désigne celui qui provient de la seconde sous le nom de *bois de Campêche*.

Les principales espèces de Cæsalpina sont au nombre de cinq :

Le *bois du Brésil* ou *bois de Fernambouc* est produit par le *Cæsalpina echinata* et le *Cæsalpina cristata*. Le premier est appelé *ibirapi tanga*. Il constitue un grand arbre épineux. Son bois est dur, compact et sans odeur. Il est jaune intérieurement, mais exposé à l'air il prend extérieurement une nuance brun rouge. Il est à peine soluble dans l'eau froide. Il est expédié en bûches rondes ou aplaties. Aux îles Philippines on le nomme *soubiaco*.

Le *Cæsalpina cristata* est un grand et bel arbre dans les forêts du Brésil, de la Jamaïque et des Antilles. Son bois dur, pesant est aussi estimé.

Le *bois rouge de Lima* provient aussi du *Cæsalpina cristata*. Il vient de Valparaiso, d'Iquique, d'Arica, etc.

Le *bois de sappan* (CÆSALPINA SAPPAN) est commun dans les Indes, en Chine, au Japon, dans les Antilles, au Brésil, dans le Cambodge, les Iles de la Sonde, aux Philippines, etc. On le nomme souvent *bois de Bahia*. Il est cultivé sur la côte de Coromandel, au Malabar, au Bengale, à Madras, dans Travancore. En Cochinchine, on le nomme *Cay-vang*.

Cet arbre atteint 6 à 7 mètres ; il est épineux. Ses feuilles sont composées de 10 à 12 paires de folioles ovales, oblongues et échancrées au sommet. Ses fleurs jaunes sont en panicules terminales. Ses gousses sont comprimées et polyspermes.

Le bois est jaunâtre extérieurement, mais il devient rouge clair par son exposition à l'air. Il est dur et compacte.

On l'exploite quand il est âgé de 10 à 12 ans. C'est pourquoi ses bûches sans aubier ont la grosseur du bras.

Le *bois de Sainte-Marthe* appelé aussi *bois de Nicaragua* et *bois de Cora* (CŒSALPINA BRASILIENSIS) végète exclusivement dans la Nouvelle-Grenade. Son bois a un cœur d'un beau rouge. Il est très estimé.

Le *bois de Bahama* ou *bois rouge de la Jamaïque* est produit par le CŒSALPINA VESICARIA qui est assez répandu à la Jamaïque et à la Guyanne. Le CŒSALPINA SAPIARIA est commun en Chine, au Japon, en Cochinchine et à la Guadeloupe. Le bois qu'il fournit est riche en couleur rouge.

Tous les *Cœsalpina* se multiplient à l'aide de leurs graines. On doit les cultiver dans de bons terrains. Ils ne sont prospères que dans les régions chaudes de l'Amérique et de l'Asie.

Le principe tinctorial que renferment les bois rouges a pour base la *brésiline* qui se cristallise en aiguilles et qui est soluble dans l'alcool.

Les bois rouges servent à teindre les étoffes, les cordes, les nattes ou à fabriquer des laques avec la craie, l'amidon et l'alun. On les emploie en copeaux ou en poudre.

CHAPITRE X

BOIS DE CAMPÊCHE.

HŒMATOXYLON CAMPECHIANUM.

Arbre de la famille des Légumineuses.

Cet arbre est répandu à la Guyane, à la Jamaïque, à la Guadeloupe, à la Martinique, à Saint-Domingue, au Mexique, à Haïti et à la Réunion.

On le nomme aussi *bois d'Inde, bois de sang, bois rouge, bois de Nicaragua, bois rouge de Honduras.*

Cet arbre est épineux et atteint 8 à 12 mètres d'élévation. Ses feuilles sont alternes et composées de 5 à 6 paires de folioles obtuses et oblongues. Ses fleurs jaunes odorantes.

Le bois qu'il fournit est en grosses bûches. Il est privé de son aubier et il est dur et compact. Son cœur devient d'un beau rouge vif quand il est exposé à l'air. Il développe une odeur agréable ; sa densité est de 1003. Il colore la salive en rouge, mais il est très peu soluble dans l'eau froide. Il a pour base un principe colorant appelé *hématine.*

On emploie le bois de campêche en poudre ou en copeaux pour teindre le coton, le lin, la laine et la soie.

Le commerce connaît divers bois de campêche provenant du Mexique, du Yucatan et des Antilles. Ceux qu'on importe en France des Antilles sont désignés sous les noms de bois de campêche de la Martinique, de la Guadeloupe, de Saint-Domingue, de la Jamaïque et de Haïti. Ces divers bois sont en bûches de 100 à 200 kilog. Leur richesse en matière tinctoriale est d'autant plus grande que les arbres sont plus âgés.

CHAPITRE XI.

BOIS DE SANTAL ROUGE.

PTEROCARPUS INDICUS ou SANTALINUS.

Arbre de la famille des Légumineuses.

Cet arbre est répandu dans les montagnes de l'Inde, sur la côte de Coromandel, dans l'île de Ceylan, sur la côte occidentale d'Afrique. Il donne lieu dans l'Inde à des exportations très importantes. Il existe aussi dans les îles de la Sonde et au Japon.

Le bois qu'il fournit est dur et d'une belle couleur rouge foncé ; on l'expédie en bûches irrégulières et sans aubier. Ces bûches ont de $0^m,50$ à $0^m,60$ de longueur et $0^m,03$ à $0^m,05$ d'épaisseur. Ce bois développe une odeur qui rappelle celle de l'iris de Florence ou du bois de Campêche.

Le principe colorant du bois de Santal rouge a pour base la *santaline*.

Le bois de Santal est employé en poudre ou en petits copeaux. Il sert en Europe à colorer des tissus. Les teinturiers de l'Inde ne l'emploient pas.

Le *Pterocarpus caucasica* fournit aussi du bois de Santal rouge.

Le *Pterocarpus angolensis* est très répandu au Sénégal et sur la côte du Gabon. Les Anglais le nomment *Bar wood*. C'est lui qui fournit le *Santal rouge d'Afrique*.

CHAPITRE XII

HENNÉ.

LAWSONIA INERMIS, LAWSONIA ALBA.

Plante dicotylédone de la famille des Lythrariacées.

Historique. — Végétation. — Culture. — Récolte. — Emplois.

Le Lawsonie ou henné est connu des peuples de l'Asie et de l'Afrique depuis les temps les plus reculés comme plante tinctoriale. Cet arbrisseau est le *hacopher* des Hébreux, le *cypros* des anciens Syriens, le *Kinna* des Grecs modernes. En sanscrit on le nomme *Lakachera* et en persan *panna*. Les Arabes le désignent sous le nom de *hennech* ou *alkenna* et les Égyptiens sous celui de *hennah*. De nos jours les Indiens le connaissent sous les noms de *Mehdi, Garanta* et *Aivanam*. Il est répandu en Syrie, en Égypte, dans les provinces de Gharhyeh et Kélyoub, en Algérie, en Chine, dans le Maroc, la Nubie, la Guinée et dans les Indes orientales.

Les botanistes ont aussi appelé le Lawsonie, *Lawsonica spinosa*, parce que ses rameaux présentent parfois des épines. Dans ce cas, les feuilles sont plus petites que celles du henné sans épines.

Végétation.

Cet arbrisseau est glabre et à rameaux inermes (fig. 68), bien qu'ils deviennent quelquefois épineux en vieillissant ;

ses feuilles d'un vert sombre, sessiles et à pétioles courts,
sont opposées, ovales lancéolées, et entières ; ses fleurs sont

Fig. 68. — Henné (rameau).

petites, blanches et jaune d'or, et disposées en grappes terminales ; elles sont portées par des tiges rougeâtres ; ses
fruits sont à quatre loges contenant des graines anguleuses.

Les fleurs de cet arbuste développent une odeur suave et pénétrante qui plaît beaucoup aux Égyptiennes. L'eau qu'on obtient par la distillation est utilisée dans les bains où elle sert à parfumer les vêtements. A Luknow, dans l'Inde, et à Tunis, on extrait de ses fleurs une huile essentielle très parfumée qu'on colore avec le *sang dragon*.

En Égypte, le henné dont on utilise les fleurs est appelé *tamra*; on nomme *kenani* celui qui a été transformé en poudre.

Culture.

Le henné demande un sol léger et profond, car il a des racines très fortes et persistantes. Il ne végète bien que lorsqu'on le cultive sur un terrain un peu frais, à demi ombragé et substantiel ou abondamment fumé. On le propage par boutures, par rejetons ou par semences. Les semis se font dans les Indes orientales pendant les mois de juin et juillet; en Algérie dans la région dactylifère et dans le Maroc, on les exécute vers la fin de l'hiver. On fait tremper les graines avant de les confier à la terre. C'est lorsqu'elles commencent à germer qu'on y mêle du sable fin et qu'on les répand un peu dru à la volée ou, ce qui vaut mieux, dans des rayons distants les uns des autres de $0^m,20$ à $0^m,30$. En Algérie, on sème souvent le henné dans les oasis sur des carrés arrosables que l'on couvre ensuite d'Alfa. On arrose tous les deux ou trois jours jusqu'à l'apparition de la troisième ou quatrième feuille. Après cette époque on *irrigue le terrain une fois par semaine pendant la première année, et tous les quinze jours pendant la seconde.*

Pendant la végétation du henné on exécute les binages ou les sarclages nécessaires afin de maintenir le terrain propre et meuble. Il fleurit en Égypte au mois de mai. Ses fleurs y sont appelées *tamra*.

22

Récolte.

La première année, on effeuille ou on fauche les tiges pendant le mois de septembre; les pousses herbacées ont alors de 0ᵐ,30 en moyenne de hauteur. Pendant les années suivantes, on coupe les tiges deux ou trois fois; les deux premières pousses ont chacune 0ᵐ,50 de longueur; la hauteur de la dernière n'excède pas ordinairement 0ᵐ,20. Ces diverses productions sont séchées au soleil aussitôt qu'elles ont été récoltées, puis réduites ensuite en poudre grossière. Elles conservent leur pouvoir tinctorial pendant dix-huit à vingt-quatre mois.

Sur divers points du Maroc, on se borne à récolter deux ou trois fois par an les feuilles qui se développent sur les rameaux qui ombragent le sol.

Emplois.

D'après M. Chevreul, les feuilles du henné renferment trois principes colorants; l'un qui est jaune, l'autre qui est rouge et le dernier brun. La couleur du henné, dit-il, fixée sur la laine, exposée à la lumière comparativement avec la couleur de la gaude et de la garance correspondante, se soutient assez bien le premier mois; mais après trois mois d'exposition la couleur du henné est notablement inférieure à l'autre.

Les feuilles du Lawsonie, réduites en poudre fine, constituent le henné qui, délayé dans l'eau ou du jus de citron sous forme de pâte ayant un peu de consistance, sert aux Musulmanes, aux Israélites, aux Égyptiennes et aux Brahmines, depuis le Maroc jusque dans l'Inde, pour se teindre les lèvres, les doigts, les ongles, la paume des mains, la plante des pieds, les cheveux et les sourcils en rouge brun orangé. Cette pâte est appliquée pendant cinq à six heures.

sur la partie du corps qu'on veut teindre. La coloration ainsi obtenue persiste sur la peau pendant plusieurs mois; mais appliquée aux ongles elle ne disparaît qu'avec ceux-ci. Le henné donne aux yeux des femmes de l'Afrique le regard des houris des contrées asiatiques.

Les Arabes et les Persans utilisent aussi le henné pour teindre le cuir et la laine en jaune orangé. Les chefs des villages au Sénégal l'emploient pour colorer la crinière et la queue de leurs chevaux et de leurs ânes. Le cheval blanc de parade du schah de Perse a les jambes, le ventre et le bout de la queue teints avec le henné. Avec la couperose, cette poudre verdâtre forme une couleur noire qui est très solide.

Le henné est souvent employé par les peuples de l'Asie comme médicament dans les blessures, contusions, abcès, etc. Au Malabar on l'utilise dans les affections de la peau. En Asie, on lui attribue une vertu aphrodisiaque.

En Égypte, le henné joue un rôle important dans les cérémonies du mariage. Avant les fiançailles, on applique du *hennah* sur les mains et les pieds de la fiancée à l'aide de bandelettes de toile, afin qu'ils prennent la couleur vermeille de l'aurore le soir de la fête.

La poudre de henné, *l'archenda* des Égyptiens, se vend de 2 à 4 fr. le kilogramme; elle donne lieu à un commerce important dans les contrées orientales.

Alexandrie en exporte annuellement 20,000 quintaux métriques.

Les fleurs qu'on récolte sur les pieds âgés de 2 à 3 ans sont très odorantes et servent à faire de jolis bouquets.

Les tiges sèches servent en Égypte à faire des paniers très solides, mais communs.

Les pétales de l'*Hibiceus rosa sinensis* sont employés en Chine par les femmes pour teindre leurs sourcils.

QUATRIÈME DIVISION.

PLANTES A PRINCIPE TINCTORIAL VERT.

———

Le *vert de Chine* est produit par deux espèces : Le *Rhamnus utilis* que les Chinois nomment *Lo-za*, et le *Rhamnus chlorophorus* qu'ils appellent *Lo-Kao*. C'est sans succès, jusqu'à ce jour, qu'on a tenté à Lyon de les naturaliser en France.

À Assam, c'est un *Ruellia* indigène qui fournit *l'indigo vert*.

En Grèce on utilise les baies du *Rhus græcus* pour teindre en vert.

En Cochinchine, on se sert des feuilles du *Justicia tinctoria* qui a des fleurs roses pour colorer les tissus en vert. Cette plante herbacée est originaire du Bengale.

En Europe, ou utilise les feuilles de la *Véronique*, de l'*Ortie*, de la *Mélisse*, etc., pour colorer en vert les produits de la confiserie, de la distillerie, etc., en les faisant dégérer dans l'alcool, après les avoir écrasées pour qu'elles abandonnent la chlorophylle qu'elles contiennent.

Le *Romito* (EUPATORIUM VIRGATUM) et le *Jarilla* (LARREA DIVARICATA) servent dans la République Argentine à teindre en vert.

———

QUATRIÈME PARTIE.

PLANTES TANNIFÈRES.

Les plantes tannifères, c'est-à-dire celles qui fournissent le tanin qu'on utilise dans la préparation des peaux, la fabrication de l'encre, etc., sont assez nombreuses.

En France, on emploie principalement l'écorce du chêne et les feuilles du sumac; en Italie, on utilise, outre le tan, l'avelanède et le knopperns ; en Angleterre et dans l'Amérique du Sud, on fait un grand usage des fruits du Cœsalpina des corroyeurs; dans l'Amérique du Nord, on emploie de préférence l'écorce du sapin du Canada ; en Écosse, on utilise avec succès l'écorce du mélèze et celle du bouleau dans la préparation des cuirs destinés à la reliure.

L'écorce que donne l'*Abies canadensis* est désignée en Amérique sous le nom d'*hemloch spruce.*

Les feuilles du *Pistachia terebinthus* sont employées par les Arabes dans le tannage des peaux.

Toutes les écorces tannifères et les galles servent à teindre en noir.

Le tanin ou matière astringente a pour base l'acide gallique.

Les matières tannantes ne sont utilisées qu'après avoir été divisées et réduites en poudre grossière à l'aide de machines spéciales.

CHAPITRE PREMIER

SUMAC DES CORROYEURS.

RHUS CORIARIA, L.

Plante dicotylédone de la famille des Térébinthacées.

Anglais. — Shumac.   *Italien.* — Sammaco.
Allemand. — Sumach.   *Espagnol.* — Zumaque.
Hollandais. — Sumack.   *Portugais.* — Sumagre.

Espèces et variétés. — Terrain. — Multiplication. — Soins d'entretien. — Récolte. — Sumac du commerce. — Emplois.

Cet arbrisseau appelé *reboul* ou *corroyère*, connu depuis les temps les plus reculés, est originaire de l'Asie ; il a été introduit en Europe en 1596. Il est indigène aujourd'hui dans le Dauphiné, lé Bas Languedoc, la Provence, la Sicile, l'Espagne, etc., mais il y est moins connu de nos jours qu'autrefois. On le rencontre principalement, dans ces contrées, sur les montagnes à base calcaire. Ses tiges gèlent ordinairement sous le climat de Paris.

Le sumac est cultivé dans le midi de la France sur les bords du Tarn et de la Garonne, en Italie, en Sicile, en Espagne, dans la Province de Malaga et en Portugal. Autrefois, il donnait lieu à un commerce très important dans la province de Salamanque (Espagne). Il est assez rare en Algérie.

Les Romains utilisaient le sumac dans le tannage des peaux.

Espèces et variétés.

Le *sumac à feuille de myrte* (CORIARIA MYRTIFOLIA)
est un arbrisseau indigène dans le midi de la France et de
l'Europe. Il est peu cultivé. Ses feuilles sont opposées,
ovales et pointues; ses fleurs sont terminales, mais peu
apparentes; ses fruits sont pourpre noir et vénéneux.

C'est cette espèce qui fournit le *redoul* qu'on utilise dans
la teinturerie et la tannerie.

Le *sumac des corroyeurs* (fig. 69) atteint de 3 à 4 mètres

Fig. 69. — Sumac des corroyeurs.

d'élévation; ses branches et ses rameaux sont diffus, irréguliers, velus et grisâtres; ses feuilles ont de 11 à 15 paires de
folioles ovales, dentées, glabres en dessus et velus en dessous. Ses fleurs sont blanchâtres et disposées en panicules

serrées. Ses fruits sont brun verdâtre, aplatis et duveteux.

On cultive le *Rhus typhina* dans la Viriginie, au Canada et au Sénégal, le *Rhus glabra* à la Caroline, le *Rhus glauca* au Cap, le *Rhus lucida* dans l'Afrique centrale, le *Rhus copallina* dans le Missouri et le *Rhus semialata* en Chine et au Japon.

Terrain.

Le sumac se plaît dans les terrains calcaires, les terres sèches, sur les collines arides et dans les sols secs et pierreux ; il ne craint pas la sécheresse. Les bonnes terres à blé à sous-sol perméable lui sont très favorables. L'expérience a toujours prouvé que les feuilles des sujets qui végètent sur les coteaux secs contiennent plus de matière tannifère que les feuilles qu'on récolte sur des sumacs plantés dans des terres fraîches.

En Italie, on fertilise le sol qu'il occupe avec le lupin blanc et la fève.

Multiplication.

On multiplie cet arbrisseau de graines, de drageons et de marcottes. Les graines ne germent que la seconde année et doivent être semées aussitôt leur maturité sur des terres bien préparées.

La plantation des rejetons se fait en automne sur un sol labouré.

Les plants provenant de semis sont mis en place quand ils ont la grosseur du petit doigt et $0^m,40$ à $0^m,50$ de longueur. Cette transplantation a lieu en octobre ou novembre ou en février ou mars, dans des trous ayant $0^m,30$ de largeur et $0^m,40$ de profondeur sur des lignes espacées de $0^m,50$ à $0^m,60$ en tous sens. Un hectare comprend environ 25,000 plants. Après la plantation, on rabat tous les sujets sur un œil ou deux yeux, ou 0^m,25 au-dessus du collet.

Soins d'entretien.

Pendant la première année on exécute les sarclages et les binages nécessaires et on butte toutes les lignes afin de faciliter l'écoulement des eaux pluviales.

La rusticité du sumac dispense de lui donner des soins d'entretien lorsqu'il a deux années de végétation.

Chaque année en janvier ou février on rabat toutes les pousses de l'année précédente.

Récolte.

La première année on effeuille les sujets en septembre et octobre; les années suivantes on opère la récolte des feuilles en juillet et août. Voici comment on agit : on coupe les rameaux et on les laisse sur le sol pour qu'ils se dessèchent; lorsqu'ils sont secs, on les rapporte à la ferme; alors des femmes ou des enfants les dépouillent de leurs feuilles, ou on les bat avec des fourches ou des gaules.

On peut suivre un autre procédé, c'est-à-dire faire couper les rameaux, les rapporter à la ferme, les étendre au soleil sur une aire pour les battre au fléau aussitôt que la dessiccation des feuilles est complète. Ce procédé est celui qu'on suit le plus ordinairement dans la Provence.

Les ouvriers qui dépouillent avec leurs mains le sumac de ses feuilles alors que celles-ci sont encore vertes, doivent être munis de gants s'ils ne veulent pas avoir les mains écorchées.

Quand la récolte est terminée, on pulvérise ou on triture les feuilles à l'aide d'une meule verticale et on les rentre dans un local exempt d'humidité.

Un hectare bien planté peut produire de 1,000 à 1,200 kilog. de feuilles.

1000 kilog. de feuilles donnent 850 kilog. de sumac; elles contiennent 30 pour 100 de tanin.

On a calculé que les frais de culture ne dépassent pas par hectare et par an 1 fr. par chaque 100 kil. de feuilles. D'où il suit que chaque quintal métrique reviendrait à 4 fr.

Sumac du commerce.

Le *sumac de Donzère*, qu'on récolte sur la côte du Rhône et qu'on prépare à Donzère et à Montélimart, a une belle couleur vert sombre; il est en poudre grossière et grenue; sa saveur est acerbe et astringente; il a une odeur de tanin. On l'emballe dans des sacs de toile forte 1/2 fine qui en contiennent de 100 à 150 kilog.

Le *sumac de Sicile* est plus recherché; sa couleur est d'un beau vert tendre légèrement jaunâtre, et son odeur est agréable et pénétrante. Il est en poudre bien tamisée et sans bûchettes; sa saveur est très astringente. On l'expédie dans des balles de toile de 50 à 60 kilog. On le récolte à Carini, dans le Val de Mazzara, près de Palerme.

Le *sumac d'Espagne* ou *sumac de Malaga* est en poudre chargée de bûchettes; sa couleur est assez claire; son odeur est forte. On en récolte aussi aux environs de Valladolid et de Molina, mais il est pâle et contient plus de bûchettes. Les balles pèsent de 50 à 60 kilog.

Le *sumac d'Italie* est une poudre vert foncé un peu rude au toucher, mais il ne contient pas de bûchettes. Son odeur rappelle celle du tanin.

Le *sumac de Portugal* ou *sumac de Porto* provient des environs de cette ville; il est en poudre assez grossière et contient souvent du sable et des bûchettes. On l'expédie en balle de 50 à 60 kilogr.

Le *sumac des États-Unis* est plus jaune que le sumac de Sicile. On le récolte en juillet et septembre dans le Missouri et la Virginie.

Le *sumac redoul* ou *redon* se récolte en France sur les bords du Lot et de la Garonne. C'est le plus mauvais de tous les sumacs ; il a une couleur vert grisâtre et une odeur herbacée. Il provient du *Coriaria myrtifolia*. On l'expédie de Montauban en balles de 100 à 150 kilogr.

Le *sumac pudis* est produit aussi en France. Il est peu estimé. Il se présente sous forme de poudre fine vert jaunâtre sans consistance. Son odeur est forte. Il provient aussi du *corioria myrtifolia*.

Les sumacs les plus verts sont les plus estimés.

Emplois.

Les feuilles de sumac et les jeunes rameaux, après avoir été pulvérisés et réduits en poudre plus ou moins grossière, servent à la teinture noire, à la tannerie, à la maroquinerie et à la corroirie. On les emploie principalement pour préparer les cuirs dits *marocains noirs* et *cuirs de Cordoue*.

La France ne produit pas la quantité de sumac dont elle a besoin chaque année. En moyenne, elle reçoit annuellement environ six millions de kilogrammes de sumac en brindilles, en feuilles et en poudre.

Les feuilles du *Rhus typhina* sont utilisées dans le tannage aux États-Unis et au Canada.

CHAPITRE II

ÉCORCE DE CHÊNE.

QUERCUS.

Arbre et arbrisseau de la famille des Amentacées.

Les Chênes qui fournissent des écorces tannantes, forment deux catégories : 1° Les espèces à feuilles caduques ; 2° les espèces à feuilles persistantes.

Les premières comprennent :

1. Le *chêne pédonculé* ou *chêne à grappes* (QUERCUS PÉDUNCULATA) qui est répandu dans la zone moyenne de l'Europe.

2. Le *chêne rouvre* ou *chêne à glands sessiles* (QUERCUS ROBUR) qui est très commun dans les forêts de la région septentrionale.

3. Le *chêne tauzin* ou *chêne noir* (QUERCUS TAUZA) qui est répandu dans les régions de l'Ouest et du Sud-Ouest.

4. Le *chêne cerris* ou *chêne de Bourgogne* qui est très commun dans les forêts de la Bourgogne et du Jura.

Les secondes renferment :

1. Le *chêne yeuse* ou *chêne vert* (QUERCUS ILEX) qui est commun dans le midi de la France et de l'Europe et en Algérie.

2. Le *chêne liège* (QUERCUS SUBER) qui n'existe que dans le midi de l'Europe et qui constitue des forêts importantes en Algérie.

3. Le *chêne kermès* ou *garouille* (QUERCUS COCCIFERA)

qui croît à l'état de buisson dans les sols pierreux ou garigues dans les contrées méridionales.

Le chêne velani (QUERCUS ŒGILOPS) est celui qui fournit les cupules appelées *avelanédes* ou *velanées*. Ces cupules sont hérissées extérieurement d'écailles gris sombre et résistantes. Elles constituent le *gallon du Levant* et donnent lieu à Smyrne à un commerce important. Le chêne velani est répandu dans les forêts de l'Asie Mineure et des îles de l'archipel grec (voir chapitre III).

Le tan est d'autant plus abondant dans l'écorce du chêne que celle-ci s'est développée dans un climat tempéré. C'est pourquoi les cuirs du Levant et de l'Algérie sont regardés comme étant de bonne qualité.

Le tanin existe principalement dans les couches corticales. Le liber en contient peu et l'épiderme en est dépourvu, sous toutes les latitudes ; plus l'écorce est vieille et plus elle renferme de tanin.

En France l'écorçage des brins qui composent un bois a lieu quand ils ont atteint 18 à 24 ans. C'est exceptionnellement que cette opération est exécutée quand la révolution est arrivée à sa douzième année. Au-dessous de cet âge, l'écorce est impropre au tannage.

L'écorçage est exécuté quand la sève est en mouvement, moment où elle est très riche en tannin. Suivant les latitudes, cette opération est faite en avril ou en mai, ou en juin, soit sur pied, soit aussitôt après l'abatage des brins. Dès qu'elle est terminée, on fait sécher les écorces lentement et à l'ombre. On les livre au commerce quand elles sont bien sèches. On doit les conserver à l'abri de la pluie et de l'humidité.

Les *écorces de bonne qualité* sont blanchâtres à l'extérieur et rougeâtres à l'intérieur ; leur épiderme est très mince et leur saveur très astringente. Les *écorces de mauvaise qualité* présentent des crevasses plus ou moins nombreuses quand elles sont restées longtemps à la pluie ; en outre, elles sont noirâtres en dedans et elles ont perdu une partie de leur saveur et de leur odeur ; enfin elles proviennent de pieds maladifs.

L'écorce la plus recherchée provient de l'écorçage opéré en mai.

L'écorce est mise en paquets ayant 0ᵐ,65 à 1ᵐ,10 de longueur et 1 mètre à 1ᵐ,30 de circonférence. Chaque botte pèse de 10 à 15 kilog. Un hectare comprenant des brins âgés de 18 à 20 ans peut donner de 600 à 700 bottes.

Dans le nord de l'Europe où le chêne est moins répandu, on remplace l'écorce du chêne par l'écorce de sapin.

Le tan dissous a l'avantage de rendre les peaux imputrescibles.

———

Au Japon, on utilise l'écorce du *Quercus dentata* et à Guatémala celle du *Quercus ferruginea*.

Dans les Antilles anglaises, on emploie principalement l'écorce du *chêne des Antilles (Buceda buceras)*. Au Paraguay, on accorde la préférence, dans la préparation des cuirs blancs, à l'écorce du *Quebracho collorado (Aspiosperma quebrachi* ou *Loxopterygium Lorentzii* qu'on commence à importer en France.

Au Chili, le *peumo* ou écorce du *Laurus linguy* sert aussi au tannage des peaux.

CHAPITRE III

GALLES OU NOIX DE GALLES.

Les galles sont des excroissances plus ou moins arrondies, très riches en tanin qui colorent en bleu-noir les
sels ferriques. Elles prennent naissance sous la piqûre
d'un insecte appartenant au genre *cynips*.

Le commerce distingue les variétés ci-après :

Les *galles de France* ou *galles du pays* existent sur le
Quercus toza; elles sont très légères, rondes, unies, brunes,
noirâtres ou jaune pâle; elles sont toujours percées.

Les *galles d'Alep* ou *galles de Turquie* qui proviennent
du *Quercus infectoria* qui est commun dans tout le Levant; elles ont un aspect pointu : c'est pourquoi on les
nomme *galles épineuses*.

Ces galles sont dites *noires*, *vertes* ou *blanches*, suivant
leur coloration. Les premières sont les plus recherchées.
Elles contiennent de 60 à 66 pour 100 de tanin.

Les *galles de Smyrne* proviennent du même chêne; elles
sont aussi noires, vertes et blanches, mais elles sont moins
riches en tanin.

Les *galles de Morée* sont très petites et très irrégulières;
elles sont brunes ou rougeâtres.

Les *galles de Chine* sont produites sur le *Rhus semialata*
par l'*Aphis chinensis*; elles sont allongées, unies ou domi-
nées par des aspérités qui ressemblent à des cornes. Elles
sont couvertes d'un duvet blanchâtre ou grisâtre. Elles

contiennent de 55 à 65 pour 100 de tanin. Les Chinois les nomment *Yen-fou tsé*. Les galles du Japon où *kifushi* ont la même provenance.

Les *galles du chêne yeuse* (QUERCUS ILEX) ont 0^m,02 de diamètre; elles sont rougeâtres ou verdâtres; leur surface est unie ou rugueuse.

Les *gallons de Piémont* ou *gallons de Hongrie* sont des excroissances connues sous le nom de *Knopperns;* elles proviennent d'une piqûre faite sur les cupules et parfois sur les glandes du *Quercus stagnosa* et du *Quercus pubescens* qui sont répandus en Hongrie, en Styrie, en Croatie et en Esclavonie. Ces galles sont irrégulières, raboteuses, légères et de fortes dimensions. Leur couleur varie du jaune blanchâtre au jaune rougeâtre. Elles ne renferment que de 30 à 35 pour 100 de tanin.

Les *gallons du Levant* proviennent du *chêne avelanède* ou *chêne velani* (QUERCUS) qui est répandu dans le midi de l'Europe, principalement en Grèce et dans l'Asie Mineure. Ce sont les cupules connues sous le nom d'*avelanèdes* qui constituent ce produit qu'on importe en Europe et qu'on utilise dans la teinture en noir et dans la tannage des cuirs.

Enfin, on utilise aussi dans les mêmes circonstances les galles produites sur les feuilles de deux Badamiers par un insecte. Les arbres qui fournissent les *galles de Myrobolan* sont le *Terminalia* ou *Mirobolana citrina* et le *Terminalia* ou *Mirobolana Chebula*. L'un et l'autre appartiennent à la famille des combrétacées. Ils sont répandus dans les parties chaudes de l'Asie méridionale et de l'Océanie, principalement au Malabar et dans les îles Malaises. On les multiplie de graines.

Les galles de France et celles du Levant servent pour teindre en noir ou à fabriquer l'encre. Les galles blanches de l'Asie sont principalement utilisées par les maroquiniers. Les galles *knopperns* servent au tannage des peaux.

CHAPITRE IV

CŒSALPINIE DES CORROYEURS.

CŒSALPINA CORIARIA.

Plante dicotylédone de la famille des Légumineuses.

Cet arbre est très répandu dans les parties maritimes de la Colombie, du Mexique et des Antilles. Il a été introduit et propagé dans l'Inde.

Cet arbre, d'une croissance rapide dans les sols frais des contrées intertropicales, est élégant par son feuillage, ses gousses aplaties, longues de $0^m,06$ à $0^m,08$ et larges de $0^m,018$ à $0^m,020$ sont recourbées en forme de S ou de C; leur enveloppe est mince ou rougeâtre; elles contiennent 7 à 8 graines dures, rousses, ayant une saveur très astringente. Ces fruits servent au tannage des cuirs; ils contiennent 50 pour 100 de tanin.

Un arbre de moyenne grandeur donne annuellement 40 kilog. de gousses.

Les Indiens le connaissent sous les noms de *divi-divi* ou *libi-bidi*. Ses gousses rendent le tannage des cuirs de moins longue durée que lorsqu'on emploie l'écorce du chêne. Elles sont très employées en Angleterre.

Diverses essences ligneuses appartenant à la famille des légumineuses, comme l'*Acacia arabica* qui est le *bablah* de l'Inde et qui est commun à Chandernagor; l'*Acacia adansonia* qui est le *gonahié* du Sénégal, l'*Acacia nilotica* qui est appelé *Neb-neb* et qui est commun dans la haute Égypte et la Nubie, fournissent des gousses dont les enveloppes sont riches en tanin.

Les gousses de ces acacias sont vendues plus ou moins divisées. Elles sont abondantes dans la haute Égypte, dans la Nubie, au Sénégal, dans l'Inde et dans l'Amérique tropicale. Le commerce les distingue par leur pays d'origine. Il les reçoit en sac de 25 à 50 kilog.

Un kilog. d'écorce de l'*acacia catechu* remplace 7 à 8 kilog. d'écorce de chêne.

———

A la Réunion, on utilise aussi avec succès l'écorce du *Celtis madagascariensis*; à la Cochinchine, celles du *Ricinus tamarius* et du *Terminalia Catappa*; dans l'Inde, l'écorce de *Kino* ou *Butea frondosa* et celle de l'*Asacum* ou *Terminalia frondosa*; à la Martinique, les écorces des *Cassia fistula, Malpighia angustifolia, Aleurites triloba, Catalpa longissima* ou chêne des antilles; au Brésil, celles de l'*Anacardium occidentale* et de l'*Eugenia lucida*; au Cambodge, celle du *Terminalia chebula*; au Sénégal, l'écorce du *Rhus typhinum*; dans l'Australie du sud, l'écorce de *l'Acacia pyracantha* et principalement celle de l'*Acacia decurrens*. L'écorce de l'*Acacia cebil* ou *Piptadenia cebil* est aussi très riche en tannin; elle est très employée dans la République argentine. Au Gabon, on utilise avec succès celle du *Pterocarpus angolensis*.

CINQUIÈME PARTIE

PLANTES SALIFÈRES

Il existe des végétaux qui croissent facilement dans les terrains salés situés sur les rives de l'Océan et de la Méditerranée. Ces plantes sont herbacées ou ligneuses.

Au nombre des premières, il faut signaler les *Salsola*, les *Salicornia* et le *Chenopodium maritimum*, et parmi les secondes le *Salsola fruticosa*, l'*Atriplex halinus* et la *Tamarix gallica*.

Divers de ces végétaux ont le pouvoir de fixer dans leurs tissus une notable quantité de sels alcalins, principalement de la soude. Les plantes qui en contiennent le plus sont le *Salsola soda*, le *Salsola kali* et le *Salicornia herbacea*. Ces végétaux salifères avaient une grande importance en Europe avant que la chimie n'ait découvert le moyen de fabriquer artificiellement la soude.

Les *varechs* ou *fucus* contiennent aussi de la soude. On en incinère chaque année, en mai et en juin, des quantités importantes depuis 1760 sur les côtes de la Vendée. Cette opération a lieu dans des fosses munis chacune d'une grille, quand le goémon est à demi desséché. La masse qu'on obtient est la soude qui est dure, compacte, noire, avec une cassure irisée.

———————

CHAPITRE UNIQUE

SOUDE COMMUNE.

SALSOLA SODA, L. — SALSOLA LONGIFOLIA, Lam.

Plante dicotylédone de la famille des Chénopodées.

Historique. — Mode de végétation, — Espèces cultivées. — Terrain. — Semis. — Soins d'entretien. — Récolte. — Incinération, — Richesse saline des soudes. — Récolte des graines. — Produits par hectare. — Valeur commerciale. — Usages.

La soude est cultivée dans la Basse-Provence, le Bas-Languedoc, sur les bords de l'Adriatique, et dans les environs d'Alicante, localités où la terre est salée et l'atmosphère chargée de parties salines. Il y a un demi-siècle, alors qu'on ignorait la fabrication de la soude artificielle, la valeur de celle qu'on fabriquait aux environs de Narbonne dépassait annuellement un million.

En 1782, Chaptal et Pouget répétèrent avec succès les essais fait un siècle auparavant à Frontignan, sous les auspices de l'ancienne administration du Languedoc.

Mode de végétation.

Cette plante (fig. 70) appelée souvent *salicor* est annuelle et haute de 0ᵐ,30 à 0ᵐ,40 ; elle a une tige étalée, glabre, luisante, à rameaux alternes, étalés ou ascendants ; ses feuilles sont aussi alternes, demi-embrassantes, longues, semi-cylindriques, aiguës et d'un vert glauque. Ses fleurs sont verdâtres, solitaires ou géminées ; elles s'épanouissent en juillet et août. Les fruits sont comprimés, enveloppés par les calices ; ils contiennent une graine noirâtre, dépourvue d'albumen, et ayant un embryon contourné en spirale.

Espèces cultivées.

Outre l'espèce qui précède, on en cultive trois autres :

1° La *soude d'Alicante* (SALSOLA SATIVA, L.). Elle diffère de la précédente par les longues soies que portent ses

Fig. 70. — Soude commune.

feuilles, et par les ailes étalées rose pourpre qui forment le calice. Cette espèce est connue depuis 1783. On la désigne quelquefois sous le nom de *barille d'Espagne, soude de Carthagène, soude de Malaga.* Elle fournit la soude dite d'Alicante qui est la plus estimée.

2° La *soude kali* (SALSOLA KALI, L.). Cette espèce a des tiges hérissées, étalées, rameuses, poilues, et les feuilles hé-

23.

rissées ou rudes. Elle est commune sur le bord de la Méditerranée.

3° La *soude épineuse* (SALSOLA TRAGUS, L.). Cette soude n'est qu'une simple variété de la précédente. Ses tiges et ses feuilles sont dressées et presque glabres. On la rencontre aussi sur les terrains salés de la Provence et du Languedoc.

Ces deux dernières espèces sont moins cultivées que les soudes commune et d'Alicante.

Terrains.

NATURE. — On ne peut cultiver la soude que sur les laisses de mer ou les terrains salifères, légers, frais et fertiles, où, comme cela a lieu dans la Provence et le Languedoc, sur le bord des étangs salés où la *salicorne* (SALICORNIA HERBACEA), croît avec vigueur. Elle dégénère promptement quand on la cultive sur des terres qui ne contiennent pas de sel.

PRÉPARATION. — On prépare le terrain comme s'il était question de semer une céréale d'hiver. Ainsi, on l'ameublit par 3 ou 4 labours et hersages suivis de roulages, si la couche arable est mottèuse.

Semis.

ÉPOQUE. — On sème la soude en *automne* ou à la fin de *l'hiver,* c'est-à-dire en octobre ou novembre, ou en février ou mars. C'est par exception qu'on exécute les semis en avril. A Alicante, les semis se font en automne et à Valence en janvier.

EXÉCUTION. — On répand les graines à la volée et on les enterre par un hersage léger ou un fagot d'épines. Dans les circonstances ordinaires, les pluies qui suivent le semis les fixent suffisamment à la terre parce qu'elles sont très petites.

Les agriculteurs qui exécutent les semis en mars ou avril, font suivre cette opération par un roulage, afin que la terre conserve longtemps la fraîcheur que les graines demandent pour germer facilement.

On doit, autant que possible, exécuter les semis quand le temps est pluvieux.

Quantité de graines. — La quantité de graines qu'on répand par hectare varie suivant leur qualité et les causes qui peuvent favoriser ou nuire à leur germination.

En moyenne, on en sème par hectare 3 à 4 litres.

On doit tous les deux ou trois ans renouveler les graines, c'est-à-dire les remplacer par des semences récoltées sur des plantes indigènes, parce que la soude dégénère facilement ; quand on la cultive ainsi, d'année en année elle devient moins alcaline que la soude qui croît à l'état sauvage.

Soins d'entretien.

Au printemps, et à mesure que les mauvaises herbes apparaissent et se développent, on les détruit par des sarclages répétés. La soude craint l'envahissement du sol par les plantes indigènes.

Récolte.

Époque. — La récolte de la soude cultivée se fait de la fin de juillet au commencement de septembre, lorsque ses tiges et ses rameaux prennent une teinte rougeâtre, et que la moitié environ de ses graines sont bien formées. A Valence, par exception, on l'exécute à la fin de juin.

La soude coupée trop verte ou lorsque sa dessiccation est

complète, contient toujours une moins forte proportion de parties alcalines.

Opération. — On coupe les tiges avec la faux ou la faucille, ou on les arrache avec la main. La soude tient à la terre par une petite racine.

Les femmes ou les ouvriers qui exécutent ce travail sont accompagnés d'enfants qui sont chargés de réunir les plantes en petits tas qu'on abandonne à eux-mêmes pendant 3 à 5 jours.

Quand les plantes sont fanées ou presque sèches, on les réunit en une ou deux meules oblongues bien faites et bien convexes.

On couvre ces meules avec des paillassons, ou des nattes, ou des toiles, en cas de pluie, afin que celles-ci ne les pénètrent pas.

Les plantes restent en meules pendant 8 à 10 jours, c'est-à-dire jusqu'à ce qu'elles soient bien sèches.

Incinération.

Disposition des fosses. — L'incinération de la soude se fait en plein air dans des fosses creusées en terre, de forme circulaire, et ayant un mètre environ de profondeur et 1^m,50 de largeur. Le fond de ces fosses a la forme d'une large cuvette. On doit revêtir leur surface d'une couche d'argile si le sol est sablonneux, et élever sur leurs bords un bourrelet d'argile de 0^m,15 environ de hauteur, pour empêcher les eaux pluviales de s'y introduire.

Séchage des fosses. — On termine la préparation des fosses en séchant par le feu toute leur surface. Voici comment on procède à cette opération : on jette dans chaque fosse 300 à 400 kilog. de bois de corde et on y met le feu. Dès que ce combustible est consumé, on augmente l'intensité du feu en jetant dans la fosse deux ou trois fagots, afin que l'argile soit bien calcinée et qu'elle arrive au rouge. Alors on retire la braise et la cendre, et on balaye le fond de la fosse.

BRULAGE DES PLANTES. — Aussitôt qu'une fosse a été préparée, on procède à l'incinération. Alors on place sur l'ouverture de la fosse des barres de fer sur lesquelles on amoncelle un certain nombre de plantes auxquelles on met aussitôt le feu, ou bien on jette directement celles-ci dans la fosse après les avoir enflammées sur les charbons incandescents qui proviennent du bois qu'on a brûlé.

Quelquefois on commence l'incinération en mêlant à la soude de la fougère et de la bruyère sèche. Cette manière d'agir n'est utile que lorsque la fosse n'a pas été préalablement desséchée.

On entretient la combustion en jetant des plantes sur celles qui brûlent. Quand on incinère sans grillage, il faut, lorsque la combustion se ralentit et lorsqu'on jette des plantes dans la fosse, soulever momentanément celles-ci avec une fourche, afin de faciliter l'accès à l'air.

En général, les plantes encore très vertes brûlent difficilement, et celles qui sont complètement sèches se consument vivement sans profit. De plus, quand il ne fait pas de vent, les plantes brûlent mal et se charbonnent. Si le vent est très fort, elles brûlent trop vite. Dans le premier cas la soude est de mauvaise qualité; dans le second elle se réduit difficilement en une masse solide.

A mesure que l'incinération s'opère, les plantes forment dans la fosse une matière rougeâtre et liquéfiée ayant un peu de rapport avec du métal fondu, et l'oxalate de soude se transforme en carbonate de soude.

Toutes les deux heures, on cesse d'alimenter la combustion. Alors, à l'aide de barres de fer ou de perches de saule vert, on agite le résidu pour qu'il se transforme en une masse uniforme, poreuse et dure.

Quand la matière a été bien mêlée, on reprend de nouveau le brûlage, pour l'arrêter au bout de deux heures environ et agiter de nouveau le résidu, et ainsi de suite jusqu'à ce que la fosse soit remplie.

Alors on retire le grillage et on couvre la fosse de 0^m,50 de terre, qu'on amoncelle en forme de cône, pour que la pluie ne puisse arriver jusqu'au résidu. Au bout de 10 à 12 jours, on enlève la terre, et, à l'aide de masses et de barres en fer, on divise en gros morceaux la matière agglomérée et grisâtre que contient la fosse, et on la met à l'abri de la pluie.

Quand l'incinération est terminée, on livre au commerce le produit qui en est résulté sous le nom de *carbonate de soude impur*.

La soude de bonne qualité a une couleur claire qui rappelle celle du plomb et elle n'exhale aucune odeur sulfureuse. Elle a une saveur alcaline.

On l'emballe dans des nattes. La soude d'Alicante est désignée dans le commerce sous le nom de *barille douce*.

Toutes ces opérations se font à la tâche ou à la journée.

Ordinairement un ouvrier brûleur et quatre journaliers suffisent, pendant trois jours et deux nuits, pour brûler les plantes que fournit un hectare.

La préparation de chaque fosse coûte de 15 à 20 francs, et les frais d'incinération varient par hectare entre 70 et 80 fr.

Richesse alcaline des soudes.

Les résidus provenant de l'incinération de la *soude commune* contiennent de 14 à 15 pour 100 de carbonate de soude; ceux que fournit la *soude d'Alicante* en renferment de 25 à 30 pour 100.

La soude d'Alicante est regardée comme la meilleure;

elle est sèche, compacte, pesante, grise et percée de petits trous.

La *soude de Narbonne* provient de la combustion de la salicorne.

Récolte des graines.

Lorsqu'on veut récolter des graines sur les plantes qu'on cultive, on laisse sur le champ un certain nombre de pieds, et lorsque ces derniers sont complètement mûrs, on les arrache pour les battre sur une bâche avec des gaules ou des fléaux légers.

Cette récolte a lieu en septembre ou octobre.

La graine de s oude est petite.

Produits par hectare.

SOUDE. — Un hectare de soude fournit de 10,000 kilog. à 16,000 kilog. de tiges à demi-sèches.

Cent kilogrammes de plantes donnent, en moyenne, de 8 à 10 kilog. de résidus.

Ainsi, un hectare produit de 900 à 1,500 kilog. de soude.

GRAINES. — La même superficie peut donner de 40 à 60 hectolitres de graines.

Un mètre cube de soude brute pèse 1,000 à 1,200 kilog.

Valeur commerciale de la soude.

La soude se vend de 16 à 20 fr. les 100 kilog.

Usage de la soude.

La soude qu'on obtient par l'incinération des plantes salifères sert à la fabrication du verre et des savons. Ces derniers sont supérieurs en qualité aux savons qu'on fabrique avec la soude factice.

La soude d'Alicante sert principalement à la préparation du sulfate de soude.

———

Comme je l'ai dit précédemment, on peut aussi extraire de la soude par incinération de la salicorne herbacée (SALICORNIA HERBACEA, L.), et de la salicorne ligneuse (SALICORNIA FRUTICOSA, L.), mais ces deux espèces ne sont pas cultivées.

Les *goëmons* ou *varechs* qui fournissent de la soude riche en sels potassiques et iodiques sur les côtes de l'Océan, dans la province de l'ouest, sont récoltés sur les rochers à marée basse pendant les mois de mai et de juin.

La soude retirée des goëmons est appelée *soude de varechs*.

TABLE ALPHABÉTIQUE

DES MATIÈRES

(Les plantes formant chapitre sont en **lettres grasses**; les noms
scientifiques des plantes sont en *italiques.*)

FIN DE LA TABLE ALPHABÉTIQUE DES MATIÈRES.

LIBRAIRIE AGRICOLE

DE LA

MAISON RUSTIQUE

RUE JACOB, 26, A PARIS

☞ *La* **Librairie agricole de la Maison Rustique** *envoie franco, à toute personne qui en fait la demande, son catalogue le plus récent.*

Un numéro spécimen AVEC PLANCHE COLORIÉE *du* **Journal d'agriculture pratique** *ou de la* **Revue horticole** *est adressé à toute personne qui en fait la demande accompagnée de 30 centimes en timbres-poste pour chaque journal.*

(Voir l'*Avis important* à la page suivante.)

DIVISION DU CATALOGUE

Série C. nº 35. — Avril 1893.

AVIS IMPORTANT

La Librairie agricole, ne pouvant ouvrir un compte à toutes les personnes qui s'adressent à elle, est forcée de n'exécuter que les commandes accompagnées de leur paiement.

Toute commande de livres doit donc être accompagnée du montant de sa valeur et des **frais de port**.

Envois par la poste. — Si l'envoi doit se faire par la poste, ajouter pour les frais de port 0 fr. 25 au montant de toute commande inférieure à 2 fr. 50, et 10 0/0 du montant de la commande au-dessus de 2 fr. 50.

Envois par colis postaux. — Si l'envoi peut se faire par colis postal, le prix d'un colis postal de 3 kilogr. étant de 0 fr. 60 pour l'expédition en gare, et de 0 fr. 85 pour l'expédition à domicile, calculer le montant des frais de port à raison d'un colis postal par commande de 20 francs.

Nos clients peuvent payer leurs commandes par l'envoi de mandats-poste dont le talon sert de quittance, bons de poste, chèques ou mandats sur Paris, à l'ordre du *Directeur de la Librairie agricole de la Maison rustique.* (Les très petites sommes ou les appoints peuvent être envoyés en timbres-poste.)

On ne reçoit que les lettres affranchies.

Conditions spéciales offertes aux abonnés
du Journal d'Agriculture pratique et de la Revue horticole.

Les abonnés du *Journal d'Agriculture pratique* et de la *Revue horticole* ont droit à une remise de 10 °/₀ *sur tous les livres qui figurent au présent catalogue,* lorsqu'ils viennent les prendre directement à la Librairie agricole, rue Jacob, 26, à Paris.

Au lieu de la remise de 10 °/₀ ci-dessus spécifiée, les abonnés ont droit à l'*envoi franco,* quand les livres doivent leur être remis à domicile ; mais ce droit à l'*envoi franco,* est réservé aux abonnés de France ; il ne s'applique à l'étranger que si l'expédition peut se faire par la poste, et reste comprise dans l'*Union postale.*

La commande doit toujours être accompagnée du montant de sa valeur.

I. — MAISON RUSTIQUE DU XIXᵉ SIÈCLE. — TRAITÉS GÉNÉRAUX D'AGRICULTURE

Maison rustique du XIXᵉ siècle, cinq volumes grand in-8° à deux colonnes comprenant ensemble 2,700 pages, avec 2,500 gravures, publiée sous la direction de MM. Bailly, Bixio et Malpeyre.

Tome Iᵉʳ. — Agriculture proprement dite.

Climat.	Desséchement.	Récoltes.	Plantes-racines.
Sol et sous-sol.	Labours.	Voies de communica-	Plantes fourragères.
Amendements.	Ensemencements.	tion, clôtures.	Maladies des végé-
Engrais.	Arrosements.	Céréales.	taux. — Animaux
Défrichement.	Irrigations.	Légumineuses.	et insectes nuisibles.

Tome II. — Cultures industrielles ; animaux domestiques.

Cultures industrielles.		*Animaux domestiques.*	
Plantes oléagineuses.	Houblon.	Pharmacie vétéri-	Cheval, âne, mulet.
— textiles.	Mûrier.	naire. — Maladies.	Races bovines.
— économiques.	Arbres : olivier.	Anatomie.	— ovines.
— médicinales.	— noyer.	Physiologie.	— porcines.
— aromatiques.	— de bordures.	Élevage et engraisse-	Basse-cour.
— tinctoriales.	— de vergers.	ment.	Chiens.

Tome III. — Arts agricoles.

Lait, beurre, fro-	Laine.	Sucre de betterave.	Résines.
mages ; fruitières.	Vers à soie.	Lin, chanvre.	Meunerie.
Incubation artifi-	Abeilles.	Fécule.	Boulangerie.
cielle ; élevage.	Vins, eaux-de-vie.	Huiles.	Sels.
Conservation des	Cidres, vinaigres.	Charbon, tourbe.	Chaux, cendres.
viandes ; salaisons.	Bière.	Potasse, soude.	Arts divers.

Tome IV. — Forêts, étangs ; législation, administration.

Pépinières.	Droits de propriété.	Choix d'un domaine.	Personnel, attelages
Culture des forêts.	Distinction des biens.	Estimation.	mobilier.
Exploitation.	Bail, cheptel.	Acquisition.	Bétail, engrais.
Estimation.	Biens communaux.	Location.	Systèmes de culture
Pêche, Étangs.	Police rurale.	Améliorations.	Ventes et achats.
Empoissonnement.	Des peines.	Capital.	Comptabilité.

Tome V. — Horticulture.

Terrain, engrais.	Semis, greffes, taille.	Jardin fruitier.	Plans de jardins.
Outils de jardinage.	Pépinières.	— fleuriste.	Calendriers du jardi-
Couches, bâches.	Arbres à fruits.	— potager.	nier, du forestier,
Orangerie et serres.	Légumes.	Culture forcée.	du magnanier.

Il n'y a pas d'agriculteur éclairé, pas de propriétaire qui ne consulte assidûment la *Maison rustique du dix-neuvième siècle*, qui est encore l'expression la plus complète de la science agricole.

Prix des 5 volumes (ouvrage complet), brochés, 39 fr. 50. — Reliés, 52 fr.

Chaque volume se vend séparément, broché, 8 fr. — Relié, 10 fr. 50

BORIE (Victor). — **Les Travaux des champs** (*Bibl. du Cultiv.*). In-18 de 188 pages et 121 grav. 1.25

—— **Les Jeudis de M. Dulaurier**, Cours élémentaire d'agriculture. 2 vol. in-18 de 216 pages et 67 grav. 1.50

DOMBASLE (de). — **Traité d'agriculture.** 4 vol. in-8° ensemble de 1,702 pages. . . . .   20. »

Tome Ier. *Économie générale.* 1 vol. in-8° de 410 pages.

— II. *Pratique agricole*, 1re *partie :* améliorations du sol, engrais et amendements, assolements, instruments; 1 vol. in-8° de 456 p. et 19 grav.

— III. *Pratique agricole*, 2e *partie :* cultures préparatoires, céréales, fourrages, racines, prairies; récolte et conservation des produits. 1 vol. in-8° de 400 pages et 6 grav.

— IV. *Le Bétail.* 1 vol. in-8° de 436 pages.

Chaque volume se vend séparément . . . .   5. »

—— **Calendrier du bon cultivateur.** 11e édition. 1 vol. in-12 de 912 pages et 39 gravures. 4.75

La première partie de l'ouvrage, aujourd'hui classique, de l'illustre agronome Mathieu de Dombasle, renferme l'indication, mois par mois, de tous les travaux à faire aux champs, à la ferme, au jardin et dans les forêts. — Dans la seconde partie l'auteur traite des conditions nécessaires pour la bonne conduite des entreprises d'améliorations agricoles : conditions matérielles et morales; administration du personnel; irrigations; engrais et amendements; assolement; amélioration du bétail à cornes; instruments perfectionnés d'agriculture.

—— **Abrégé du Calendrier**, ou manuel de l'agriculteur praticien. (*Bibl. du Cultiv.*). In-12 de 280 pages 1.25

—— **Extrait de l'Abrégé du Calendrier.** In-12 de 98 pages.   ».60

FRUCHIER (Dr J.-A.). — **Traité d'agriculture théorique et pratique**, plus spécialement appliqué aux conditions agricoles du midi de la France. 1 vol. in-8° de 816 pag. et 140 gr. suivi d'un dictionnaire des plantes cultivées, des animaux domestiques, et de leurs principaux produits. . . . . . .   8. »

GASPARIN (Comte de). — **Cours d'agriculture.** 6 vol. in-8° de plus de 4,000 pages et 235 grav. 39.50

Tome Ier. Terrains agricoles, propriétés physiques des terres, valeur des terrains, amendements, engrais.

— II. Météorologie agricole, constructions rurales.

— III. Mécanique agricole, agriculture générale, cultures spéciales, céréales et plantes légumineuses.

— IV. Plantes-racines, plantes oléagineuses, tinctoriales, textiles, fourragères; vigne et arbres fruitiers.

— V. Assolements, systèmes de culture, organisation et administration de l'entreprise agricole.

— VI. Principes de l'agronomie; nutrition et habitation des plantes, appendices sur les machines.

Chaque volume se vend séparément . . . .   7. »

GIRARDIN ET DU BREUIL. — **Traité élémentaire d'agriculture.** 2 vol. in-18 de 1500 pages et 955 fig . . . . 16. »

Tome Ier. — Agronomie; le sol, assainissement, irrigations, labours; amendements et engrais; défrichements; arts agricoles; plantes alimentaires cultivées pour leur semence; céréales, plantes légumineuses.

Tome II. — Plantes fourragères à racines alimentaires; prairies artificielles et prairies naturelles; plantes textiles, tinctoriales, économiques; plantes potagères de grande culture, assolements, notions sommaires d'économie agricole; organisation d'un domaine, exploitation.

GRANDEAU. — **Cours d'agriculture de l'École forestière :**

Tome Ier. — La Nutrition de la plante, un beau volume grand in-8° de 624 pages, 39 fig. et 1 planche; prix : cartonné à l'anglaise . . . . 12. »
Le tome Ier seul a paru.

JOIGNEAUX (P.). — **Le Livre de la ferme et des maisons de campagne,** publié sous la direction de M. P. Joigneaux, avec la collaboration d'un grand nombre de savants et de praticiens, formant une véritable encyclopédie : nouvelle édition entièrement refondue et augmentée. 2 vol. in-4° de 2,116 pages à 2 colonnes avec 1,829 figures dans le texte.

Tome Ier. — *Agriculture proprement dite :* Terrains et engrais; labours, roulages, binages; méthodes de culture et instruments; assolements et cultures spéciales; céréales, légumineuses, racines, fourrages, plantes industrielles, plantes nuisibles. — *Zootechnie générale :* élevage des bestiaux; chevaux, ânes, mulets, bœufs et vaches laitières, laitages et laiteries; moutons, porcs; basses-cours et colombiers; abeilles et vers à soie; pisciculture; animaux et insectes nuisibles.

Tome II. — *Arboriculture et horticulture :* Généralités, pépinières, semis; vignes, vendanges et vinification; eaux-de-vie et vinaigres; jardin fruitier, poirier, pommier, pêcher, cerisier, etc.; vergers; culture potagère; fleurs; parcs et jardins paysagers; arbres et arbustes d'ornement, sylviculture. — *Connaissances utiles :* Hygiène de l'homme et du bétail; comptabilité, droit civil, pêche et chasse; recettes diverses.

Prix des deux volumes : brochés. . . . . 32. »
Les mêmes, reliés, 40 fr.

—— **Les Champs et les Prés** (*Bibl. du Cult.*), entretiens sur l'agriculture : Sols et sous-sols; labourage, engrais; semis, plantation et récoltes; plantes racines, légumineuses, fourragères, oléagineuses, textiles; prairies naturelles. In-18 de 154 pages. 1.25

—— **Traité des graines** de la grande et de la petite culture, importance et choix des bonnes graines; durée des facultés germinatives; fixation des variétés; porte-graines de la grande culture, du potager, du parterre et des arbres. (*Bibl. du Cult.*). In-18 de 168 pages. 1.25

JOIGNEAUX (P.). — **Petite École d'agriculture** (*Bibl. des écoles primaires*). L'outillage agricole de l'enfant. — Le fumier, le drainage, les labours, les grains, les semis, les soins d'entretien. — Le jardin fruitier. — L'herbier de l'enfant. — Les insectes utiles et nuisibles. — A l'œuvre pour la récolte. — Petit bétail et petite volaille. — Des petites industries. Un vol. in-18 de 124 pages et 42 gravures, cartonné toile. 1.25

LAURENÇON. — **Traité d'agriculture élémentaire et pratique** (*Bibl. des écoles primaires*). 2 vol. in-18, ensemble de 248 pages et 44 grav. 1.50

LENOIR. — **Notions usuelles d'agriculture**, manuel théorique et pratique à l'usage des instituteurs et des jeunes praticiens. 1 vol. in-8° de 160 pages. . . . .   2. »

MILLET-ROBINET (Mme). — **Maison rustique des enfants.** In-4° imprimé avec luxe, de 320 pages, 120 grav. dans le texte, dessins de Bayard, O. de Penne, Lambert, etc., et 20 planches hors texte . . . .   8. »
Richement relié . . . .   13. »

MOLL ET GAYOT. — **Encyclopédie pratique de l'agriculteur,** publiée sous la direction de MM. *Moll,* ancien professeur d'agriculture au Conservatoire des arts et métiers, et *Eug. Gayot,* ancien directeur de l'administration des Haras, avec la collaboration d'un grand nombre de savants. 13 vol. in-8° à 2 col., contenant de nombreuses grav. insérées dans le texte.   90. »

OLIVIER DE SERRES. — **Le Théâtre d'agriculture et mesnage des champs,** d'Olivier de Serres, seigneur du Pradel, dans lequel est représenté tout ce qui est requis et nécessaire pour bien dresser, gouverner, enrichir et embellir la maison rustique, édition conforme au texte original, augmentée de notes et d'un vocabulaire, publiée par la Société d'agriculture du département de la Seine. 2 forts vol. gr. in-4° ensemble de 1856 pages. . . . .   50. »

> *Tome I.* — *Du devoir du Mesnager, c'est à dire de bien cognoistre et choisir les Terres; du Labourage des Terres à grains; de la Culture de la Vigne; du Bestail à quatre pieds, et des Pasturages.*
>
> *Tome II.* — *De la Conduicte du Poulailler, du Colombier, du Rucher et des Vers à Soye; des Jardinages pour avoir des Herbes et Fruicts potagers, des Fleurs odorantes, des Herbes médicinales et des Fruits des Arbres; de l'eau et du bois; de l'usage des Aliments.*
>
> La Société centrale d'agriculture de Paris, en publiant cette nouvelle édition du *Théâtre d'agriculture* ne voulut pas que le style fût changé; elle voulut, au contraire, qu'il conservât son originalité, son langage pur et naïf et qu'il fût publié tel qu'Olivier de Serres l'avait livré à l'impression dans les éditions corrigées par lui. Ce livre remarquable à tant de titres est resté l'un des chefs-d'œuvre de la littérature agricole.

RICHARD (du Cantal). — **Vocabulaire agricole et horticole** à l'usage des élèves des collèges et des écoles primaires (*Bibl. des écoles primaires*). 2e éd. 1 vol. in-18 de 466 pages avec figures. 3.50

Schwerz. — **Préceptes d'agriculture pratique,** traduction par MM. de Schauenburg et J. Laverrière (1839-1847), ouvrage ayant obtenu la grande médaille d'or de la Société centrale d'agriculture de France. 4 vol. in-8° ensemble de 1442 pages. 19.50

Chaque volume se vend séparément aux prix suivants.

1re *Partie.* — Préceptes généraux, climat et sol, amendements, engrais animaux, végétaux et minéraux, litières et fumiers, valeurs comparatives et application des engrais, 1 vol. in-8°, 330 pages . . . . .   5. »

2° *Partie.* — Culture des plantes à grains farineux, céréales et plantes à cosses; froment, épeautre, seigle, orge, avoine, maïs et millet. — Pois, vesces, lentilles, fèves, haricots, sarrazin. — Assolements, labours, quantité de semence, récolte et son rendement, paille, son rapport avec le grain, ses propriétés comme fourrage. 1 vol. in-8°, 472 pages. . . . . . .   6. »

3° *Partie.* — Culture des plantes fourragères, trèfle, luzerne, esparcette; fourragères supplétives. — Navets, betteraves, choux-raves, carottes, pommes de terre, topinambours, choux, leur récolte, leur conservation et leurs différents emplois économiques dans l'alimentation des chevaux et du bétail. 1 vol. in-8°, 408 pages. . . . .   5. »

4° *Partie.* — Culture des plantes économiques, oléagineuses, textiles et tinctoriales, trad. par M. Laverrière. Lin, chanvre, colza, navette, pavot, tabac. — Gaude, pastel, garance, etc. 1 vol. in-8° 232 pages.   3.50

—— **Manuel de l'agriculteur commençant** (*Bibl. du Cult.*), traduit par Villeroy. In-18 de 332 pages. 1.25

—— **Assolements et culture des plantes de l'Alsace** (1839), ouvrage traduit par V. Rendu, couronné par la Société centrale d'agriculture. 1 vol. in-8° de 312 pages. . .   3. »

Teissereno de Bort (Edmond). — **Petit Questionnaire agricole** à l'usage des écoles primaires des pays de pâturage (*Bibl. des écoles primaires*). In-18 de 192 pages et 16 grav.   1.25

Thoüin. — **Cours de culture** comprenant la grande et la petite culture des terres, celle des jardins, les semis et plantations, la taille, la greffe des arbres fruitiers, la conduite des arbres forestiers et d'ornement, un traité de la culture de la vigne et des considérations sur la naturalisation des végétaux (1845), publié par Oscar Leclerc. 3 vol. in-8° ensemble de 1618 pages et un atlas de 65 planches représentant les instruments d'agriculture et de jardinage, les greffes, taillis, boutures, les haies, clôtures, etc. . . . .   18. »

Vidalin (Félix). — **Agriculture du centre de la France :** Les agents naturels de la végétation; le sol et les engrais; les champs, les prés, les bois; le bétail; conseils d'hygiène. 2 vol. in-18 cart. de 300 pages avec fig. . . . .   3. »

II. — ÉCONOMIE RURALE. — SYSTÈMES DE CULTURE ET COMPTABILITÉ. — MÉLANGES D'AGRICULTURE.
(Voyages, annales, congrès, enquêtes. — Études agricoles appliquées à des régions particulières et monographies d'exploitations rurales.)

Maison rustique du XIXe siècle, tome IV (*voir page* 3).

Almanach du Cultivateur, publié chaque année au mois de septembre, et comprenant toutes les nouveautés agricoles. 192 pages in-32 et nomb. grav . . . .   »,50

Annales de l'Institut agronomique de Versailles.
1re Partie : Rapports sur l'administration, par Lecouteux; sur l'alimentation du bétail, par Baudement ; sur les insectes du colza, par Focillon; etc., etc. In-4° de 272 p. et 3 pl. .   3. »

2e Partie : Recherches sur l'alucite des céréales, par Doyère. In-4° de 146 pages. . . . .   2. »

BORIE (Victor). — Étude sur le crédit agricole et le crédit foncier en France et à l'étranger. 1 v. in-8° de 304 p.   5. »

« J'ai voulu, dit l'auteur dans sa préface, utiliser au profit de l'agriculture, à laquelle j'ai consacré la meilleure partie de ma vie, l'expérience que j'ai pu acquérir en me trouvant mêlé pendant près de dix ans, aux grandes opérations financières de notre temps. » Tous ceux qui s'intéressent à la question depuis si longtemps à l'étude, du crédit agricole, liront avec profit l'ouvrage de M. Victor Borie.

CHAMBRELENT. — Les Landes de Gascogne : Assainissement; desséchement des marais, mise en culture; exploitation et débouchés des produits agricoles. In-8° de 116 p. et 2 pl. . .   4. »

DESBOIS. — Le Barême agricole pour l'évaluation des terres, des prés, des vignes et le prix de leur fermage, des récoltes en grains, vins, huiles, foin, paille, du rendement des grains en farine et en huile, etc. Broch. in-4° de 108 p. ou tableaux. .   2. »

DOMBASLE (de). — Annales agricoles de Roville (1829-1837), 8 vol. in-8° avec une table alphabétique et raisonnée des matières contenues dans les huit volumes, et un supplément.

Extrait de la table générale des matières : Administration d'un établissement agricole; inventaires; comptabilité. — Bail de Roville. — Améliorations foncières; défrichements, labours, irrigations, amendements, écobuage; façons du sol, hersages, binages, etc., systèmes de culture. — Chimie agricole et physiologie végétale; nutrition des plantes; engrais, fumiers. — Animaux de trait, attelages; bétail; bœufs et vaches, bêtes à laine, chevaux, porcs, etc.; engraissement. — Céréales, froment, seigle, orge, avoine, maïs; betteraves, carottes, navets, pommes de terre, fèves, gesses, trèfle, luzerne, sainfoin, ray-grass, chanvre, colza, houblon, vigne, tabac, forêts et plantations. — Bâtiments de la ferme et instruments aratoires.

Prix de l'ouvrage complet, 9 vol. cartonnés. . . . . . .   45. »

DOMBASLE (de). — Économie générale, personnel, bâtiments, etc. (tome Ier du *Traité d'agriculture,* voir page 4). 1 vol. in-8°, 410 pages. . . . .   5. »

—— **Économie politique et agricole,** études sur le commerce international dans ses rapports avec la richesse des peuples, et sur l'organisation du travail. In-18 de 196 pages.   1.50

—— **Écoles d'arts et métiers.** In-18 de 104 pages . . . .   1. »

DREUILLE (de). — **Du Métayage et des moyens de le remplacer.** 1 vol. in-18 de 104 pages. . . . .   1. »

DUBOST et PAOOUT. — **Comptabilité de la ferme**; notions générales, inventaire, comptabilité-matières, comptabilité-espèces, compte moral, produit brut et bénéfices. (*Bibl. du Cultiv.*). 1 vol. in-18 de 124 pages ou tableaux. 1.25

—— **Registres pour la comptabilité de la ferme**, cinq registres in-folio pot avec instructions pratiques. . . . .   10. »

Livre d'inventaire. — Livre de magasin de la ferme. — Livre de magasin à l'usage de la fermière. — Livre de caisse de la ferme. — Livre de caisse de la fermière.

Chaque volume se vend séparément. . . . .   2. »

DURRIEUX. — **Monographie du paysan du Gers**; sol, industrie, population, mœurs, caractères, statistique, histoire de la famille, aliments, hygiène, habitation, moyens d'existence, étude sur le régime des successions. 1 vol. in-18 de 260 pages.   3.50

F.*** P.***. — **Des Réunions territoriales**, étude sur le morcellement en Lorraine. In-8º de 48 pages. . . . .   ».75

FONTENAY (L. de). — **Voyage agricole en Russie.** 1 vol. in-18 de 570 pages. 3.50

FRANÇOIS. — **Manuel de l'expert des dommages causés par la grêle**; effets de la grêle sur les différentes natures de récoltes; maladies et insectes dont les dégâts ne doivent pas être confondus avec ceux de la grêle; des expertises. (*Bibl. du Cultiv.*). 1 vol. in-18 de 108 pages. 1.25

GASPARIN (Comte de). — **Cours d'agriculture, tome V** : assolements, systèmes de cultures, organisation et administration de l'entreprise agricole, etc. (voir page 4).

—— **Fermage,** guide des propriétaires des biens affermés; estimation, baux, etc. (*Bibl. du Cultiv.*). In-18 de 216 pages . . .   1.25

—— **Métayage,** contrats, effets, améliorations, culture des métairies (*Bibl. du Cultiv.*). In-18 de 164 pages 1.25

IMBART-LATOUR. — **De la Crise agricole** relative à la vente et à la consommation du bétail en France, notamment en ce qui concerne le Nivernais. Br. in-8º de 62 pages. . . .   1.50

LAVERGNE (Léonce de). — **Économie rurale de la France depuis 1789.** 4e édition. 1 vol. in-18 de 490 pages.. . .   3.50

—— **Essai sur l'économie rurale de l'Angleterre, de l'Écosse et de l'Irlande.** 5e éd. 1 vol. in-8º de 474 pages. .   8.50

—— **L'Agriculture et la Population.** 1 vol. in-18 de 472 pages.   3.50

LAVERGNE (Bernard). — **Agriculture des terrains pauvres** : assainissement des terrains humides; prairies naturelles et artificielles; reboisements; vigne; économie agricole, engrais, bestiaux, comptabilité; 2e édit. 1 vol. in-18 de 302 pages. .   3. »

**

Le Conte. — **L'Agriculture dans ses rapports avec le pain et la viande,** écarts entre les cours du blé et des animaux et ceux du pain et de la viande, leurs causes, remèdes à apporter. Broch. in-8° de 132 pages . . . .   2. »

Lecouteux (Ed.). — **Cours d'économie rurale,** professé à l'Institut national agronomique. 2ᵉ éd. 2 vol. in-18, 984 p.   7. »

> Tome Iᵉʳ. *Les milieux économiques :* Les richesses sociales et leur valeur ; les agents directs de la production, la population, la propriété, la terre, le capital ; l'État et ses institutions ; les débouchés et le régime commercial ; l'œuvre économique du dix-neuvième siècle.

> Tome II. *Les entreprises agricoles et les systèmes de culture :* l'entrepreneur et ses moyens d'action, le domaine, le capital d'exploitation, le travail, les engrais ; les produits agricoles ; les systèmes de culture ; administration et comptabilité agricoles.

—— **Principes de la culture améliorante.** 1 vol. in-18 de 412 pages. 3. 50

> Principes généraux de la culture améliorante. — Culture de temporisation ; culture intensive. — Défoncements, défrichements, irrigations, dessèchements et drainage. — Labours, emblavures, récoltes. — Prairies et pâturages. — Amendements, fumiers de ferme et engrais chimiques. — Assolements et rotations.

—— **L'agriculture à grands rendements,** 1 vol. in-18 de 368 pages. 3. 50

> Lois naturelles et lois économiques de l'agriculture. — Les récoltes moyennes et maxima. — Le prix des récoltes maxima. — Défoncements. — Sous-solages et labours. — Les fumures maxima. — Production et prix de revient du fumier et des purins. — Fumures vertes ou engrais végétaux. — Sélection des semences. — Le capital en culture intensive. — La vie à bon marché, etc..

Lefour. — **Comptabilité et géométrie agricoles** (*Bibl. du Cultiv.*). In-18 de 214 pages et 104 grav. 1. 25

Lescure (J.). — **L'agriculture algérienne,** un vol. in-18 de 370 pages et 26 figures. 3. 50

> Considérations générales — Assolement, labour et engrais. — Plantes fourragères : légumineuses et graminées, à racines et à tubercules. — Céréales. — Plantes industrielles. — La vigne. — Moyens de lutter contre la sécheresse. — Le bétail : le bœuf, le mouton, la chèvre, etc. — Le cheval, le chameau, tc. — De la basse-cour. — Le jardin potager. — Le verger. — L'olivier. — L'eucalyptus. — Sericulture et apiculture. — Calendrier agricole général, etc..

Lullin de Chateauvieux. — **Voyages agronomiques en France.** 2 vol. in-8°, ensemble de 1,032 pages. . . . .   12. »

Malézieux. — **Études agricoles sur la Grande-Bretagne,** climat, plantes, opérations agricoles. — Cheval, bœuf, mouton, porc, volaille. 1 vol. in-8°, 642 pages et 14 pl.   7. 50

Méheust. — **Économie rurale de la Bretagne.** In-18 de 220 p.   2. 50

Nicolle. — **Des Assolements et des systèmes de culture :** De la fertilité et des exigences de certaines récoltes ; des assolements qui conviennent aux différents sols et climats ; choix de l'assolement. 1 vol. in-8° de 140 pages. . . . .   2. »

Noailles, duc d'Ayen (J. de). — **L'Agriculture et l'industrie devant la législation douanière** (1881). Broch. in-8° de 80 pages . . . .   1. »

Pichat. — **Pratique des semailles à la volée,** 1 vol. n-8° 110 pages et 16 fig. . . . .   2. »

PICHAT et CASANOVA. — **Examen de la question agricole en Dombes.** In-8° de 72 pages avec tableaux. 1.50

POIRSON (Ch.). — **De la production de la viande** et de ses conséquences dans l'économie rurale. In-8° de 36 pages. . 1. »

RIEFFEL. — **Manuel du propriétaire de métairies**, principalement dans l'ouest de la France. Considérations générales, conventions, comptabilité, capitaux, bestiaux, assolements. — Pratique du métayage, avec indication, mois par mois, des travaux à exécuter. 1 vol. in-18 de 300 pages. 3.50

RIONDET. — **Agriculture de la France méridionale,** ce qu'elle a été, ce qu'elle est, et pourrait être. In-18 de 384 p. 3.50

SAINTOIN-LEROY. — **Cours complet de comptabilité agricole.**

1° *Manuel de comptabilité agricole pratique*, en partie simple et en partie double, troisième édition, avec modèle des écritures d'une exploitation rurale pour une année entière. 1 vol. gr. in-8° de 192 p. et tableaux. 3. »

2° *Comptabilité simplifiée, agricole et commerciale*, mise à la portée de la moyenne et de la petite culture. 1 vol. gr. in-8° de 96 pages et tableaux. 2. »

Registres pour la tenue de la comptabilité.

Registre-Mémorial de l'agriculteur (comptabilité-matières), réunion de tous les tableaux nécessaires à la constatation de tous les faits d'une exploitation rurale. 1 vol. gr. in-4° oblong. . . . . 3. »

Livre de caisse (comptabilité-espèces), registre en tableaux. Gr. in-4° obl. 2.50

Journal, registre en blanc réglé. 1 vol. gr. in-4° oblong 2.50

Grand-Livre, registre en blanc réglé et folioté. 1 vol. gr. in-4° oblong. 3. »

Registre unique du cultivateur pour l'application, dans les écoles, de la comptabilité simplifiée. 1 vol. petit in-4° oblong, de 25 pages . . . ».60

TOURDONNET (Cte de). — **Traité pratique du métayage;** Partage des fruits, apports mutuels, charges domaniales, comptabilité et baux; améliorations domaniales; développement du métayage. 1 vol. in-18 de 372 pages. 3.50

TROGUINDY (Cte de). — **Mémoire sur le domaine du Brohet-Beftou**, plans, climat, cultures, matériel, bétail, comptabilité, etc. 1 vol. in-4° de 150 pages avec plans. . . . . 4. »

TUROT (Paul). — **L'Enquête agricole de 1866-1870 résumée,** ouvrage honoré d'une médaille d'or par la société nationale d'agriculture. 1 vol. grand in-8° de 520 pages. 8. »

WAGNER (J. Ph.). — **Mathématiques et Comptabilité agricoles.** 2e édition. 1 vol. in-8° de 740 pages et 568 fig. 5. »

Arithmétique élémentaire appliquée à l'agriculture et à la vie usuelle. — Arithmétique agricole : renseignements et problèmes divers relatifs à la culture du sol, aux engrais, semailles et plantations, à l'alimentation et à l'élevage du bétail, à l'économie rurale. — Cours théorique et pratique de comptabilité agricole. — Géométrie pratique appliquée au calcul des surfaces, à l'arpentage, au nivellement, au levé des plans, au cubage, jaugeage, etc. — Éléments de mécanique et d'hydraulique agricoles, irrigations et drainage.

La 1re partie de cet ouvrage : **Arithmétique élémentaire appliquée à l'agriculture**, spécialement destinée aux écoles rurales, se vend séparément. 1 vol. in-8° de 202 pages et 33 figures. 1. 25

III. — CHIMIE ET PHYSIOLOGIE AGRICOLES.
SOLS, ENGRAIS ET AMENDEMENTS.
PHYSIQUE, MÉTÉOROLOGIE.

Maison rustique du XIXᵉ siècle, tome Iᵉʳ (*voir page* 3).

DÉCUGIS. — **Les Tourteaux de graines oléagineuses;** fabrication, formes, analyse chimique, conservation et usages; — applications des tourteaux comme engrais, choix, classification emploi; — applications comme aliments, valeur alimentaire, rations; — applications diverses. Ouvrage médaillé par la Société nationale d'agriculture. 1 vol. in-8° de 554 pages. .   8. »

DEHÉRAIN (P.P.). — **Traité de chimie agricole.** *Du développement des végétaux :* de la germination; assimilation du carbone, de l'azote; composition minérale des végétaux; nutrition minérale desplantes; accroissement et maturation, etc. — *La terre arable :* formation, constitution chimique. — *Amendements et Engrais :* Minéraux, végétaux, d'origine minérale; leur prix et leur valeur 1 vol. in-8° de 916 pages et 54 grav.   16.»

DOMBASLE (de). — **Améliorations du sol, engrais et amendements.** (Tome II du *Traité d'agriculture,* voir page 4.)

FOUQUET (G.). — **Entretiens sur l'agriculture,** labours, fumier, épuisement du sol par les plantes et le bétail, production fourragère, etc. 1 vol. in-18 de 162 pages. .   .   .   1.50

GAIN. — **Manuel juridique de l'acheteur et du marchand d'engrais et d'amendements.** 1 vol. in-12 de 372 p.   3.50
Commentaires des lois et règlements concernant la répression de la fraude dans le commerce des engrais; produits ou engrais protégés par la loi; contrats donnant lieu à l'action pénale; fraudes prévues et punies; pénalité, compétence, prescription, échantillonnage, etc.

GASPARIN (comte de). — **Cours d'agriculture, tomes I, II,** et IV : terrains agricoles, engrais et amendements, météorologie, nutrition des plantes, etc. (voir page 4).

GAUCHERON. — **Mes Veillées au village,** entretiens d'un Beauceron sur l'agriculture et la chimie agricole, les amendements et les engrais. 1 vol. in-18 de 244 pages. .   .   .   .   2. »

GRANDEAU (Louis). — **Chimie et physiologie appliquées à la sylviculture** (Annales de la station agronomique de l'Est, travaux de 1868 à 1878). 1 vol. grand in-8° de 414 pag.   9. »

—— **La Nutrition de la plante :** les doctrines agricoles, l'atmosphère et la plante (tome Iᵉʳ du *Cours d'agriculture de l'École forestière*), un beau vol. grand in-8° de 624 pages, 39 figures et une planche, cartonné à l'anglaise. .   .   12. »

JOULIE. — **Guide pour l'achat et l'emploi des engrais chimiques.**
(6ᵐᵉ *édition, épuisée. — La septième est en préparation.*)

LEFOUR. — **Sol et Engrais** (*Bibl. du Cult.*). In-18 de 176 pages et 54 grav. 1.25

LÉVY. — **Amélioration du fumier de ferme** (*Bibl. du Cult.*) par l'association des engrais chimiques et la création de nitrières artificielles. In-18 de 152 pages. 1.25

MARCHAND (Eug.). — **Le Blé à Rothamsted,** résumé des expériences de MM. Lawes et Gilbert, et discussion des résultats. Br. gr. in-8° de 48 pages ou tableaux. 2.50

MARCHAND (Eug.). — **Le Blé, l'Avoine et l'Orge à Rotham-sted**, résumé des expériences de MM. Lawes et Gilbert et discussion des résultats, 2e partie : origine, utilisation et déperdition de l'azote. Br. in-8° de 48 pages ou tableaux. .   2.50

MARGUERITE-DELACHARLONNY. — **Le Fer dans la végétation :** Expériences du docteur Griffiths; amélioration des plantes par le fer; doses nécessaires. Br. in-18 de 80 pages . . . . .   1. »

—— **Le Sulfate de fer** en horticulture, son emploi comme engrais, pour la destruction des mousses et contre la chlorose; doses à employer. Br. in-18 de 80 pages. . . . .   1. »

MARIÉ-DAVY. — **Météorologie et physique agricoles.** 1 vol. in-18 de 400 pages et 53 grav. 3.50
    L'atmosphère, sa composition, ses propriétés; températures de l'air, du sol, des végétaux. — Vents et tempêtes; eau atmosphérique, orages, pluies. — Physique agricole, action des vents, de la chaleur, de la lumière et de l'eau sur la végétation; régime des eaux courantes; limites des cultures; régions agricoles; pronostics du temps.

MASURE. — **Leçons élémentaires d'agriculture,** à l'usage des agriculteurs praticiens.
    Deuxième partie : Vie aérienne et vie souterraine des plantes de grande culture. 1 vol. in-18 de 477 pages et 20 grav.   3.50

MAUROY (de). — **Utilité, composition, emploi des engrais chimiques** (*Bibl. du Cultiv.*); leur application aux prairies naturelles et artificielles, aux céréales et aux plantes racines. 2e édition, 1 vol. in-18 de 140 pages. 1.25

MULLER (Dr P.-E.). **Recherches sur les formes naturelles de l'Humus et leur influence sur la végétation et le sol,** traduit de l'allemand, par Henry Grandeau. 1 vol. in-8° de 252 pages et 7 tableaux . . . . . .   10. »

MUSSA (Louis). — **Pratique des engrais chimiques,** suivant le système Georges Ville (*Bibl. du Cult.*). In-18 de 144 pages.   1.25

PETERMANN. — **La Composition moyenne des principales plantes cultivées.** Tableau colorié . . . . . .   3. »

PIERRE (Isidore). — **Chimie agricole** ou l'agriculture considérée dans ses rapports principaux avec la chimie. 2 vol. in-18 ensemble de 778 pages et 25 figures . . . .   7. »
    Chaque volume se vend séparément.
        Tome Ier. — *L'atmosphère, l'eau, le sol et les plantes :* L'air, sa constitution, ses altérations, etc.; l'eau atmosphérique; composition chimique des plantes, cendres; composition chimique et analyse des sols, irrigations et amendements; théorie chimique des assolements. . .   3. 50
        Tome II. — *Les engrais :* Considérations générales; engrais organiques d'origine végétale, engrais verts, pailles, etc.; engrais d'origine animale, urines, déjections, excréments; engrais mixtes, litières et fumiers; engrais d'animaux divers; composts, boues, etc.; engrais minéraux ou salins, sels ammoniacaux, nitrates, phosphates, etc. 3. 50

RISLER. — **Géologie agricole,** 2 vol. gr. in-8°, et une carte géologique 17.50
        Les 2 vol. et la carte se vendent séparément.
        Tome Ier. — Utilité de la géologie pour l'étude des terres arables. — Terres formées par la décomposition des roches : granite, gneiss, etc. — Terres formées par la décomposition des roches volcaniques : trachytes, basaltes, laves, etc. — Terrains de transition. — Terrains houillers, permiens, pénéens. — Le trias. — Terrains jurassiques. 1 vol. av. in-8° de 400 pages 7 50
        Tome II. — Terrains infracrétacés des montagnes du Jura, du sud

* * *

et du nord de la France, de l'Angleterre, etc. — Terrains crétacés de la France, de l'Angleterre, de la Belgique et de l'Allemagne. — Terrains tertiaires. 1 vol. gr. in-8° de 24 pages et 11 planches. . . 7.50

   CARTE GÉOLOGIQUE et statistique des gisements de phosphate de chaux exploités en France. 2.50

RISLER. — **Météorologie agricole**, observations faites à Calèves (Suisse) de 1867 à 1876. Br. gr. in-8° de 22 pages et 3 fig. 1. »

—— **Recherches sur l'évaporation du sol et des plantes.** Br. in-8° de 72 pages et 3 fig. . . . . 1. »

RONNA (A.). — **Chimie appliquée à l'agriculture, travaux et expériences du Dr A. Woelcker**; sols, plantes, engrais, recherches culturales; expériences d'alimentation du bétail; etc. 2 vol. gr. in-8°, ensemble de 1008 pages. . 16. »

—— **Eaux d'égout de la ville de Reims**, irrigation ou épuration chimique. Broch. grand in-8° de 76 pages ou tableaux. 2. »

SACC. — **Chimie du sol** (*Bibl. du Cult.*). In-18 de 148 pages. . . 1.25

—— **Chimie des végétaux** (*Bibl. du Cult.*). In-18 de 220 pages. 1.25

—— **Chimie des animaux** (*Bibl. du Cult.*). In-18 de 154 pages. 1.25

STOCKHARDT. — **Chimie usuelle**, appliquée à l'agriculture et aux arts, traduite par Brustlein. In-18 de 524 p. et 225 gr. 4.50

   Chimie inorganique. — Réactions chimiques; l'eau et la chaleur. — Métalloïdes : oxygène, hydrogène, azote, carbone, soufre, phosphore, chlore, etc. — Acides : azotique, carbonique, sulfurique, phosphorique, etc. — Métaux : potassium, sodium, calcium, etc.; fer et ses combinaisons, zinc, étain, plomb, cuivre, etc., etc. — *Chimie organique.* — Matières végétales : cellulose, amidon et fécule, sucres, alcools, éthers; huiles, beurres, savons; matières colorantes, etc. — Matières animales : œufs (albumine), lait (beurre, caséine), sang (fibrine), chair musculaire, peau, os (phosphate de chaux), urines, etc.

VILLE (Georges). — **Les Engrais chimiques.** Entretiens agricoles donnés au champ d'expériences de Vincennes.

   Tome Ier. — *Les engrais chimiques : Les principes et la théorie.* In-18 de 408 pages et 2 planches. 3.50

   Tome II. — *Les engrais chimiques : Les cultures spéciales.* In-18 de 408 pages et 2 planches. 3.50

   Tome III. — *Les engrais chimiques, le fumier et le bétail : La pratique fécondée par la théorie.* In-18 de 420 pages et 2 planches. . . 3.50

—— **Les Engrais chimiques.** Conférences données à Bruxelles; la betterave; la doctrine des engrais chimiques; l'analyse de la terre par les végétaux. 2e édition. 1 vol. in-18 de 172 pages. 2. »

—— **La Production végétale et les engrais chimiques.** Conférences faites au champ d'expériences de Vincennes, 3e édition. 1 vol. gr. in-8° de 478 pages, 9 fig. et 3 planches. 8. »

—— **Le Propriétaire devant sa ferme délaissée.** Conférences données à Bruxelles, 4e édit. : la production agricole, les engrais, l'aménagement des forces et leur résultat, la sidération. 1 vol. in-18 de 226 pages . . . . 2. »

—— **L'École des Engrais chimiques**, premières notions de l'emploi des agents de fertilité. In-18, 148 pag. et 1 planche . 1. »

WAGNER (Paul). — **La fumure rationnelle des plantes agricoles**, traduit de l'allemand par Pierre de Malliard; dosage des engrais. Br. in-8° de 70 pages et 15 planches. . 1.50

IV. — CULTURES SPÉCIALES.

(Céréales, plantes fourragères, vigne, etc., etc.; maladies des plantes, insectes nuisibles.)

Maison rustique du XIXᵉ siècle, tomes I et II *(voir page 3)*.

BORIT. — **Viticulture de l'Anjou.** 1 vol. in-18 de 140 pages. 1.50

COLLIGNON D'ANCY. — **Mode de culture et d'échalassement de la vigne** (1847). In-8º de 200 p. et 3 planches. . . 3. »

COURTIN. — **Utilisation et effets de l'eau sur les prés;** utilité de l'irrigation, systèmes divers, ensemencement et entretien du pré, engrais. Br. in-8º, 78 pages et 16 fig. . . 2. »

DAUREL (Joseph). — **Éléments de viticulture avec description des cépages les plus répandus;** greffons et greffage, producteurs directs américains, plantation, taille, engrais et amendements; maladies et traitements, description des cépages : vignes européennes, vignes américaines et hybrides. 2ᵉ édition. 1 vol. in-8º de 154 pages. 2.50

—— **Quelques Mots sur les vignes américaines,** leur greffage, les producteurs directs dans la région du Sud-Ouest, les maladies cryptogamiques et leur traitement. 5ᵉ édition. 1 vol. in-18 de 136 pages. 1.50

DÉJERNON. — **Les Vignes et les vins de l'Algérie.**
Tome Iᵉʳ — L'Algérie agricole et viticole; compte d'un hectare algérien complanté en vignes. — Physiologie de la vigne; climats, terrains, situation, exposition, engrais et amendements; moyens de reproduction de la vigne; monographie de dix-sept cépages et leur façon de se conduire en Algérie. 1 vol. in-8º de 320 pages . . . . . . 5. »
Tome II *(épuisé)*.

DOMBASLE (de). — **Pratique agricole,** culture des plantes, récolte et conservation des produits, etc. (tome III du *Traité d'agriculture,* voir page 4), 1 vol. in-8º de 400 pages. . . . 5. »

DOYÈRE. — **Recherches sur l'alucite des céréales;** histoire naturelle de l'alucite, origine, nature et étendue de ses ravages, moyens de destruction (2ᵉ livraison des *Annales de l'Institut agronomique de Versailles*). In-4º de 146 pages. . 2. »

GASPARIN (cᵗᵉ de). — **Cours d'agriculture, tomes III et IV :** cultures spéciales, céréales, plantes légumineuses, plantes-racines, tinctoriales, textiles, fourragères, etc. (voir page 3).

GRAFTIAU (Firmin). — **Note sur la production de la graine de betterave à sucre,** 2ᵉ éd. brochure in-18 de 48 p. 1. »

GUYOT (Jules). — **Culture de la vigne et vinification.** 2ᵉ éd. 1 vol. in-18 de 426 pages et 30 grav. 3.50
Principes de la culture de la vigne; cultures en lignes basses et sur souche, taille, etc; engrais et amendements; cépages : façons à donner à la vigne; création des vignobles, conduite de la vigne depuis sa plantation jusqu'à sa pleine production. — Vinification; principes généraux, vendanges, égrappage, foulage, pressurage, cuves et cuvaison, soutirage, collage. — Classification des vins : vins rouges, vins rosés, vins de macération, vins artificiels, sucrage des vins, vins de liqueur, vins mousseux, marcs, maladie des vins, dégustation. — Coup d'œil sur la création d'un vendangeoir.

GUYOT (Jules). — **Viticulture de la Charente-Inférieure.**
1 vol. in-4° de 60 pages. 2.50

—— **Viticulture de l'est de la France.** 1 vol. in-4° de 204
pages et 46 grav. 3.50

HEUZÉ (Gust.). — **La Pratique de l'agriculture**, 2 vol. in-18.
Tome Ier. — Les agents de la production, agents atmosphériques,
sol et sous-sol ; les opérations culturales, labours, hersages, roulages,
ploutrage, défrichements ; les applications des engrais ; les semailles.
1 vol. in-18 de 340 pages et 141 fig. 3.50
Tome II. — Cultures d'entretien, fenaison, moisson, nettoyage et
conservation des produits, organisation et direction du domaine. .   3.50

—— **Plantes fourragères**, 2 vol. in-18
Tome Ier. — *Les plantes à racines et à tubercules, et les plantes cultivées pour leurs feuilles* : betteraves, carottes, panais, raves, navets, rutabagas, pommes de terre, topinambours, choux à vaches,
5e édit. 1 vol. in-18 de 324 pag. et 89 fig. 3.50
Tome II. — *Les Prairies artificielles* : luzerne, sainfoin, raygrass,
trèfle, lupuline, vesce, gesse, jarosse, serradelle, moha de Hongrie,
sorgho, maïs, etc., etc. ; fourrages mélangés, feuilles d'arbres, plantes
diverses proposées et non encore acceptées ; météorisation ; calendrier
aide-mémoire. 5e édition. 1 vol. in-18 de 396 pages et 53 figures. . .   3.50

—— **Les Pâturages, les prairies naturelles et les herbages.** 1 vol. in-18 de 372 pag. et 47 fig. 3.50
Pâturages permanents et temporaires, consommation des pâturages.
Classification des prairies naturelles, influence du climat et du terrain, flore des prairies, création, entretien et irrigation des prairies,
fenaison, valeur alimentaire des produits, rendement et défrichement des prairies. Création des herbages, clôtures et abreuvoirs, soins
d'entretien. Usages locaux relatifs à la location des herbages.

—— **Les plantes industrielles**, 4 vol. in-18. 3e édition.
Tome Ier. — Plantes textiles ou filamenteuses de sparterie, de
vannerie et à carder. 1 vol. in-18 de 364 pages et 50 figures . . .   3.50
Tome II. — Plantes oléagineuses, tinctoriales, saponaires, tannifères
et salifères. 1 vol. in-18 de 432 pages et 69 figures. 3.50
T. III. IV. (En préparation).

—— **Culture du pavot** ; variétés, engrais, semailles, cultures
d'entretien, récolte et emploi ; nature et propriété du tourteau. In-18 de 44 pages et 12 fig. D.75

HOOÏBRENK. — **Fécondation artificielle des céréales.**
Broch. in-8° de 24 pages. D.50

JOULIE. — **La Production fourragère** par les engrais ; prairies
et herbages : classification usuelle et composition chimique
des fourrages ; flore des prairies et des herbages, exigences
de la production du foin, valeur alimentaire du foin ; composition des terres de prairies, eaux météoriques et d'irrigation ;
formation, entretien, régénération, défrichement des prairies
et herbages. 1 vol. in-8° de 320 pages ou tableaux 3.50

JULLIEN. — **Topographie en 1866 de tous les vignobles
français et étrangers** : position géographique, genre et
qualité des produits de chaque cru ; lieux où se font les char-
gements et le principal commerce des vins ; nom et capacité
des tonneaux et des mesures en usage, moyens de transport
ordinairement employés. Ouvrage couronné par l'Institut.
1 vol. in-8° de 580 pages. 7.50

La Laurencie (cte de). — **Pratique de plantation et greffage des vignes américaines** (*Bibl. du Cult.*). Ouvrage orné de 26 figures dessinées par l'auteur, in-18 de 180 pages et 31 gravures 1.25

Lecouteux. — **Le Blé**, sa culture intensive et extensive, commerce, prix de revient, tarifs et législation des céréales. 1 vol. in-18 de 422 pages et 60 figures 3.50

—— **Le Maïs, et les autres fourrages verts, culture et ensilage** ; les fourrages verts et l'alimentation du bétail, théorie, pratique, conséquences agricoles et économiques de l'ensilage. 1 vol. in-18 de 320 pages et 15 figures. . . .   3.50

Lenoir (B. A.). — **Traité de la culture de la vigne, et de la vinification.** Préceptes généraux de culture, théorie de la fermentation, et application à la fabrication des vins rouges et blancs, des vins de liqueur naturels, artificiels, des vins mousseux ; soins à donner aux vins, etc. 1 vol. in-8° de 618 pages et 8 planches. 7.50

Martin (Léon). — **Reconstitution des vignobles** par les riparias géants glabres, et les jacquez fructifères : semis, bouturage, greffage, engrais, insecticides. Br. in-8° de 68 pages.   1.50

Mouillefert. — **Les Vignobles et les vins de France et de l'étranger,** territoire, climat et cépages des pays vignobles avec la description, culture et vinification des principaux crus. 1 vol. in-8° de de 560 pages avec 7 cartes coloriées (répartition des vignes dans le monde, régions viticoles de France, cartes des vignobles de la Gironde, des Charentes, du Beaujolais et du Mâconnais, de la Bourgogne, de la Champagne) et 117 fig. . . . .   10. »

La viticulture en France : le midi, le Bordelais, les Charentes, la Bourgogne, la Champagne, et autres régions de France. — Classification des vins de France. — Vignobles et vins étrangers : Espagne, Baléares, Canaries, Portugal, Madère, Açores ; Italie, Suisse, Alsace-Lorraine, Allemagne, Autriche, Hongrie, Serbie et Roumanie, Russie, Grèce, Turquie d'Europe, Bulgarie, Crète, Turquie d'Asie, pays d'Orient, cap de Bonne-Espérance, Australie, Nouvelle-Zélande, Amérique. Classification des vins étrangers.

—— **La Truffe** : histoire naturelle, production, récolte ; qualités et emplois. Brochure in-18 de 88 pages et 18 fig . . . . .   1. »

Muhlberg et Kraft. — **Le Puceron lanigère** : sa nature, les moyens de le découvrir et de le combattre. 1 brochure in-8° de 64 pages avec une planche coloriée, représentant dans tous leurs détails l'insecte et ses ravages. . . . .   2. »

Nanot. — **Culture du pommier à cidre, fabrication du cidre, et modes divers d'utilisation des pommes et des marcs** : généralités ; culture dans la pépinière, semis, repiquages, etc. ; culture en plein champ, plantation, soins, maladies ; récolte des pommes. — Fabrication du cidre, de l'eau-de-vie et du vinaigre ; cidres mousseux ; maladies du cidre. — Conservation des pommes ; marmelade, gelée, etc. 1 vol. in-18 de 324 pages et 50 figures 3.50

Odart (Comte). — **Ampélographie universelle** ou Traité des cépages les plus estimés dans tous les vignobles de quelque renom ; considérations préliminaires sur le choix des cépages, la variation des espèces, les systèmes de classification ; plan et division de l'ouvrage ; étude des diverses régions. 6ᵉ éd. 1 vol. in-8° de 650 pages. 7.50

Paillieux (A.). — **Le Soya,** sa composition chimique, ses variétés, sa culture, ses usages. 1 vol. grand in-8° de 128 p. 2.50

Patrigeon (Dʳ G.). — **Le Mildiou,** son histoire naturelle, son traitement, suivi d'une description comparative de **l'érinose de la vigne** : caractères extérieurs, développement, effets du mildiou ; traitements, bouillie bordelaise, solution simple de sulfate et d'acétate de cuivre, ammoniure de cuivre ; examen comparatif, description, avantages des principaux pulvérisateurs ; l'Érinose, caractères, effets et traitements. 1 vol. in-18 de 216 pages avec 38 fig. et 4 planches coloriées. 3.50

—— **Un Nouveau Parasite** de la vigne, le *lopus albomarginatus* : Description et mœurs du lopus à ses différentes phases, dégâts. 1 brochure in-18 de 92 pages et 12 fig. . . . . 1. »

Prudhomme père. — **Guide pratique pour la reconstitution des vignes phylloxérées** : Sulfurage des vignes ; engrais pour les vignes, cépages étrangers. Br. in-18, 28 p. . . 1. »

Robert (G.). — **Résumé sur les campagnols et les mulots,** ravages, caractères zoologiques ; caractères distinctifs ; mœurs comparées ; Moyens de destruction ; action administrative. 1 Br. in-8°, 56 pages 8 fig. . . . . . . , . . . 1. »

Royer. — **La Ramie,** utilisation industrielle, culture et récolte, prix de revient. Broch. in-18 de 80 pages. . . . . . . 1. »

Schauenburg. — **Culture du houblon** en France (1836). Broch. in-8° de 84 pages et 4 pages. . . . . 2. »

Sol (Paul). — **Étude pratique sur l'Anthracnose,** instructions sur les procédés suivis pour la guérison du charbon de la vigne. Broch. in-8° de 16 pages . . . . ».60

Stebler et Schrœter. — **Les Meilleures Plantes fourragères,** figurées en planches coloriées et décrites d'après les rubriques suivantes :

Dénomination, historique, valeur agricole, description botanique, variétés, habitat, exigences relatives au climat et au sol, engrais, végétation, récolte, mode d'exploitation et rendement, qualités, impuretés et falsifications des semences ; semis ; maladies.

Ce remarquable ouvrage, publié au nom du département fédéral suisse de l'agriculture, renferme l'étude approfondie des trente meilleures plantes fourragères. Chaque plante est en outre figurée en une planche coloriée, d'une exécution très soignée, représentant le port de la plante et sa description botanique complète.

2 beaux vol. grand in-4°, ensemble de 200 pages, avec 30 planches coloriées et de nombreuses figures noires . . . . . 12.»

Vermorel, Barbut, etc., etc. — **Agenda viticole et agricole,** publié chaque année, destiné à inscrire les notes journalières, avec un Recueil des renseignements les plus utiles. Carnet de poche, cartonné toile, tranches rouges, de 300 pages. 2.50

VIAS. — **Culture de la vigne en chaintres**, plantation, labours, fumure, taille, ébourgeonnement, conduite; transformation en chaintres des vieilles vignes, rendement, frais de culture (*nouvelle édition en préparation*). 2.50

VILLE (Georges). — **La Betterave et la Législation des sucres** (1868). Grand in-8° de 48 pages et 2 planches . . 1.25

V. — ANIMAUX DOMESTIQUES.

(*Économie du bétail, races, élevage, maladies, etc.*)

Maison rustique du XIXe siècle, tome II (*voir page* 2).

AUJOLLET. — **La Vache et ses produits**, veau, viande, lait, fumier, travail (*Bibl. du cultiv.*). 1 vol. in-18 de 252 pages et 20 fig. 1.25

BARDONNET DES MARTELS. — **Traité des maniements** ou de l'appréciation des animaux domestiques, des épreuves, et des moyens de contention et de gouverne qu'on emploie sur les espèces chevaline, bovine, ovine et porcine, suivi de la coupe des animaux de boucherie en France et en Angleterre. 1 vol. in-18 de 463 pages et 67 fig. 4.50

BÉNION. — **Traité des maladies du cheval**, notions usuelles de pharmacie et de médecine vétérinaires; description et traitement des maladies. 1 vol. in-18 de 340 pages et 25 grav. . 3.50

BERNARDIN (Léon). — **La Bergerie de Rambouillet et les mérinos.** 1 vol. in-8° de 140 pages . . . . 3. »

BONNEVAL (c^{te} de). — **Les Haras français**, de 1806 à 1833, production, amélioration, élevage. 1 vol. in-8° de 308 pages . 5. »

BORIE (Victor). — **Les Animaux de la ferme, espèce bovine;** races françaises : flamande, normande, bretonne, parthenaise, charollaise, limousine, comtoise, garonnaise, etc.; races étrangères : Durham, Hereford, Angus, Schwitz, Fribourg, Hollandaise, etc. 1 très beau vol., grand in-4°, imprimé avec luxe, de 336 pages avec 65 gravures dans le texte et 46 planches coloriées d'après les aquarelles d'Ol. de Penne, représentant tous les types de la race bovine. Cartonné. . . 85. »

Richement relié, 100 fr.

DAMPIERRE (de). — **Races bovines** (*Bibl. du Cult.*). 2e éd. In-18 de 192 pages et 28 grav. 1 25

DOMBASLE (de). — **Le Bétail** (tome IV du *Traité d'agriculture*, voir page 4). 1 vol. in-8° de 436 pages . . . . 5. »

GAYOT. — **Les Chevaux de trait français** : Origines et familles; trait léger et gros trait; l'étalon et la jument; le boulonnais, le percheron, le breton, l'ardennais, le franc-comtois, le poitevin mulassier; élevage, alimentation, travail. 1 vol. in-18 de 360 pages et 2 fig. 3.50

GAYOT. — **Mouches et Vers**; la mouche domestique, la mouche bleue et la mouche dorée; les moucherons et les terribles, les parasites; les vers; ascarides, trichines, tœnias et cysticerques. In-18 de 248 pages et 33 grav. 3.50

—— **Le Léporide et le lapin Saint-Pierre**. Broch. gr. in-8° de 72 pages. 2.50

—— **Achat du cheval**, ou choix raisonné des chevaux d'après leur conformation et leurs aptitudes (*Bibl. du Cult.*). In-18 de 180 pages et 25 grav. 1.25

—— **Poules et Œufs** (*Bibl. du Cult.*). In-18 de 216 p. et 40 gr.   1.25

—— **Lapins, lièvres et léporides.** (*Bibl. du Cult.*). In-18 de 180 pages et 15 grav. 1.25

GEOFFROY SAINT-HILAIRE. — **Acclimatation et domestication des animaux utiles.** 4ᵉ éd. 1 beau vol. in-8° de 584 pages et 47 grav. . . . .   9. »

GRANDEAU ET LECLERCQ. — **Études expérimentales sur l'alimentation du cheval de trait**, mémoires présentés à la Compagnie générale des voitures à Paris.

1ᵉʳ et 2ᵉ mémoires. — Historique des expériences sur l'alimentation du cheval. — Plan général des expériences entreprises dans les laboratoires de la Compagnie générale des voitures. — Description des laboratoires, du manège et des stalles d'expériences. — Méthodes suivies. — Travail au pas. — Travail au trot. — Rations et coefficients de digestibilité. — Camionnage. — Variations du poids des chevaux. — Valeur dynamique des aliments. 1 fort vol. in-4° de 203 pages ou tableaux avec figures et 18 planches in-folio hors texte. . . . .   25. »

3ᵉ mémoire. — Expériences d'alimentation au foin, expériences au pas, au trot, avec la voiture; discussion des résultats. 1 vol. gr. in-8° de 118 pages et 11 planches hors texte 7.50

4ᵉ mémoire. — Expériences d'alimentation avec l'avoine et avec un mélange de paille et d'avoine. 1 vol. gr. in-8° de 130 pages ou tableaux.   5. »

GROLLIER. — **Les Tribus du Durham français** : origine, histoire, mérite. 1 vol. in-18 oblong, cartonné de 192 pages. . .   10. »

HAYS (Charles du). — **Le Merlerault**, ses herbages, ses éleveurs, ses chevaux. 1 vol. in-18 de 182 pages. . . . . . .   3. »

—— **Le Cheval percheron** (*Bibl. du Cult.*). In-18 de 176 pages.   1.25

HEUZÉ (Gustave). — **Le Porc**, historique, caractères, races; élevage et engraissement; abatage et utilisation, études économiques; 2ᵉ éd. 1 vol. in-18 de 322 pages et 50 grav. 3.50

HUARD DU PLESSIS. — **La Chèvre** (*Bibl. du Cult.*). In-18 de 164 pages et 42 grav. 1.25

JACQUE (Ch.). — **Le Poulailler**, monographie des poules indigènes et exotiques, 6ᵉ éd. texte et dessins par Jacque. In-18, 360 pages et 117 grav. 3.50

LEFOUR. — **Le Mouton.** 1 vol. in-18 de 392 pages et 76 grav. .   3.50

—— **Animaux domestiques**, zootechnie générale (*Bibl. du Cult.*). In-18 de 154 pages et 83 grav. 1.25

—— **Cheval, Ane et Mulet** (*Bibl. du Cult.*). In-18 de 180 pages et 136 grav. 1.25

Léouzon. — **Manuel de la porcherie** (*Bibl. du Cult.*). In-18 de 168 pages et 38 grav. 1.25

—— **La Race Durham laitière.** In-8° de 68 pages et 1 grav.   1.50

Le Pelletier. — **Manuel des vices rédhibitoires des animaux domestiques,** commentaire théorique et pratique de la loi du 2 août 1884, avec un *formulaire complet de tous actes et formalités,* comprenant en outre les règles à suivre. 2e edition. 1 vol. in-18 de 356 pages. 3.50

Leroy. — **Aviculture** : outillage spécial; éclosion; animaux nuisibles; reproduction en volière, hygiène des volières; repeuplement des chasses; faisans, perdrix, cailles, etc., etc. 1 vol. in-18 de 422 pages et 51 fig. . . . .   3. »

—— **La Poule pratique,** par un praticien : races de parquet, races de ferme; hygiène et nourriture des poules; exploitation de la volaille, conveuses naturelles et artificielles, incubation, éclosion, élevage. 1 vol. in-18 de 320 pages et 57 fig. . . . .   3. »

Magne. — **Choix des vaches laitières** (*Bibl. du Cult.*). In-18 de 144 pages et 39 grav. 1.25

Malézieux. — **Manuel de la fille de basse-cour,** contenant des instructions pour élever, nourrir, engraisser et soigner tous les animaux de la basse-cour, poules, dindons, pintades, oies, canards, pigeons, lapins, vaches et cochons. 1 vol. in-18 de 332 pages, avec 39 fig. . . . .   3. »

Millet-Robinet (Mme). — **Basse-cour, Pigeons et Lapins** (*Bibl. du Cult.*). In-18 de 180 pages et 26 grav. 1.25

Pelletan. — **Pigeons, Dindons, Oies et Canards** (*Bibl. du Cult.*). 1 vol. in-18 de 180 pages et 20 grav. 1.25

Richard (du Cantal). — **Étude du cheval de service et de guerre** ; d'après les principes élémentaires des sciences naturelles appliquées à l'agriculture, 6e éd. In-18 de 590 pages.   5.50

—— **La Production du cheval de guerre** : rapport fait le 23 mars 1849 à l'Assemblée nationale Constituante, au nom de ses comités de l'Agriculture et de la Guerre, réunis pour étudier la production du cheval au point de vue des besoins de l'armée. 1 vol. in-18 de 200 pages. . . . .   2. »

Roche (Ed.). —**Les Martyrs du travail, le cheval, l'âne, le mulet et le bœuf,** notions de médecine vétérinaire; protection et conservation ; conseils au charretier et à l'agriculteur. — Maladies du mouton, de la chèvre, du lapin, du chien, du chat, et des oiseaux. — Étude générale des amis et ennemis de l'homme, quadrupèdes, mammifères, oiseaux, etc. 1 vol. in-18 de 360 pages orné de 224 figures. . . . .   2. »

Roullier-Arnoult. — **Instructions pratiques sur l'incubation et l'élevage artificiels des volailles,** poules, dindons, oies et canards (*Bibl. du Cult.*). 2e édition. 1 vol. in-18 de 172 pages et 49 figures. 1.25

****

SANSON (André). — Traité de zootechnie, ou Économie du bétail, nouvelle édition. 5 vol. in-18, ensemble de 2,016 pages et 236 gravures 17.50

> TOME Ier. — Objet de la zootechnie; fonctions physiologiques et économiques du bétail; appareils de la locomotion, de la digestion, de la respiration, de la circulation, de la dépuration urinaire, de l'innervation, des sens, et de la génération.

> TOME II. — Lois de l'hérédité, de la classification zoologique, de l'extension des races; méthodes de reproduction, de gymnastique fonctionnelle, d'exploitation, d'encouragement, de classification.

> TOME III. — Fonctions économiques des équidés; races chevalines brachycéphales et dolichocéphales; populations métisses; races asines; mulets et bardots; production des équidés; institutions hippiques; production et exploitation de la force motrice.

> TOME IV. — Fonctions économiques des bovidés; races bovines dolichocéphales et brachycéphales; populations métisses; production des jeunes bovidés; production du lait, de la force motrice et de la viande.

> TOME V. — Fonctions économiques des ovidés; races ovines brachycéphales et dolichocéphales; races caprines; production des jeunes ovidés; production du lait et de la viande. — Races porcines; production des jeunes suidés; production de la chair de porc.

Chaque volume se vend séparément. 3.50

—— **Alimentation raisonnée** des animaux moteurs et comestibles : digestion, aliments, boissons; alimentation des bovidés, équidés, ovidés, suidés; tables de la composition chimique des aliments. (*Bibl. du Cult.*). 1 vol. in-18 de 180 pages ou tableaux et 3 fig. 1.25

—— **Notions usuelles de médecine vétérinaire** (*Bibl. du Cult.*). In-18 de 174 pages et 13 grav. 1.25

—— **Les Moutons** (*Bibl. du Cult.*). In-18 de 168 p. et 56 grav. 1.25

—— **La Maréchalerie**, ou ferrure des animaux domestiques (*Bibl. du Cult.*). In-18 de 164 pages et 34 fig. 1.25

SERRES (E.). — Guide hygiénique et chirurgical pour la castration et le bistournage du cheval, du taureau, de la vache, du bélier, du verrat, etc., etc. 1 vol. in-18 de 560 pages et 20 figures. 3.50

TEISSERENC DE BORT (Edmond). — Considérations sur la pureté et les qualités de la race bovine du Limousin. Broch. in-8° de 28 pages et 5 fig. D.50

VIAL (A. A.). — Connaissance pratique du cheval, traité d'hippologie à l'usage des sportsmen, officiers de cavalerie, vétérinaires, marchands de chevaux, éleveurs, cultivateurs, etc. 4e édition. 1 vol. in-18 de 372 pages et 72 fig. 3.50

VIAL — Engraissement du bœuf (*Bibl. du Cult.*). In-18 de 180 pages et 12 grav. 1.25

VILLEROY. — Manuel de l'éleveur de bêtes à cornes (*Bibl. du Cult.*). In-18 de 308 pages et 65 grav. 1.25

VI. — INDUSTRIES AGRICOLES.

(Abeilles et vers à soie; vins, cidre et boissons diverses; laiterie; arts agricoles divers.)

Maison rustique du XIXᵉ siècle, tome III (*voir page* 3).

ANDERSON, CHAPTAL, ETC. — **L'Art de faire le beurre et les meilleurs fromages**, par Anderson, Desmarets, Chaptal, etc. (3ᵉ édition). Manière de préparer le lait et la crème, de faire le beurre, de le saler, de le colorer et de le conserver; et de fabriquer toutes espèces de fromages. 1 vol. in-8º, 360 pages et 10 planches 4.50

BERTRAND. — **Conduite du rucher** calendrier de l'apiculteur mobiliste : reines, ouvrières, mâles, pondeuses; maladies des abeilles; essaimage, récolte du miel; animaux nuisibles, outillage de l'apiculteur; ruches et ruchers; hydromel, eau-de-vie et vinaigre de miel. 6ᵉ édit. 1 vol. in-16 de 300 p., 84 fig. et 1 pl. 2.50

BOISSY (l'abbé). — **Le Livre des abeilles**, ou manuel d'apiculture : reines, ouvrières, pondeuses, bourdons; multiplication des abeilles, essaimage; maladies des abeilles, remèdes; animaux nuisibles; ruches et ruchers, miellée; calendrier apicole. 5ᵉ édit. 1 vol. in-18 de 312 pages et 6 planches hors texte. 2.50

BOULLENOIS (de). — **Conseils aux nouveaux éducateurs de vers à soie**; observations préliminaires sur l'industrie de la soie; mûriers; plantation, taille, culture; de la magnanerie, mobilier et installation; des vers à soie, éducation, maladies; filature des cocons. 3ᵉ édit. In-8º de 248 pages. . 3.50

BRUNEL (L.) et B. POUSSIER. — **Étude sur le fromage de Géromé.** 1 vol. in-18 de 130 pages avec 40 fig. et 2 pl. 2. »

DEROSNE. — **Exposé sommaire de l'apiculture mobiliste**; description et emploi de la ruche-album; récolte du miel, outillage de l'apiculteur. 1 vol. in-18 de 180 pages et 3 pl. et supplément . . . . 2. »

DURIER. — **Étude sur la flacherie.** Broch. gr. in-8º de 32 pages. 1. »

FIGUIER (Louis). — **Le Raffinage du sucre en fabrique et ses nouveaux procédés** : procédé général; procédés par la strontiane et l'ébullition; procédé par l'osmose. Broch. de 60 pages gr. in-8º avec 8 fig. . . . . . 2. »

GIRARD (Maurice). — **Les Insectes utiles, abeilles et vers à soie**, à l'exposition de 1867. In-8º de 39 pages. 1.50

GIRET et VINAS. — **Chauffage des vins**, en vue de les conserver, les muter et les vieillir. 2ᵉ éd. 1 vol. in-18 de 143 p. et 3 grav. 1.25

GIVELET (Henri). — **L'Ailante et son bombyx**; culture de l'ailante, éducation de son bombyx et valeur de la soie qu'on en tire. 1 vol. grand in-8º de 164 pages et 19 planches. . 5.

GUYOT (Jules). — **Culture de la vigne et vinification.** 2ᵉ éd. 1 vol. in-18 de 426 pages et 30 grav 3.50
Principes de la culture de la vigne; culture en lignes basses et sur souche, taille, etc; engrais et amendements; cépages : façons à donner à la vigne; création des vignobles, conduite de la vigne depuis sa

plantation jusqu'à sa pleine production. — Vinification ; principes généraux, vendanges, égrappage, foulage, pressurage, cuves et cuvaison, soutirage, collage. — Classification des vins : vins rouges, vins rosés, vins de macération, vins artificiels, sucrage des vins, vins de liqueur, vins mousseux, marcs, maladies des vins, dégustation. — Coup d'œil sur la création d'un vendangeoir.

LANGSTROTH. — **L'Abeille et la Ruche**, ouvrage traduit, revu et complété par Ch. Dadant. 1 fort vol. in-16 de 646 pages orné de 183 fig., richement cartonné. 7.50

MARTIN (DE). — **Rapports sur l'œnotherme Terrel des chênes et sur les chaudières à échauder la vigne.** Broch. in-8º de 24 pages avec deux planches. . .   1.50

NANOT. — **Culture du pommier à cidre, fabrication du cidre et modes divers d'utilisation des pommes et des marcs.** (Voir page 17.) 1 vol. in-18 de 324 pages et 50 figures. 3.50

NANOT (J.) ET TRITSCHLER (L.). — **Traité pratique du séchage des fruits et des légumes.** 1 vol. in-18 de 300 pages avec préface et 27 figures 3.50

> La culture fruitière en France, en Allemagne, en Autriche, au Canada etc. La dessication des fruits ; production et consommation des fruits en France ; importations et exportations. — Considérations générales sur la dessication : les différents systèmes employés pour conserver les fruits ; la dessication, ses avantages, etc. — Appareils servant à sécher les fruits. — Dessication des pommes, des poires, des pêches, des abricots, des prunes, des cerises, du raisin, des figues, des châtaignes, des légumes.

PERSONNAT. — **Le Ver à soie du chêne** (bombyx Yama-maï), son histoire, sa description, ses mœurs, ses produits. 4e éd. In-8º de 132 pages, 2 grav. noires, et 3 planches coloriées.   3. »

POURIAU. — **La Laiterie**, art de traiter le lait, de fabriquer le beurre et les principaux fromages français et étrangers, 4e édit. 1 vol. in-18 de 564 pages et 306 figures. . . . .   6. »

SAGOT ET DELÉPINE. — **Les Abeilles** (*Bibl. du Cultiv.*), leur histoire, leur culture avec la ruche à cadres et greniers mobiles : notions sur les abeilles, description et fabrication de la ruche, manière de s'en servir habilement ; calendrier apicole indiquant ce qu'il faut faire mois par mois ; matériel de l'apiculteur, législation. 1 vol. in-18 de 180 pages et 15 fig. 1.25

SÉGUIN-ROLLAND. — **Soins à donner aux vins fins de la Côte-d'Or**, depuis la vendange jusqu'à leur mise en consommation. Broch. gr. in-8º de 20 pages et 7 grav. . . .   1. »

SOULLIÉ. — **Manuel de viniculture** par un vigneron algérien, ou conseils pratiques pour faire et conserver le vin : foulage, encuvage, plâtrage des vendanges ; soutirage du vin ; maladies et sophistication des vins. Br. in-32, de 138 pages. . .   1.25

SOURBÉ. — **Traité théorique et pratique d'apiculture mobiliste.** (Nouvelle édition en préparation.)

TOUAILLON (fils). — **La Meunerie, la boulangerie, la biscuiterie et les autres industries agricoles alimentaires :** vermicellerie, amidonnerie, décortication des légumineuses, féculerie, glucoserie, rizerie, huilerie, chocolaterie, conserves alimentaires, margarine et moutarde avec un chapitre sur le broyage des engrais. 1 vol. in-8º de 504 p.   7. »

VII. — GÉNIE RURAL. — DRAINAGE, IRRIGATIONS. — MACHINES ET CONSTRUCTIONS AGRICOLES.

Maison rustique du XIXe siècle, tomes Ier et IV (*voir page* 3).

AUBERJONOIS. — **Les Constructions agricoles du domaine de Beau-Cèdre,** album de 35 planches in-plano représentant le plan général et les plans, coupes et élévations des constructions du domaine, hangars, bâtiments avec détails, écuries et remises, vacherie, porcherie, laiterie, basse-cour, forge, buanderie, four, etc., avec notice explicative de 30 pages. . 20. »

BARRAL. — **Drainage des terres arables.** 3e éd. 2 vol. in-18 ensemble de 960 pages, 443 grav. et 9 planches . . . 7. »

> TOME Ier. — Histoire du drainage. — Drainage sans tuyaux. — Des terres drainables. — Fabrication des tuyaux de drainage : choix des matériaux, préparation des terres, formes à donner aux tuyaux, étirage des tuyaux. — Description des machines a étirer les tuyaux. — Fabrication des tuiles, briques ordinaires et briques creuses. — Fours à cuire; cuisson.

> TOME II. — Exécution du drainage : levé du plan des terres à drainer, nivellement, exemples de drainage; saisons convenables pour l'exécution; tracé des drains, formes des tranchées; outils de drainage; ouverture des tranchées, règlement des pentes, pose des tuyaux et remplissage des tranchées. — Statistique du drainage. — Encouragement au drainage.

—— **Législation du drainage, des irrigations et autres améliorations foncières permanentes.** 1 vol. in-18 de 664 pages, avec 18 grav. et 1 planche . . . . 7. »

> Situation par département, du drainage en France. — Du drainage dans les colonies. — Du drainage en Belgique, dans la Grande-Bretagne, en Suisse, en Italie, en Allemagne, en Danemark, en Russie, aux États-Unis. — Législation anglaise sur le drainage et les autres améliorations agricoles permanentes. — Législation belge, allemande. — Législation française : lois, arrêtés et circulaires relatives au drainage.

BERTIN. — **Des Chemins vicinaux** (1853). In-8° de 111 pages.   1. »

—— **Code des irrigations.** 1 vol. in-8° de 182 pages . . . .   3. »

BOUCHARD-HUZARD. — **Traité des constructions rurales.** 3 vol. gr. in-8°, ensemble 1096 pages et 940 fig. . . . . . . 25. »

> Tome Ier (1re *livraison*) : Maisons d'habitation pour petites, moyennes et grandes exploitations; logements des animaux domestiques; étables, bergeries, parcs, porcheries, chenils; lapinières, garennes artificielles; poulaillers; ruchers; magnaneries; abris pour instruments agricoles et outils; ateliers; hangars; remises.

> Tome Ier (2e *livraison*) : Abris pour les récoltes, granges, gerbiers, graineries, silos; fruiteries; séchoirs; cuveries, celliers, caves; laiteries, beurreries, fromageries; glacières; boulangeries, fours; distilleries rurales; féculeries; blanchisseries, buanderies, lavoirs; fosses à fumier; latrines; réservoirs, abreuvoirs, puisards; barrières, clôtures, chemins, ponts.

> Tome II : Emplacement et situation relative des bâtiments; distribution générale du domaine; dispositions diverses des bâtiments pour les petites, moyennes et grandes exploitations; fermes anglaises, annexes; matériaux de construction; terrassements, maçonnerie, charpenterie, menuiserie, couverture, vitrerie; frais des constructions, devis.

DUMUR ET CUGNET. — **Les Bâtiments agricoles**; conditions générales qu'ils doivent remplir; locaux divers considérés dans leurs détails; plans et devis de bâtiments d'exploitation pour une propriété de 20 hectares. *Mémoires couronnés par la Société d'agriculture de Lausanne.* 1 vol. in-8° de 232 pages avec un atlas de 115 figures donnant, à l'échelle, les plans, coupes et élévations des bâtiments et des détails . . . 10. »

DUPLESSIS. — **Traité de nivellement,** comprenant les principes généraux, la description et l'usage des instruments, les opérations et les applications. 1 vol. gr. in-8° de 364 p. et 112 fig. 8. »

—— **Traité du levé des plans et de l'arpentage.** 2e éd. 1 vol. in-8° de 136 pages et 102 figures. . . . . 4. »

GASPARIN (comte de). — **Cours d'agriculture, tomes II, III et VI,** constructions rurales, mécanique agricole, machines, etc. (voir page 4).

GRANDVOINNET (J. A.). — **Traité élémentaire des constructions rurales.** (*Bibl. du Cult.*) : Principes généraux de construction : terrassement, maçonnerie, charpenterie, couverture, menuiserie, serrurerie, plomberie, peinture et vitrerie. — Bâtiments ruraux : habitations, écuries, bouveries, bergeries, porcheries, poulaillers, granges, fenils, greniers, laiteries, etc. 2 vol. in-18 ensemble de 308 pag. et 306 fig. 2.50

—— **Les Bergeries**; considérations générales sur les habitations du mouton; parcs temporaires ou mobiles; parcs permanents ou refuges; abris plantés; bergeries couvertes, conditions d'établissement, détails de constructions, dispositions d'ensemble; matériel meublant. 1 vol. in-18 de 314 pages et 169 fig. . 5. »

LEFOUR. — **Culture générale et instruments aratoires** (*Bibl. du Cultiv.*). In-18 de 174 pages et 135 grav. 1.25

—— **Comptabilité et géométrie agricoles** (*Bibl. du Cult.*). In-18 de 214 pages et 104 gravures 1.25

LONDET. — **Les Instruments agricoles,** machines, appareils et outils employés en agriculture, description, choix, emploi, manœuvre, avantages, conditions où ils conviennent (1858). 1 fort vol. in-8° de 303 pages et 54 planches. 7.50

PIGNANT (P.). — **Principes d'assainissement des habitations** des villes et de la banlieue; travaux divers d'assainissement, épuration et utilisation agricole des eaux d'égout. 1 vol. gr. in-8° de 528 pages avec atlas de 36 pl. in-folio. 30. »

RINGELMANN (Maximilien). — **L'Electricité dans la ferme**; notions préliminaires; production de l'énergie électrique; la ligne électrique; l'éclairage électrique; transmission de la puissance; emmagasinement de l'énergie électrique; résumé et conclusions. Broch. gr. in-8° de 64 pages avec 60 figures. 3. »

VIDALIN (F.). — **Pratique des irrigations** en France et en Algérie (*Bibl. du Cult.*). In-18 de 180 pages et 22 grav. . . . 1.25

VILLEROY ET MULLER. — **Manuel des irrigations**; action de l'eau sur le sol; préparation du sol des prés arrosés, fossés et rigoles; des prés et de leur entretien; jouissance de l'eau en commun. 1 vol. in-18 de 263 pages et 123 grav. . . . 3.50

VIII. — BOTANIQUE. — HORTICULTURE.

Maison rustique du XIXᵉ siècle, tome V (*voir page 3*).

Almanach du jardinier, publié chaque année comprenant les nouveautés horticoles. 192 pages in-32 avec gravures. . .   ».50

Le Bon Jardinier, almanach horticole pour 1893 (136ᵉ édition) par Poiteau, Vilmorin, Decaisne, Naudin, Neumann, Pepin, Carrière, Heuzé, etc. — *Ouvrage couronné par la Société nationale d'horticulture de France.*

1ʳᵉ *partie.* — Calendrier du jardinier, ou indication mois par mois des travaux à faire dans les jardins. Aide-mémoire, et vocabulaire des principaux termes de jardinage et de botanique. — Principes généraux de culture : notions de botanique et de physiologie végétale, chimie et physique horticoles, climats ; abris pour la conservation des plantes, outils, façons du sol ; multiplication des plantes, semis, marcottes, boutures, greffes ; taille des arbres, maladies des plantes et insectes nuisibles. — Arbres fruitiers : des jardins fruitiers et du verger ; description et culture des meilleures sortes de fruits. — Plantes potagères, description et culture. — Propriétés et culture des principales plantes médicinales. — Grande culture : plantes à fourrage, céréales et plantes économiques.

2ᵉ *partie : Plantes et arbres d'ornement.* — Caractères des familles naturelles. — Description et culture des plantes et arbres d'ornement de pleine terre et de serre, classés par ordre alphabétique. — Les listes des variétés recommandées ont été revues avec le plus grand soin ; variétés anciennes les plus méritantes, et variétés nouvelles. — Classement des végétaux de pleine terre suivant leur emploi dans les jardins. — Création et entretien des gazons.

(La 1ʳᵉ édition du *Bon Jardinier* remonte à 1754 : une édition nouvelle a été publiée régulièrement chaque année depuis 1755, à trois exceptions près : 1815, 1871, 1888. — L'édition de 1889 (la 133ᵉ) a été entièrement revue.)

Un vol. in-18 de 1700 pages . . . .   7. »
Cartonné, 8 fr. — Cartonné en 2 vol., 9 fr.

Gravures du Bon Jardinier. (*La 24ᵉ édition, qui sera entièrement refondue, est en préparation.*)

Amé (G.). — **Le Jardin d'essai du Hamma** à Mustapha près d'Alger, description des familles, groupes et genres les mieux représentés au jardin, brochure in-8º de 64 pages et 7 pl. .   2. »

André (Ed.).— **L'Art des jardins**, traité général de la composition des parcs et jardins : Historique depuis l'antiquité ; Jardins paysagers ; esthétique. Principes généraux ; division et classifications ; la pratique ; travaux d'exécution ; exemples de parcs et jardins classés suivant leur destination ; constructions et accessoires d'utilité et d'ornement. 1 vol. gr. in-8º de 900 pages, avec 11 pl. en chromolith. et 500 fig.   35. »

—— **Bromeliaceæ Andreanæ**, description et histoire des Broméliacées récoltées dans la Colombie, l'Ecuador et le Venezuela, par Ed. André ; 143 espèces et variétés, dont 91 nouvelles. 1 vol. gr. in-4º de 130 pages, illustré de 39 planches figurant toutes les espèces nouvelles . . . .   25. »

—— **L'École nationale d'Horticulture de Versailles**, broch. gr. in-8º de 64 pag., ornée d'un plan colorié et 12 fig.   2. »

Audot. — Traité de la composition et de l'ornementation des jardins. 6ᵉ éd. représentant en plus de 600 fig. des plans de jardins, modèles de décoration, machines pour élever les eaux, etc. 2 vol. in-4° oblong avec 168 planches gravées.   25. »

Baltet (Ch.). — L'Art de greffer arbres et arbustes fruitiers, arbres forestiers et d'ornement, reconstitution du vignoble, 5ᵉ édition, augmentée de la greffe des végétaux exotiques et des plantes herbacées. Définition, but, et conditions de succès du greffage. — Outils, ligatures, engluements. — Choix des sujets et des greffons. — Procédés de greffage. — Liste par ordre alphabétique des arbres, arbrisseaux et arbustes, avec indication du mode de greffage à appliquer à chacun d'eux. 1 vol. in-18 de 504 pages et 192 fig. . . .   4. »

—— **Traité de la culture fruitière,** commerciale et bourgeoise : Fruits de dessert, de cuisine, de pressoir, de séchage, de confiserie, de distillation; choix des meilleurs fruits pour chaque saison ; plantations de vergers et de jardins fruitiers ; taille et entretien des arbres ; animaux nuisibles et maladies ; récolte des fruits, leur emballage et leur emploi. 2ᵉ éd. 1 vol. in-18 de 640 pages et 350 fig. . . . . . .   6. »

—— **L'Horticulture française,** ses progrès et ses conquêtes depuis 1789, conférences de l'exposition universelle internationale de 1889 ; broch. in-8° de 64 pages. 3.50
— Le même de 157 pages et 110 dessins, plans, etc . .   5. »

—— **De l'action du froid sur les végétaux** pendant l'hiver 1879-1880, ses effets dans les jardins, pépinières, parcs, forêts et vignes. 1 vol. in-8° de 340 pages. . . . . . .   5. »

Bellair (G.). — Traité d'Horticulture pratique. Culture maraichère ; le marais et le potager, légumes racines, légumes herbacés, légumes fruits, légumes condiments ; arboriculture fruitière, de la taille en général ; cultures spéciales, poirier, pommier, pêcher, etc., etc. Animaux nuisibles et maladies ; multiplication des végétaux ; floriculture ; arbres et arbustes d'ornement. 1 vol. in-18 de 750 pages et 340 fig. . . .   6. »

Bonœnne.—Cours élémentaire d'horticulture (*Bibl. des écoles primaires*). 2 vol. in-12 ensemble de 310 pages et 85 grav. .   1.50

Butret (Baron de). — Taille raisonnée des arbres fruitiers et autres opérations relatives à leur culture, 21ᵉ éd. augmentée des différentes espèces de greffes et de la conservation des fruits. 1 vol. in-18 de 148 pages avec 4 pl.   2. »

Carrière. — Encyclopédie horticole ; vocabulaire raisonné de tous les termes employés en botanique et en horticulture 1 vol. in-18 de 550 pages. 3.50

—— **Semis et mise à fruit des arbres fruitiers** (*Bibl. du Jard.*). 1 vol. in-18 de 158 pages. 1.25

—— **Pommiers microcarpes ou pommiers d'ornement,** à fleurs doubles, de la Chine, baccifères, de Sibérie, etc. (*Bibl. du Jard.*) 1 vol. in-18 de 180 pages et 18 figures . .   1.25

—— **Les Pépinières** (*Bibl. du Jard.*). In-18 de 134 p. et 29 grav.   1.25

—— **Production et fixation des variétés dans les végétaux.** 1 vol. in-8° de 72 pages avec 13 grav. et 2 pl. col. .   2. »

—— **Les Arbres et la Civilisation.** In-8° de 416 pages. . .   5. »

—— **Variétés de pêchers et de brugnonniers,** description et classification. Grand in-8° de 104 pages et 1 planche. . .   2. »

CARRIÈRE. — **Du sulfatage horticole et industriel**, 1 vol. in-18 de 104 pages. 1.25

CATROS-GÉRAND ET Joseph DAUREL. — **Manuel pratique des jardins et des champs**, pour le sud-ouest de la France, 3e édition, 1 fort volume in-18 de 688 pages, avec gravures. 3.50

DAUREL (Joseph). — **Des Plantes maraîchères de grande culture** et de la culture intercalaire dans les vignes, broch. in-8º de 24 pages. 0.50

DECAISNE ET NAUDIN. — **Manuel de l'amateur des jardins**, traité général d'horticulture. 4 vol. petit in-8º ensemble de plus de 3.000 pages, comprenant plus de 800 fig. . . . . . 30. »

Chaque volume se vend séparément 7.50

DELCHEVALERIE. — **Les Orchidées**, culture, propagation, nomenclature (*Bibl. du Jard.*). In-18 de 134 pages et 32 grav. . 1.25

—— **Plantes de serre chaude et tempérée**; construction des serres, culture, multiplication, etc. (*Bibl. du Jard.*). In-18 de 156 pages et 9 grav. 1.25

DUPUIS. — **Arbrisseaux et Arbustes d'ornement de pleine terre** (*Bibl. du Jard.*). In-18 de 122 pages et 25 grav. . . 1.25

—— **Arbres d'ornement de pleine terre** (*Bibl. du Jard.*). In-18 de 152 pages et 40 grav. 1.25

—— **Conifères de pleine terre** (*Bibl. du Jard.*). In-18 de 156 pages et 47 grav. 1.25

DUVILLERS. — **Parcs et Jardins**, ouvrage récompensé de 21 médailles ou diplômes, 2 vol. grand in-folio, sur beau papier ensemble de 160 pag. de texte avec 80 planches imprimées avec luxe représentant les plans de squares et jardins publics, de parcs particuliers, jardins paysagers, fruitiers, potagers, écoles pratiques, etc.

Prix des 2 vol. avec pl. en noir 200; en couleur. . . 260. »
Chaque partie, comprenant 80 pag. de texte et 40 pl. se vend séparément : avec pl. en noir 100; en couleur . . . . 130. »

DYBOWSKI. — **Traité de la culture potagère**, petite et grande culture; procédés employés par les spécialistes. 1 vol. in-18 de 492 pages et 144 figures. . . . . 5. »

ECORCHARD (Dr).— **Nouvelle Théorie élémentaire de la botanique**, suivie d'une analyse des familles des plantes qui croissent en France, ou y sont cultivées, et d'un dictionnaire des termes de botanique. 1 vol. in-18 de 520 p. et 210 grav. . 6. »

FORNEY. — **La Taille des arbres fruitiers**, avec une étude sur les bons fruits. Nouvelle édition entièrement refondue.

Tome Ier. — Principes généraux, étude de l'arbre, multiplication, plantation, taille; le poirier et le pommier : conduite des productions fruitières, charpente et formes, restauration, maladies et insectes nuisibles; choix des poires et des pommes; les arbres du verger. 1 vol. in-18 de 320 pages et 169 figures dessinées par l'auteur. 3.50

Tome II. — Le pêcher, taille, restauration, maladies et insectes, choix des pêches; — l'abricotier, le prunier, le cerisier; — la vigne, taille, formes pour le vignoble, formes pour l'espalier, treille à la Thomery; maladies et insectes; choix des meilleures variétés; — le figuier, le framboisier, le groseiller; — les espèces non soumises à une taille régulière ; amandier, cognassier, néflier, noyer, noisetier; récolte et conservation des fruits, 1 vol. in-18 de 360 pages et 183 fig. 3.50

HARDY. — Traité de la taille des arbres fruitiers, 9e éd.
1 vol. grand in-8° de 436 pages et 140 figures. 5.50

Notions sur le développement des arbres; la plantation. — But, époque de la taille, formes à donner aux arbres, pyramide, vase, buisson, espalier, etc. — Taille du Poirier, Pommier, Pêcher, Cerisier, Abricotier, Prunier. — Culture de la Vigne dans les jardins, treille à la Thomery. — Du verger. — Culture du Figuier, Groseillier, Framboisier, Cognassier, Noisetier. — De la greffe : principes généraux; greffes en fente, par scion et en couronne; greffes en approche; greffes en écusson; du marcottage et de la bouture. — Récolte, conservation et emballage des fruits. — Maladies des arbres fruitiers et animaux nuisibles. — Engrais, labour, chaulage, arrosements. — Nomenclature des principales variétés de fruits.

HÉRINCQ, JACQUES ET DUCHARTRE. — Manuel général des plantes, arbres et arbustes, classés selon la méthode de Candolle; description et culture de 25.000 plantes indigènes d'Europe ou cultivées dans les serres. 4 vol. grand in-18 jésus à 2 colonnes, ensemble de 3.200 pages, cartonnés. . .   36.»

C'est un recueil à la fois scientifique et pratique. La botanique et la culture ont été réunies dans cet ouvrage. Les espèces et variétés anciennes et nouvelles y sont décrites avec la plus scrupuleuse exactitude; leur culture et leur entretien y sont traités avec le même soin. Ce livre convient également aux savants et aux praticiens.

JOIGNEAUX. — Conférences sur le jardinage et la culture des arbres fruitiers; légumes, semis et travaux d'entretien; arbres fruitiers, taille et soins d'entretien; récolte et conservation des produits (*Bibl. du Jard.*). In-18 de 144 p.   1.25

—— **Traité des graines** de la grande et de la petite culture (Voir page 40). 1 vol. in-18 de 168 pages. 1.25

—— **Les Cultures maraîchères de Paris** pendant le siège (du 11 octobre 1870 au 28 janvier 1871). Br. in-8° de 80 pag.   1.»

LA BLANCHÈRE (de). — La Plante dans les appartements : soins généraux et particuliers aux diverses plantes d'appartement : balcons, terrasses, fenêtres, jardinières, corbeilles, suspensions, serres de salon. 1 vol. in-18 de 208 pages et 91 fig.   3.»

LACHAUME. — Le Rosier, culture et multiplication; considérations générales sur la culture; semis, boutures, marcottes, greffes; taille et entretien du rosier; variétés; insectes nuisibles. (*Bibl. du Jard.*). In-18 de 180 p. et 34 grav. . .   1.25

—— **Le Champignon de couche**, sa culture bourgeoise et commerciale, récolte et conservation (*Bibl. du Jard.*). In-18 de 108 pages et 8 grav. 1.25

LAUMAILLE. — Culture et soins à donner aux plantes en appartement : noms, description et arrosage mensuel des plantes. Br. in-8° de 59 pages. . . . .   1.»

LE BRETON (Mme). — A travers champs; botanique populaire pour tous, histoire des principales familles végétales, 2e édition, revue par M. Decaisne. 1 beau vol. in-8° de 550 pages et 746 figures. . . . .   7.»

LEMAIRE. — Les Cactées, histoire, patrie, organes de végétation, culture, etc. (*Bibl. du Jard.*). In-18 de 140 pages et 11 grav.   1.25

—— **Plantes grasses autres que Cactées** (*Bibl. du Jard.*). In-18 de 136 pages et 13 grav. 1.25

Le Maout et Decaisne. — **Flore élémentaire des jardins et des champs**, avec les clefs analytiques conduisant promptement à la détermination des familles et des genres. Des herborisations et de l'herbier; de l'emploi des clefs analytiques; séries des familles; synopsis de la clef analytique des familles; description des familles, genres et espèces; vocabulaire des termes techniques. 1 v. gr. in-18 de 940 pages, cart.   9. »

Loisel. — **Asperge**, culture naturelle et artificielle (*Bibl. du Jard.*). In-18 de 108 pages et 8 grav. 1.25

—— **Melon**, nouvelle méthode de le cultiver sous cloches, sur buttes et sur couches (*Bibl. du Jard.*). In-18 de 108 pages et 7 grav.   1.25

Maffre. — **Culture des jardins maraîchers du midi de la France**, contenant la culture de chaque espèce de légumes, les travaux journaliers d'exploitation d'un jardin maraîcher, le choix et la récolte des graines, et tout ce qui concerne les cultures hâtives, salades, melons, fraises, etc. (1844). 1 vol. in-8° de 475 pages. 5.50

Moreau et Daverne. — **Manuel pratique de la culture maraîchère de Paris**, 4e édition. Histoire de la culture maraîchère de Paris; statistique; outils et instruments; exposition, mois par mois, des travaux à exécuter et des produits à récolter; culture des primeurs, dite culture forcée, pour les divers légumes, salades, melons, fraises, etc., ouvrage ayant obtenu la grande médaille d'or de la Société centrale d'horticulture de France. 1 vol. in-8° de 376 pages.   5. »

Mortillet (H. de). — **Vade mecum du mycophage** pour les 12 mois de l'année, publié sous le patronage et les auspices de la société horticole Dauphinoise. Brochure in-8° de 64 pages.   1.50

Mouillefert. — **Arboretum de l'école nationale d'agriculture de Grignon**, catalogue des arbres qui y sont cultivés. Broch. in-8° de 104 pages. . . . .   2. »

Naudin. — **Le Potager** ; établissement du potager; terrains, travail des terres, instruments; principes généraux de culture; cultures naturelles, de primeurs et forcées; culture des divers légumes (*Bibl. du Jard.*). In-18 de 180 pages et 34 grav. .   1.25

Naudin et Muller. — **Manuel de l'Acclimateur**, ou choix des plantes recommandées pour l'agriculture, l'industrie et la médecine : acclimatation des plantes, genre des plantes déjà utilisées ou qui peuvent l'être; énumération des plantes, leurs usages, leur culture. 1 vol. in-8° de 572 pages et 1 fig.   7. »

Nicholson (G.). — **Dictionnaire pratique d'Horticulture et de Jardinage**, traduit, mis à jour et adapté à notre climat, à nos usages, par S. Mottet, illustré de plus de 3500 figures et de 80 pl. chromolithographiques hors texte. Est publié par livraisons de 48 pages contenant chacune une pl. chrom. Il paraîtra une livraison par mois, l'ouvrage complet en 80 livraisons, à. 1.50
Souscription à l'ouvrage complet, en payant d'avance . . .   90. »
Les livraisons 1 à 11 sont en vente.

Noisette. — **Manuel complet du jardinier** (1860). 5 vol. in-8°, cartonnés, ensemble de 2.500 pages et 25 planches. . . . .   25. »

OUVRAY (E.). Manuel d'arboriculture fruitière, appendice sur la vigne : traitement des maladies cryptogamiques, phylloxéra ; reconstitution des vignobles par les plants américains, 1 vol. in-18 de 248 p. 83 fig. 2.25

PAILLIEUX ET BOIS. — Le Potager d'un curieux : histoire, culture et usages de 200 plantes comestibles, peu connues ou inconnues. 2e édition entièrement refaite. 1 vol. in-8º de 604 pages 54 fig. . . . . 10.

PONCE (J.). — La Culture maraîchère pratique des environs de Paris ; composition d'un jardin maraîcher ; engrais, travaux préparatoires ; soins généraux ; soins spéciaux à donner aux divers légumes ; cultures spéciales des ananas, champignons et fraisiers ; calendrier du maraîcher, tableau des semis et plantations. 1 vol. in-18 de 320 pages et 15 pl. . 2.50

PRÉCLAIRE. — Traité théorique et pratique d'arboriculture. 1 vol. in-8º de 182 pages et un atlas in-4º de 15 planches. 5.

PUVIS. — Arbres fruitiers, taille et mise à fruit (Bibl. du Jard.). In-18 de 168 pages 1.25

RAFARIN. — Traité du chauffage des serres. 1 vol. in-8º de 76 pages et 25 grav. 3.50

SAINT-BRIAC (J. de). — L'Arbre fruitier des jardins. L'arbre inculte : la terre végétale, développement de l'arbre inculte, fructification. — L'arbre cultivé : préparation du sol, plantation des arbres, formes à leur donner, multiplication des arbres, greffe, soins à donner aux arbres et aux fruits ; maladies ; animaux nuisibles. 1 vol. in-18 de 172 pages et 20 fig. 2.50

VALETTE. — Notice sur la culture des fraisiers ; préparation du terrain, plantation, multiplication, cueillette et emballage des fraises ; culture forcée ; ennemis des fraisiers. 1 vol. in-18 de 88 pages. 1.25

VAUVEL. — Culture de l'Asperge à la charrue, culture forcée au thermosiphon et au fumier. 1 brochure in-18 de 108 pages. 1.

VIALON (P.). — Le Maraîcher bourgeois ; outillage, qualités des terres, culture des divers légumes (Bibl. du jardinier). In-18 de 128 pages 1.25

VILMORIN-ANDRIEUX. — Les Fleurs de pleine terre. (Nouvelle édition en préparation.)

—— Les Plantes potagères, description et culture des principaux légumes des climats tempérés. 1 beau vol. grand in-8º de 750 pages avec 760 fig. environ. 2e édition. . . . . . 12.

IX. — EAUX ET FORÊTS. — CHASSE ET PÊCHE.

Maison rustique du XIXe siècle, tome IV (voir page 3).

ARBOIS DE JUBAINVILLE (d'). — Observations sur la vente des forêts de l'État (1865). Br. in-8º de 12 pages. . . »,50

BAUDRAIN (Victor). — **Des dégâts causés aux champs par les lapins** : Responsabilité des propriétaires et locataires de chasse, existence du dommage, preuve, procédure; arrêts et jugements. 1 vol. in-8° de 124 pages. 2.50

BOUCHON-BRANDELY. — **Traité de pisciculture pratique et d'aquiculture** en France et dans les pays voisins, ouvrage publié avec l'encouragement du ministère de l'agriculture. 1 beau vol. grand in-8° de 500 pages avec 40 gravures et 20 planches hors texte. . . . .   20. »

BROCCHI (P.). — **Traité d'ostréiculture**, organisation et classification des mollusques, étude anatomique de l'huître, les centres de production, d'élevage et d'engraissement; législation; maladies et ennemis des huîtres, pratique ostréicole actuelle, 1 vol. in-18 de 300 pages 3.50

BRUS (Marc de). — **Les Chasses aux braconniers** : renards, blaireaux, lacets, pièges, élevage du gibier, conseils aux chasseurs. 1 vol. in-18 de 168 pages et 5 fig. . . . .   2. »

CHAMBRAY (marquis de). — **Traité des arbres résineux conifères à grandes dimensions** : Influence de la latitude et de l'altitude sur la végétation des arbres résineux conifères; reproduction et exploitation; insectes nuisibles. 1 vol. gr. in-8°, de 445 pages et 7 planches hors texte, en noir . .   12. »
    Le même avec planches coloriées . . . .   25. »

DASTUGUE. — **Chasse et pêche**, traité pratique; 1 vol. in-18 de 328 pages et nombreuses figures. . . . .   3. »

> Lièvre, lapin, renard, loup; chasse au chien courant et au chien d'arrêt. — Caille, perdrix rouge, perdrix grise. — Oiseaux de passage : bécasse, grive, alouette, canard sauvage, etc. — Chasses amusantes et utiles : corbeau, geai, pie. — Fusils cartouches, règles du tir. — Conseils à un jeune chasseur. — Pêche : barbeaux, goujons, carpes, etc., etc. Appâts et amorces; calendrier du pêcheur.

DOUSSARD. — **Manuel du naturaliste préparateur**, manière d'empailler oiseaux et quadrupèdes. In-8° de 52 pag. et 8 fig.   1.50

GRANDEAU. — **Chimie et physiologie appliquées à la sylviculture** (Annales de la station agronomique de l'Est, travaux de 1868 à 1878). 1 vol. grand in-8° de 414 pages. .   9. »

GURNAUD. — **Traité forestier pratique**, manuel du propriétaire de bois : culture, taillis, sapinières, futaies, qualités des bois, cubage, estimation, emplois et usages des bois; aménagement et exécution des coupes; comptabilité forestière; administration et surveillance; vente, marchés, tables de cubage, tables diverses. 3ᵉ édition augmentée de nombreux développements techniques, de calculs d'accroissement et de modèles remplis pour la comptabilité. 1 vol. in-18 de 260 pages ou tableaux. 3.50

—— **La Sylviculture française** : méthodes forestières, comparaison de la méthode allemande et de la méthode française; exposé d'une méthode nouvelle. Broch. in-8° de 94 pages. .   1. »

—— **La Sylviculture française et la méthode du contrôle** : 1 vol. gr. in-8° de 124 pages. . . . .   3. »

—— **La Méthode du Contrôle à l'Exposition universelle de 1889**. Broch. in-8° de 16 pages. 0.75

HENNON. — **Géodésie pratique des forêts** à l'usage des agents forestiers, des propriétaires, régisseurs, agents-voyers etc., Instruments propres au levé des plans de forêts, triangulation; problèmes divers; Assiette et réarpentage des coupes; Aménagement; Cartes forestières; Cubage des bois en grume et équarris. 1 vol. in-8° de 172 pages et 8 planches . . 4.50

KOLTZ. — **Traité de pisciculture pratique** : nomenclature des poissons; fécondation artificielle, frayères; incubation et éclosion, appareils, élevage des jeunes poissons; maladies; transport des œufs et des poissons; frais d'établissement et d'exploitation. 1 vol. in-18 de 186 pages, avec 60 fig. . . 2.50

LEVAVASSEUR. — **Traité pratique du boisement et reboisement** des montagnes et terrains incultes. In-8° de 56 p. 1.25

MARTINET. — **Considérations et recherches sur l'élagage des essences forestières**. In-12 de 180 pag. et 41 fig. 1.

—— **Le Pin sylvestre** et sa culture en Sologne. Broch. in-8° de 48 pages. . . . . 1.

MORANGE (Amédée). — **Le Guide de l'élagueur** dans les parcs et les forêts (*Bibl. du Jard.*). In-18 de 144 pages et 20 fig. 1.25

NANOT (Jules). — **Établissement et entretien des plantations d'alignement, et élagage des arbres** : étude et choix des essences, plantation, élagage, restauration, transplantation des arbres, maladies et insectes nuisibles. 1 vol. in-18 de 350 pages et 82 fig. 3.50

NOEL (Arthur). — **Essai sur les repeuplements artificiels et la restauration des vides et clairières des forêts**, flore forestière, principes généraux de repeuplement, graines des principales essences, plants et pépinières, semis forestiers, plantations forestières; repeuplements, rédaction des projets, devis, etc. Ouvrage couronné par la Société des Agriculteurs de France. 1 vol. in-8° de 382 pages. 6.

NOIROT. — **Traité de culture des forêts** ou de l'application des sciences agricoles et industrielles à l'économie forestière. 2e édition (1839); croissance des arbres, méthodes d'aménagement des taillis et des futaies, choix des essences, réglage des coupes, élagage, pratique des semis et plantations, exploitation, cubage, etc. 1 vol. in-8°, 484 pages. . 7.50

ROUSSET (Antonin). — **Culture et exploitation des arbres**, application des conditions climatériques, et des principes de la physiologie végétale aux conditions normales d'existence, de propagation, de culture et d'exploitation des arbres isolés ou en massifs. 1 vol. in-8° de 448 pages. . . . . 7.

—— **Études de maître Pierre sur l'agriculture et les forêts**. 1 vol. in-18 de 29 pages. . . . . 1.

THOMAS. — **Traité général de la culture et de l'exploitation des bois** (1840); désignation et qualités des arbres forestiers, bois durs, blancs et résineux; pépinières, semis, plantations, aménagements, coupes; conservation des bois; maladies des arbres; exploitation des bois : sciages, charpente, merrain, etc., etc.; charbonnage; cubage et mesurage; flottage, etc. 2 vol. in-8°, ensemble de 1,076 pages. . . . 10.

X. — DROIT USUEL. — ÉCONOMIE DOMESTIQUE. — HYGIÈNE. — CUISINE.

AUDOT (L.-E.). — **La Cuisinière de la campagne et de la ville.** 1 vol. in-12 de 676 pages avec 300 grav. . . . . .   3. »

COQUEUGNIOT. — **L'Avocat des propriétaires et locataires,** avec les modèles de tous actes, la solution des questions usuelles et les principaux usages locaux. 1 vol. in-8º de 420 pages.   4. »

—— **L'Avocat des Commerçants et des Industriels,** des voyageurs et des représentants de commerce, avec nombreux modèles d'actes et de livres de commerce. 1 v. in-8º de 592 p.   4 ».

CUNISSET-CARNOT. — **L'Avocat de tout le monde,** guide pratique contenant le résumé des cinq codes. 1 vol. in-8º de 450 p.   4. »

EMION (Victor). — **La Taxe du pain.** In-8º de 168 pages . . . .   4. »

GEORGE (Dr H.). — **Traité d'hygiène rurale,** suivi des premiers secours en cas d'accidents, comprenant :

L'alimentation : préparation et cuisson des aliments ; us tensiles ; assaisonnements.— Viande de boucherie, de Porc, de Cheval ; Gibier, Volaille, Poissons ; Œufs, Lait, Fromage, Beurre. — Aliments farineux, Légumes verts, Fruits. — L'eau potable ; ses caractères, Eaux de source, de puits, de pluie, de rivières ou de fleuves ; eaux impures ; leur purification. — Les boissons fermentées : Piquette, Cidre, Bière, Vin. — Les boissons alcooliques et aromatiques. — Le régime alimentaire : les repas, les fonctions du ventre ; l'obésité.

L'air : sa pureté ; la chaleur atmosphérique ; l'électricité atmosphérique ; la sécheresse et l'humidité ; le froid ; la lumière et l'éclairage.

Le travail : l'exercice musculaire ; les fonctions cérébrales.

Les maladies contagieuses : peste, fièvre jaune, choléra, fièvre typhoïde, dysenterie, etc., etc.

Les accidents : empoisonnements, asphyxies, blessures, congestion, apoplexie, syncope, morts subites.

Un vol. in-18 de 432 pages et 12 figures 3.50

MAUGRAS. — **L'Avocat de la famille,** guide des droits et obligations légales de la famille. 1 vol. in-8º de 476 pages.   4. »

—— **L'avocat des communes et des administrés de la commune,** guide pratique traitant de la législation et de l'administration communales, des attributions du maire, etc. ; avec répertoire des questions usuelles d'administration et de polices municipales, 1 vol. in-8º de 466 pages . . . .   4. »

MILLET-ROBINET (Mme). — **Maison rustique des dames,** 14e éd.

Tenue du ménage : Devoirs et travaux de la maîtresse de maison. — Des domestiques. — De l'ordre à établir ; Comptabilité ; Recettes et dépenses. — La maison et son mobilier, son entretien ; linge, blanchissage, chauffage, éclairage. — Cave et vins, boulangerie et pain. — Provisions du ménage ; confitures ; conserves.

Manuel de cuisine : Manière d'ordonner un repas. — Potages, jus, sauces, garnitures. — Viandes, gibier, poisson, légumes. — Purées et pâtes. — Entremets, pâtisserie, etc.

Médecine domestique : Petite pharmacie, médicaments. — Ce qu'il faut faire avant l'arrivée du médecin dans les indispositions les plus fréquentes, empoisonnements, asphyxie.

Jardin : Disposition générale du jardin. — Jardin fruitier, potager, fleuriste. — Calendrier horticole.

Ferme : La ferme et son mobilier. — Nourriture des gens de la ferme. — Basse-cour, vacherie, laiterie et fromagerie ; bergerie et porcherie. — Abeilles et vers à soie.

2 vol. in-18 comprenant ensemble 1.400 pages avec 230 fig.   7.75

Les 2 vol. reliés, **11 fr.** — **Reliés, tranches dorées, 13 fr.**

Ces 2 vol. ne se vendent pas séparément.

MILLET-ROBINET (Mme). — **Économie domestique**, notions élémentaires sur les travaux d'une maîtresse de maison; lessive; provisions et conserves; confitures, liqueurs et fruits à l'eau-de-vie; utilisation du porc; etc. (*Bibl. du Cultiv.*). In-18 de 228 pages et 77 gravures 1.25

MILLET-ROBINET (Mme) et le Dr ÉMILE ALLIX. — **Le Livre des jeunes mères**, la nourrice et le nourrisson : (*3e Édition*).

Le devoir maternel.

Le berceau et la layette : berceau en fer et en osier; sa garniture. — Layette; méthodes diverses; description, composition, entretien; planche de patrons.

La grossesse : durée, signes, hygiène, choix de l'accoucheur.

L'accouchement : disposition des lits et de la chambre; l'accouchement et la délivrance, soins à la mère et au nouveau-né après l'accouchement.

Les maux de sein : inflammation, abcès, gerçures et crevasses.

L'allaitement : allaitement maternel, le lait et la tétée, hygiène de la nourrice. — Allaitement mercenaire, nourrices sur lieu et nourrices de campagne, choix, surveillance. — Allaitement artificiel, modes divers, biberons, règlement de l'allaitement artificiel. — Allaitement mixte.

Sevrage et dentition : les nouveaux aliments; précautions à prendre pour le nourrisson et la nourrice; marche de la dentition.

Hygiène du nourrisson : toilette, soins de propreté, bains, sorties, exercices, hochets, etc.

L'enfant en état de santé, comment il vit, agit et se développe : respiration, circulation, digestion, sensations et mouvements; développement physique.

Maladies de l'enfant : angines, indigestion, diarrhée, constipation, vers, croup, bronchites, coqueluche, scarlatine, rougeole, variole, convulsions, etc., etc. Maladies de la peau, des oreilles, des yeux; blessures, plaies, brûlures, etc.

Éducation morale de l'enfant.

La protection de l'enfance : crèches sociétés de protection.

Un vol. in-18 de 392 pages avec 48 figures et une planche de patrons pour la layette. 3.75

Le volume relié, 5 fr.

PENNETIER (Dr G.). — **Leçons sur les matières premières organiques :** matières alimentaires, lait, œufs, viandes, féculents; épices et aromates; fibres textiles; matières tinctoriales et tannantes; gommes, gommes-résines, baumes, essences, etc.; matières oléagineuses; substances médicinales; dépouilles et débris d'animaux; tabacs.

Chacune des matières premières organiques fait l'objet d'une étude complète : origine, provenances, caractères, composition chimique, sortes commerciales, altérations, falsifications et moyens de les reconnaître, importance commerciale et usages de chaque produit.

1 vol. gr. in-8° de 1,018 pages et 344 fig. . . . .   18. »

ENSEIGNEMENT PRIMAIRE AGRICOLE

Agriculture (*Petite école d'*), par P. Joigneaux. 1 vol. in-18 de 124 pages et 42 grav. cartonné toile 1.25

Agriculture (*Traité élémentaire et pratique d'*), par Laurençon. 2 vol. in-12 de 248 pages et 44 grav. 1.50

Agriculture du centre de la France, par Félix Vidalin. 2 vol. in-18 cartonnés de 300 pages avec grav. . . . .   3. »

Arithmétique agricole, par Lefour. In-12 de 128 pages. . .   » .75

Devoirs de l'homme envers les animaux, par J. Chalot. In-12 de 128 pages . . . .   » .75

Histoire du grand Jacquet, métayer, par Méplain et Taisy. In-12, 144 pages . . . .   » .75

Horticulture (*Cours élémentaire*), par Boncenne. 2 vol. in-12 ensemble de 310 pages et 85 gravures. 1.50

Les Jeudis de M. Dulaurier, cours élémentaire d'agriculture par V. Borie. 2 vol. in-18.

       1re *année :* 108 pages et 16 grav. . . . .   » .75

       2e *année :* 108 pages et 51 grav. . . . .   » .75

Lectures et dictées d'agriculture, par G. Heuzé. In-12, 128 pages. . . . .   » .75

Lectures choisies pour la campagne, par Halphen. In-18, 106 pages. . . . .   » .50

Petit Questionnaire agricole à l'usage des écoles primaires des pays de pâturage, par Ed. Teisserenc de Bort. 1 vol. in-18 de 192 pages et 16 gravures. 1.25

Vocabulaire agricole et horticole à l'usage des élèves des collèges et des écoles primaires, par A. Richard (du Cantal), 2e édition. 1 vol. in-18 de 466 pages avec gravures 3.50

BIBLIOTHÈQUE AGRICOLE ET HORTICOLE
55 VOLUMES A 3 FR. 50

Agriculture de la France méridionale, par Riondet. 484 pag.

Agriculture Algérienne, par J. Lescure. 360 pages, 26 grav.

Agriculture (L') à grands rendements, par E. Lecouteux. 368 pag.

Blé (Le), sa culture, commerce, prix de revient tarifs et législation, par Ed. Lecouteux. 1 vol. in-18 de 422 pages et 60 fig.

Castration et le bistournage (Guide pour la), par M. E. Serres. 1 vol. in-18 de 560 pages et 20 figures.

Chevaux de trait français (les), par Gayot. In-18 de 360 pages et 2 fig.

Chimie agricole, ou l'agriculture considérée dans ses rapports principaux avec la chimie, par Isidore Pierre. 6e édit. 2 vol. in-18 de 778 pages et 25 figures.

    Tome Ier. L'atmosphère, l'eau, le sol et les plantes. } Ces deux vol. se
    — II. Les engrais. } vendent séparément.

Cidre (Culture du pommier à), fabrication du cidre et utilisation des pommes et marcs, par J. Nanot. In-18 de 324 pages et 50 fig.

Connaissance pratique du cheval, traité d'hippologie, par A. A. Vial. 1 vol. in-18 de 372 pages et 72 figures.

Culture améliorante (Principes de la), par Ed. Lecouteux. In-18 de 432 pages.

Économie rurale (Cours d'), par Ed. Lecouteux. 2 vol. de 1060 pag.

    Tome Ier. Les milieux économiques.
    — II. Les entreprises agricoles et les systèmes } Ces 2 vol. ne se vendent
    de culture. } pas séparément.

Économie rurale de la France depuis 1789, par L. de Lavergne. 490 pages.

Encyclopédie horticole, par Carrière. 550 pages.

Engrais chimiques (Guide pour l'achat et l'emploi des), par H. Joulie. In-8º de 488 p. ou tableaux (*nouvelle édition en préparation*).

Hygiène rurale (Traité d') suivi des premiers secours en cas d'accidents, par le Dr H. George, 1 vol. in-18 de 432 pages et 12 figures.

Irrigations (Manuel des), par Villeroy et Muller. 268 p. et 123 grav.

Leçons élémentaires d'agriculture, par Masure. 2 vol.

    Tome II. Vie aérienne et vie souterraine des plantes de grande culture, 477 pages, 20 grav.

Maïs (le) et les autres fourrages verts, culture et ensilage, par Ed. Lecouteux, in-18 de 320 pages et 15 figures.

Maladies du cheval (Traité des), par Bénion. In-18 de 340 pages et 25 figures.

Manuel juridique de l'acheteur et du marchand d'engrais et d'amendements, par G. Gain : in-12 de 372 pages.

Métayage (Traité pratique du), par le Comte de Tourdonnet. 1 vol. in-18 de 372 pages.

Météorologie et physique agricoles, par Marié-Davy. 400 pag., 53 gravures.

Mildiou (le), suivi d'une description de l'Érinose, par Patrigeon, 216 pages, 4 pl. col. et 88 fig.

Mouches et Vers, par Eug. Gayot. 248 pages, 33 grav.

Mouton (le), par Lefour. 392 pages, 76 grav.

Ostréiculture (Traité d'), par P. Brocchi. In-18 de 300 pages.

Pâturages, prairies naturelles et herbages, par G. Heuzé, 1 vol. in-18 de 372 pages et 47 figures.

Plantations d'alignement (Établissement et entretien des), par Jules Nanot. In-18 de 350 pages et 82 fig.

Plantes fourragères, par Gustave Heuzé. 2 vol. in-18.
> Tome Ier. Les plantes à racines et à tubercules, et les plantes cultivées pour leurs feuilles, in-18 de 324 pages et 89 fig.
> Tome II. Les prairies artificielles, in-18, 396 pages et 53 fig.

Ces 2 vol. se vendent séparément.

Plantes industrielles, par Gustave Heuzé. 3e édition 4 vol.
> Tome Ier. Plantes textiles ou filamenteuses de sparterie, de vannerie et à carder. 364 pages et 50 figures.
> Tome II. Plantes oléagineuses, tinctoriales, saponaires, tannifères et salifères.
> Tomes III et IV, en préparation.

Se vendent séparément.

Porc (le), par Gustave Heuzé. 2e éd. 322 pages et 50 grav.

Poulailler (le), par Ch. Jacque. 360 pages et 117 grav.

Pratique de l'agriculture (la) par G. Heuzé, 2. vol.
> Tome Ier. — Agents de la production, labours, hersages, roulages, application des engrais, semailles.
> Tome II. — Cultures d'entretien, fenaison, moisson, nettoyage et conservation des produits, direction du domaine.

Ces 2 vol. se vendent séparément.

Production fourragère par les engrais (la), **prairies et herbages**, par H. Joulie, in 8o de 320 pages ou tableaux.

Séchage des fruits et des légumes (traité pratique du), par J. Nanot et L. Tritschler. 300 pages et 27 figures.

Taille des arbres fruitiers, par Forney, 2 vol.
> Tome Ier. — Principes généraux ; le poirier et le pommier ; les arbres de verger, 320 pages, 169 fig.
> Tome II. — Pêcher, prunier et autres fruits à noyau ; vignes, figuier et petits fruits, 360 pages, 183 fig.

Ces 2 vol. se vendent séparément.

Traité forestier pratique, par Gurnaud, 3e éd., in-18 de 260 p.

Vers à soie (Conseils aux nouveaux éducateurs), par de Boullenois. 3e édit., in-8o de 248 pages.

Vices rédhibitoires des animaux domestiques (Manuel des), par E. Le Pelletier. In-18 de 296 pages.

Vigne (Culture de la) **et vinification**, par J. Guyot. 2e éd. 426 pages, 30 grav.

Voyage agricole en Russie, par L. de Fontenay. 1 vol. in-18 de 570 pages.

Zootechnie (Traité de) ou Économie du bétail, par A. Sanson. 2e éd. 5 v. ensemble de 2.016 pages et 236 gravures.

1re partie. Zoologie et zootechnie générales	Tome Ier. Organisation, fonctions physiologiques et hygiène des animaux domestiques agricoles. — II. Lois naturelles et méthodes zootechniques.	Ces 5 vol. se vendent séparément.
2e partie. Zoologie et zootechnie spéciales.	— III. Chevaux, ânes, mulets. — IV. Bœufs et buffles. — V. Moutons, chèvres et porcs.	

BIBLIOTHÈQUE DU CULTIVATEUR

44 VOLUMES IN-18 A 1 FR. 25

Abeilles (les), par l'abbé Sagot, édition revue par l'abbé Delépine. 180 pages et 15 fig.

Agriculteur commençant (Manuel de l'), par Schwerz. 332 p.

Alimentation raisonnée des animaux moteurs et co-mestibles, par Sanson. 180 pages et 3 fig.

Animaux domestiques, par Lefour. 154 pages et 33 gravures.

Basse-cour, Pigeons et Lapins, par Mme Millet-Robinet. 5e édition. 180 pages, 26 grav.

Bêtes à cornes (Manuel de l'éleveur de), par Villeroy. 308 p. et 65 gr.

Calendrier du bon cultivateur (abrégé), par Mathieu de Dombasle. 304 pages et 25 grav.

Champs et les Prés (les), par Joigneaux. 154 pages.

Cheval (Achat du), par Gayot. 180 pages et 25 grav.

Cheval, Ane et Mulet, par Lefour. 180 pages et 136 grav.

Cheval percheron, par du Hays. 176 pages.

Chèvre (la), par Huard du Plessis. 164 pages et 42 grav.

Chimie du sol, par le Dr Sacc. 148 pages.

Chimie des végétaux, par le Dr Sacc. 220 pages.

Chimie des animaux, par le Dr Sacc. 154 pages.

Comptabilité et géométrie agricoles, par Lefour. 214 pages et 104 grav.

Comptabilité de la ferme, par Dubost et Pacout. 124 pages.

Constructions rurales (Traité élémentaire des), par J.-A. Grandvoinnet. 2 vol. ensemble de 308 pages et 306 figures.

Tome Ier. Principes généraux de construction. | Ces 2 vol. ne se ven-
Tome IIe. Bâtiments ruraux. | dent pas séparément.

Culture générale et instruments aratoires, par Lefour. 174 pages et 135 grav.

Économie domestique, par Mme Millet-Robinet. 228 p. et 77 gr.

Engrais chimiques (utilité, composition et emploi), par de Mauroy. 140 pages.

Engrais chimiques (Pratique des), par L. Mussa. 144 pages.

Engraissement du bœuf, par Vial. 180 pages et 12 grav.

Fermage (estimation, baux, etc.), par de Gasparin. 3e éd. 216 pages.

Fumier de ferme (Amélioration du), par Lévy, 152 pages.

Graines de la grande et de la petite culture (Traité des), par P. Joigneaux. 168 pages.

Grêle (Manuel de l'expert des dommages causés par la), par François. 108 pages.

Incubation et élevage artificiels des volailles, instructions pratiques, par Roullier-Arnoult. 2e édition. 172 pages, et 49 figure

Irrigations (Pratique des), par Vidalin. 180 pages, 22 grav.

Lapins, lièvres et léporides, par Eug. Gayot. 180 pages et 15 gravures.

Maréchalerie, ou ferrure des animaux domestiques, par A. Sanson. 164 pages, 34 figures.

Médecine vétérinaire (Notions usuelles de), par Sanson. 174 pages et 13 grav.

Métayage, par de Gasparin. 2e édition. 164 pages.

Moutons (les), par A. Sanson. 168 pages et 56 grav.

Pigeons, Dindons, Oies et Canards, par Pelletan. 180 p. et 20 gr.

Plantation et greffage des vignes américaines (Pratique de), par le Cte de La Laurencie, 180 pages et 31 grav.

Porcherie (Manuel de la), par L. Léouzon. 168 pages et 38 grav.

Poules et Œufs, par E. Gayot. 216 pages et 40 grav.

Races bovines, par Dampierre. 2e édit. 192 pages et 28 grav.

Sol et Engrais, par Lefour. 176 pages et 54 grav.

Travaux des champs, par Victor Borie. 188 pages et 121 grav.

Vache (la) et ses produits, par Aujollet, 252 pages et 20 fig.

Vaches laitières (Choix des), par Magne. 144 pages et 39 grav.

BIBLIOTHÈQUE DU JARDINIER

19 VOLUMES IN-18 A 1 FR. 25

Arbres fruitiers. Taille et mise à fruit, par Puvis. 167 pages.

Arbres fruitiers. Semis et mise à fruit, par Carrière, 158 pages.

Arbres d'ornement de pleine terre, par Dupuis. 162 p., 40 gr.

Arbrisseaux et Arbustes d'ornement de pleine terre, par Dupuis. 122 pages et 25 grav.

Asperge. Culture, par Loisel. 108 pages et 8 grav.

Cactées, par Ch. Lemaire. 140 pages, 11 grav.

Champignon de couche (le), par J. Lachaume. 108 pages et 7 grav.

Conférences sur le jardinage et la culture des arbres fruitiers, par Joigneaux. 144 pages.

Conifères de pleine terre, par Dupuis. 156 pages et 47 grav.

Élagueur (Guide de l') dans les parcs et les forêts, par Morange. 144 pages et 20 fig.

Maraîcher bourgeois (le), par P. Vialon. 128 pages.

Melon, Nouvelle méthode de le cultiver, par Loisel. 108 pag. et 7 gr.

Orchidées (les), par Delchevalerie. 134 pages, 32 grav.

Pépinières (les), par Carrière. 134 pages et 29 grav.

Plantes grasses autres que Cactées, par Ch. Lemaire. 136 p., 13 gr.

Plantes de serre chaude et tempérée, par Delchevalerie. 156 pages, 9 grav.

Pommiers d'ornements, par Carrière, 180 pag. 18 gr.

Potager (le), jardin du cultivateur, par Naudin. 180 pag. 34 grav.

Rosier (le), par Lachaume, 180 pages et 84 grav.

57° ANNÉE.   57° ANNÉE.

JOURNAL

D'AGRICULTURE PRATIQUE

MONITEUR DES COMICES, DES PROPRIÉTAIRES, ET DES FERMIERS

Fondé en 1837 par Alexandre Bixio

PARAIT TOUS LES JEUDIS PAR LIVRAISON GRAND IN-8° DE 48 PAGES

IL PUBLIE UNE PLANCHE COLORIÉE PAR MOIS

ET FORME CHAQUE ANNÉE DEUX BEAUX VOLUMES IN-8° DE 1,900 PAGES

AVEC 12 MAGNIFIQUES PLANCHES COLORIÉES

ET DE NOMBREUSES GRAVURES

Rédacteur en chef : E. LECOUTEUX

Propriétaire-Agriculteur
Membre de la société nationale d'agriculture
Membre du conseil supérieur de l'agriculture
Professeur d'agriculture au Conservatoire des arts et métiers
Professeur d'économie rurale à l'Institut national agronomique
Membre honoraire de la Société royale d'Agriculture d'Angleterre.

Secrétaire de la rédaction : A. DE CÉRIS.

Administrateur : L. BOURGUIGNON.

PRINCIPAUX COLLABORATEURS : MM. Duchartre, Naudin, Pasteur, membres de l'Institut;

MM. Gaston Bazille, de Dampierre, Gatellier, Gayot, Aimé Girard, Grandvoinnet, Heuzé, Eug. Marie, Lavallard, Müntz, Prillieux, Risler, membres de la Société nationale d'agriculture.

MM. Bouscasse, de Brévans, Brocchi, Chazely, Convert, Destremx, Victor Émion, Gagnaire, D' George, A.-C. Girard, Grandeau, Grollier, P. Joigneaux, P. de Laffitte, Laverrière, Léouzon, A. Leane, Marchand, Marié-Davy, Millardet, Mouillefert, J. Nanot, D' Patrigeon, Poillon, Ringelmann, Sabatier, G. Ville, Zolla et un nombre considérable d'agriculteurs, de savants, d'économistes et d'agronomes de toutes les parties de la France et de l'étranger.

Fondé en 1837 par Alexandre Bixio, *le Journal d'Agriculture pratique* compte aujourd'hui **cinquante-quatre ans** d'existence, et son succès n'a fait que croître chaque année. Il a vu reconnaître ses longs services par l'Académie des Sciences, qui lui a décerné le **Prix Morogues**, comme à l'ouvrage ayant fait faire le plus de progrès à l'agriculture.

Sans rappeler toutes les importantes améliorations qui ont été successivement apportées au *Journal d'agriculture pratique*, comme une conséquence naturelle de son succès croissant, nous ne parlerons ici que de la plus récente : depuis le 1er janvier 1885, le *Journal d'agriculture pratique* donne en **planches coloriées**, d'une exécution irréprochable, les portraits de nos animaux les plus remarquables de nos fermes et de nos concours, reproduits d'après les modèles de l'un de nos peintres animaliers les plus justement en renom, **M. Olivier de Penne**, qui a bien voulu se charger des aquarelles.

La rédaction en chef du *Journal d'agriculture pratique* est confiée depuis 1866 à un propriétaire à la fois écrivain et cultivateur **M. Ed. Lecouteux**, propriétaire-agriculteur, professeur d'agriculture au Conservatoire des arts et métiers, et professeur d'économie rurale à l'Institut national agronomique, qui a pu contrôler constamment la théorie par la pratique, et joindre aux études de doctrines les plus consciencieuses une expérience personnelle de trente années.

Le journal publie des chroniques agricoles, des comptes rendus des séances de la Société nationale d'agriculture ; des articles de jurisprudence ; des articles consacrés à l'examen des questions de pratique pure, une revue mensuelle de météorologie et une revue étrangère.

L'économie rurale, l'économie du bétail, l'économie forestière, la culture de la vigne, de la betterave, de toutes les plantes industrielles, aussi bien que celle des céréales et des plantes fourragères ; la culture des eaux, l'apiculture, la mécanique agricole, l'architecture rurale ; les questions de chimie appliquée à l'agriculture ; en un mot toutes les branches de l'agriculture sont traitées avec l'importance qu'elles comportent.

La partie commerciale a reçu tous les développements qu'elle mérite. Des mercuriales hebdomadaires, et une revue de tous les marchés français et étrangers, tiennent le lecteur au courant des fluctuations des cours, pour tous les produits agricoles : céréales et farines, bétail, graines fourragères et oléagineuses, fourrages et pailles, chanvres et lins, houblons, etc. ; vins, alcools et eaux-de-vie ; sucres, amidons et fécules, engrais divers ; cuirs et peaux, suifs et saindoux, beurres, fromages et œufs, volailles et gibier, etc.

PRIX DE L'ABONNEMENT :

UN AN : 20 fr. — SIX MOIS : 10 fr. 50

Les abonnements partent du 1ᵉʳ janvier ou du 1ᵉʳ juillet

ABONNEMENT D'ESSAI D'UN MOIS : 2 FR.

ABONNEMENT D'UN AN POUR L'ÉTRANGER { Union postale...................... 20 fr.
{ Tous les autres pays.............. 25 fr.

Prix du numéro...................... 50 centimes.
— avec planche coloriée. 75 centimes.

La Librairie agricole possède encore quelques collections complètes du *Journal d'Agriculture pratique* (de 1837 à 1892).

Prix de la collection complète (de 1837 à 1892) : 94 vol. 920 fr.

Prix de la collection de 1885 à 1892 (nouvelle période avec planches coloriées) : 16 vol. . . . . 160 fr.

☞ Un numéro spécimen **avec planche coloriée** est envoyé à toute personne qui en fait la demande, accompagnée de 30 centimes en timbres-poste.

Bureaux du journal : 26, rue Jacob, à Paris.

14 Librairie agricole de la Maison rustique, 26, rue Jacob, Paris.

65ᵉ ANNÉE. — 65ᵉ ANNÉE.

REVUE
HORTICOLE

JOURNAL D'HORTICULTURE PRATIQUE

FONDÉ EN 1829 PAR LES AUTEURS DU BON JARDINIER

PARAISSANT LE 1ᵉʳ ET 16 DE CHAQUE MOIS

PAR LIVRAISON GRAND IN-8° DE 32 PAGES

AVEC UNE PLANCHE COLORIÉE ET DE NOMBREUSES FIGURES

ET FORMANT CHAQUE ANNÉE UN BEAU VOLUME IN-8° DE 580 PAGES

AVEC 24 MAGNIFIQUES PLANCHES COLORIÉES

D'APRÈS DES AQUARELLES DE MM. GODARD, P. DE LONGPRÉ, CLÉMENT, ETC.

ET DE NOMBREUSES GRAVURES

Rédacteurs en chef :
- MM. E.-A. CARRIÈRE, ancien chef des pépinières au Muséum d'histoire naturelle,
- ED. ANDRÉ, architecte-paysagiste ancien chef de service des plantations suburbaines de la Ville de Paris.

Administrateur : L. BOURGUIGNON.

PRINCIPAUX COLLABORATEURS : MM. Aurange, Dʳ Baillon, Bailly, Baltet, Batise, Bergman, Berthaud, Blanchard, Boisbunel, Boisselot, Bruno, Carrelet, Cᵗᵉ de Castillon, Catros-Gérand, Chargueraud, Chevallier (Charles), Christachi, Cornuault, Courtois (Jules), Daveau (Jules), Delabarrière, Delaville, Delchevalerie, De La Devansaye, Dubreuil, Dumas, Ermens, Franchet, Gagnaire, Giraud (Paul), Glady, Hardy, Hauguel, Heuzé (Gust.), Houllet, Jadoul, Jolibois, Joly (Ch.), Joret, Lambin, Dʳ Le Bêle, Lequet, Lesne, Maron, Martinet, Martins, Métaxas, Morel (Fr.), Nanot, Nardy, Naudin, Poisson, Pulliat, Rigault, Rivière, Rivoire, Rivoiron, Sahut, Sallier, Sisley, Thays, Thomayer, Truffault, Vallerand, Verlot, Vilmorin, Weber.

La *Revue horticole*, fondée en 1829 par les auteurs du *Bon Jardinier*, et dont les **soixante-deux ans d'existence** suffisent à affirmer le succès, est aujourd'hui le journal indispensable pour la **bonne tenue des jardins, des parcs et des serres.** Soins à donner au jardin potager, culture et conservation des légumes, taille des arbres fruitiers, choix des meilleures variétés, jardin fleuriste, jardin paysager, marcottes, boutures, greffes, outils et appareils de jardinage, culture forcée, serres, orangeries, plantes nouvelles ; arbres et arbrisseaux d'utilité et d'agrément, toutes ces questions y sont traitées par les auteurs les plus compétents et les praticiens les plus habiles.

Des gravures de fleurs, fruits, outils, serres, etc., contribuent à la clarté des descriptions, et des **planches coloriées** d'une exécution remarquable, d'après les aquarelles d'éminents artistes **MM.** Godard, P. de Longpré, Clément, donnent la figure des plantes nouvelles et des fruits nouveaux les plus intéressants, des insectes nuisibles, etc.

Une chronique très complète tient le lecteur au courant de tous les faits qui peuvent intéresser l'horticulture : comptes rendus d'expositions et de congrès, programmes des concours, listes des récompenses, séances de la société nationale d'horticulture de France, etc., etc.

Depuis le 1er janvier 1882, **M. Ed. André**, l'architecte paysagiste si justement apprécié, remplit, conjointement avec **M. E.-A. Carrière**, dont les longs services ont entouré le nom d'une juste popularité, les fonctions de rédacteur en chef de la *Revue horticole*. Cette direction nouvelle, résultant de la collaboration étroite de deux hommes si connus et si appréciés du public horticole, ne pouvait manquer d'être féconde pour les intérêts de l'horticulture française, soutenus par la *Revue horticole* depuis plus d'un demi-siècle.

A l'Exposition universelle de Paris en 1889, le jury a reconnu l'importance des services rendus par la *Revue horticole*, en lui décernant une **médaille d'or**. Déjà précédemment, en 1885, à l'Exposition internationale d'horticulture, la Revue avait obtenu la **grande médaille d'honneur**, fondée par le maréchal Vaillant, ancien président de la Société d'horticulture.

La *Revue horticole* continue donc son œuvre, dans des conditions qui sont de nature à en étendre la légitime influence. La plus grande partie de ce résultat est due d'ailleurs à la fidélité bienveillante de ses abonnés, fortifiés dans cette opinion que tous les efforts de la *Revue* ont pour but le progrès constant de l'horticulture française.

PRIX DE L'ABONNEMENT :

UN AN : 20 fr. — SIX MOIS : 10 fr. 50

Les abonnements partent du 1er janvier ou du 1er juillet

ABONNEMENT D'ESSAI D'UN MOIS : 2 FR.

ABONNEMENT D'UN AN POUR L'ÉTRANGER.
Union postale...................... 22 fr.
Tous les autres pays.............. 25 fr.

Prix du numéro : Un franc.

La Librairie agricole ne possède pas de collection complète (1829 à 1890) de la *Revue horticole*; mais elle possède encore un très petit nombre de collections depuis 1861, c'est-à-dire depuis que la *Revue* est publiée dans le format actuel, avec planches coloriées, et quelques collections de 1882 à 1892, c'est-à-dire depuis la direction de MM. E. A. Carrière et Ed. André.

Prix de la collection de 1861 à 1892 : 31 vol. .   620 francs.
Prix de la collection de 1882 à 1892 : 11 vol. .   220 francs.

☞ Un numéro spécimen est adressé à toute personne qui en fait la demande accompagnée de 30 centimes en timbres-poste.

Bureaux du journal : 26, rue Jacob, à Paris.

BULLETIN D'ABONNEMENT.

(1) Nom et Prénom.

(2) Adresse exacte avec indication du bureau de poste.

(3) Un an, 6 mois ou un mois pour essai.

(4) 1er janvier et 1er juillet pour les abonnements de six mois ou d'un an. Les abonnements d'essai peuvent être pris pour un mois quelconque.

(5) Indiquer s'il s'agit du *Journal d'agriculture pratique* ou de la *Revue horticole.*

(6) Mandat-poste ou chèque, pour les abonnements de six mois ou d'un an. — Timbres-poste pour les abonnements d'essai d'un mois.

(7) Un an . . . . 20 fr. »
Six mois. . . . . . . 10 fr. 50
Un mois d'essai . . . . . 2 fr. »

Je soussigné (1)_______________________

____

demeurant à (2)_______________________

____

demande un abonnement de (3)_______________________

à partir du (4)_______________________

à (5)_______________________

Pour le paiement j'envoie ci-joint en (6)_______________________

la somme de (7)_______________________
ou j'autorise l'administration à me faire présenter par la poste une quittance du montant de l'abonnement, augmentée des frais de recouvrement.

(Signature.)

☞ Adresser lettres et mandats à **M. Bourguignon**, administrateur du Journal d'agriculture pratique et de la Revue horticole, 26, rue Jacob, à Paris.

TABLE ALPHABÉTIQUE DES NOMS D'AUTEURS.

Typographie Firmin-Didot et Cie. — Mesnil (Eure).

EXTRAIT DU CATALOGUE DE LA LIBRAIRIE AGRICOLE

BIBLIOTHÈQUE AGRICOLE ET HORTICOLE
COLLECTION A 3 FR. 50 LE VOLUME

Agriculture de la France méridionale, par RIONDET. 484 pages.

Agriculture algérienne, par J. LESCURE. 360 pages, 26 gravures.

Agriculture (L') à grands rendements, par E. LECOUTEUX. 368 pages.

Blé (Le), sa culture, par ED. LECOUTEUX. 404 pages et 60 gravures.

Chevaux de trait français (Les), par EUG. GAYOT. 360 pages, 2 figures.

Chimie agricole, par Is. PIERRE. 2 vol. de 780 pages.
> Tome Ier. L'atmosphère, l'eau, le sol, les plantes.
> — II. Les engrais. } Se vendent séparément.

Cidre (Culture du pommier et fabrication du), par J. NANOT. 324 pages et 50 fig.

Connaissance pratique du cheval, par A.-A. VIAL. 372 pages et 72 figures.

Culture améliorante (Principe de la), par ED. LECOUTEUX. 432 pages.

Economie rurale (Cours d'), par ED. LECOUTEUX. 2 vol. de 984 pages.
> Tome Ier. La situation économique.
> — II. Constitution des entreprises agricoles. } Ne se vendent pas séparément.

Encyclopédie horticole, par CARRIÈRE. 550 pages.

Engrais chimiques, achat et emploi, par JOULIE. 488 pages ou tableaux.

Hygiène rurale (Traité d'), par le Dr GEORGE. 432 pages et 12 figures.

Irrigations (Manuel des), par MULLER et VILLEROY. 263 pages et 123 grav.

Maïs (Le) et les autres fourrages verts, culture et ensilage, par ED. LECOUTEUX. 324 pages, 15 figures.

Maladies du cheval (Traité des), par BÉNION. 310 pages et 25 gravures.

Métayage (Traité pratique du), par le comte de TOURDONNET. 372 pages.

Météorologie et physique agricoles, par MARIÉ-DAVY. 400 pages et 53 gravures.

Mildiou (Le), par le Dr PATRIGEON. 216 pages, 4 planches col. et 38 figures.

Mouton (Le), par LEFOUR. 392 pages, 76 gravures.

Ostréiculture (Traité d'), par P. BROCCHI. 300 pages.

Pâturages (Les), prairies naturelles et les herbages, par G. HEUZÉ. 372 pages et 47 gravures.

Plantations d'alignement (Établissement et entretien des) et élagage des arbres, par J. NANOT. 346 pages, 82 figures.

Plantes fourragères, par G. HEUZÉ. 2 volumes avec gravures.
> Tome Ier. Les plantes à racines et à tubercules.
> — II. Les prairies artificielles. } Se vendent séparément.

Plantes industrielles (Les), par GUSTAVE HEUZÉ. 3e édition. 4 vol. avec gravures.
> Tome Ier. Plantes textiles ou filamenteuses de sparterie, de vannerie et à carder.
> — II. Plantes oléagineuses, tinctoriales, saponaires, tannifères et salifères. } Se vendent séparément.
> — III et IV, en préparation.

Porc (Le), par GUSTAVE HEUZÉ. 2e édition. 322 pages et 50 gravures.

Poulailler (Le), par CH. JACQUE. 360 pages et 117 gravures.

Pratique de l'agriculture (La), par G. HEUZÉ. 2 vol. avec gravures.
> Tome Ier. Les agents de la production, opérations, engrais, semailles.
> — II. Culture d'entretien, fenaison, produits, exploitation. } Se vendent séparément.

Production fourragère (La) par les engrais, prairies et herbages, par H. JOULIE. 320 pages ou tableaux.

Séchage des fruits et des légumes (Traité pratique du), par J. NANOT et L. TRITSCHLER. 300 pages, 27 figures.

Taille des arbres fruitiers, par FORNEY. 2 vol. avec gravures.
> Tome Ier. Principes généraux, le poirier et le pommier.
> — II. Pêcher, prunier et autres fruits à noyau. } Se vendent séparément.

Vers à soie (Conseils aux éducateurs de), par de BOULLENOIS. 248 pages.

Vices rédhibitoires des animaux domestiques, par LE PELLETIER. 298 pages.

Vigne (Culture de la) et vinification, par J. GUYOT. 426 pages, 50 gravures.

Zootechnie (Traité de), par A. SANSON. 5 vol., 2016 pages et 236 gravures.
> Tome Ier. Organisation, fonctions physiologiques et hygiène, animaux domestiques agricoles.
> — II. Lois naturelles et méthodes zootechniques.
> — III. Chevaux, ânes, mulets. } Ces volumes se vendent séparément.
> — VI. Bœufs et buffles.
> — V. Moutons, chèvres et porcs.

Paris. — Imprimerie L. MARETHEUX, 1, rue Cassette. — 877.

www.ingramcontent.com/pod-product-compliance
Lightning Source LLC
Chambersburg PA
CBHW061256030726
47595CB00001B/75